Frank Sieber Bethke / Anja Klein

Kompetenzen wirksam entwickeln

Nachhaltige Weiterbildung und erfolgreicher Lerntransfer

2. Auflage

Haufe Group
Freiburg · München · Stuttgart

Bibliografische Information der Deutschen Nationalbibliothek

Die Deutsche Nationalbibliothek verzeichnet diese Publikation in der Deutschen Nationalbibliografie; detaillierte bibliografische Daten sind im Internet über http://dnb.dnb.de/ abrufbar.

Print: ISBN 978-3-648-17412-8 Bestell-Nr. 10531-0002
ePub: ISBN 978-3-648-17413-5 Bestell-Nr. 10531-0101
ePDF: ISBN 978-3-648-17414-2 Bestell-Nr. 10531-0151

Frank Sieber Bethke / Anja Klein
Kompetenzen wirksam entwickeln
2. Auflage, 12.10.2023

www.haufe.de
info@haufe.de

Bildnachweis (Cover): © Skynesher, iStock

Produktmanagement: Dr. Bernhard Landkammer

Inhaltsverzeichnis

Warum dieses Buch entstanden ist

Es gibt Dutzende Bücher über Kompetenzentwicklung, die sich mit Kompetenzmodellen und Lernen beschäftigen. Warum noch eines? Eine systematische Zusammenfassung, wie sich einzelne Kompetenzen on und off the job entwickeln lassen, war im deutschsprachigen Raum nicht zu finden – und genau hier besteht die praktische Herausforderung. Anlass genug, diese anzunehmen. Zunächst nur für uns und unsere Arbeit. Je mehr wir unsere Überlegungen zur Kompetenzentwicklung geteilt haben, umso stärker war der Wunsch, diese Themen mehr Menschen zur Verfügung zu stellen.

Wir haben es selbst erlebt: Egal ob als Mitarbeiter, Führungskraft oder Personalentwickler – wir sind in jeder Rolle immer wieder einmal in die Situation gekommen, Feedback zu geben, Entwicklungspläne zu schreiben und zu bearbeiten. Am Ende ist so manches Mal ein Hauch Unzufriedenheit geblieben, weil konkrete Handlungsanweisungen, wie eine Kompetenz oder Teilaspekte einer Kompetenz entwickelt werden können, fehlten.

Manchmal gab es dann nur den Griff zum Seminarkatalog, zu E-Learning-Angeboten oder ähnlichen Formaten. Seminare bieten – ohne Zweifel – häufig einen guten Impuls und einen ersten Überblick über das zu Lernende (wenn das richtige Seminar ausgewählt wurde). Aber wir wissen schon lange, dass viel Potenzial darüber hinaus in anderen Lernformen und an anderen Lernorten als im Seminarraum steckt – auch in der Freizeit hat man die Möglichkeit zu trainieren.

Unserer Erfahrung nach werden dabei zwei Dinge unterschätzt, wenn es um Kompetenzentwicklung geht: zum einen die Ausdauer und zum anderen die Regelmäßigkeit, die notwendig sind, um einen echten Schritt nach vorne zu machen. Auf der anderen Seite ist der Optimismus, dass vieles entwickelbar ist, manchmal etwas zu groß. Auch hier haben wir unsere Erfahrungen zusammengetragen und bieten sie als Orientierungspunkte an.

Im Zuge der Überarbeitung zur zweiten Auflage haben wir die Liste der Kompetenzen noch einmal überprüft und ergänzt. Insgesamt ist es noch viel wichtiger geworden, digitale Möglichkeiten zu nutzen und in den Unternehmen Akzeptanz dafür zu schaffen. Das geht hin bis zu einer Anpassung der Unternehmensvision und -ziele, was wir einem neuen Managementmindset (Management 4.0) zuschreiben. Dem haben wir Rechnung getragen und Anpassungen innerhalb der Kompetenzen vorgenommen.

Jetzt wünschen wir Ihnen viel Freude und Erfolg mit unserem Buch und legen Ihnen ans Herz, die ersten vier Kapitel als Grundlage zu lesen. Im fünften Kapitel können Sie sich dann diejenigen Kompetenzen herauspicken, für die Sie sich am meisten interessieren und in denen Sie sich entwickeln möchten.

1 Lernen und Entwicklung vor dem Hintergrund technologischen und gesellschaftlichen Wandels

Vielleicht haben Sie in den letzten Wochen und Monaten schon viel über Industrie 4.0, Digitalisierung, die Anforderungen der kommenden Generationen, über Management 3.0, über agiles Handeln, Disruption und die VUKA-Welt gelesen – möglicherweise bereits so viel, dass Sie diese Themen schon nicht mehr sehen können. Dann überspringen Sie die folgenden Kapitel und gehen Sie direkt zu Kapitel 5. Allerdings prägen die gerade genannten Aspekte in markanter Weise nicht nur die Diskussion in Wirtschaft und Gesellschaft, sondern beeinflussen auch eine Vielzahl von Handlungen – vom Individuum über Organisationen bis hin zur Weltwirtschaft. Mit anderen Worten: Diese Aspekte spannen den Handlungsrahmen auf, in dem wir uns über kurz oder lang bewegen (müssen). Im folgenden Kapitel finden Sie einen Abriss über eben diese zentralen Aspekte. Versprochen: Wir machen es kurz. Dieser Abriss bildet den Hintergrund, auf dem wir auf ausgewählte, aber bereits erlebbare Konsequenzen für Lernen und Entwicklung eingehen und vor dem wir aufzeigen, warum die klassischen Bildungs- und Personalentwicklungsabteilungen der Unternehmen nicht geeignet sind, um den sich verändernden Anforderungen vollumfänglich Rechnung zu tragen. Wir beschäftigen uns auch damit, was uns mit Blick auf Lernen und Entwicklung bevorsteht – als Individuum, als Entwicklungsbegleiter, als Organisation.

Aus der Perspektive von weltwirtschaftlichen und gesellschaftlichen sowie technologischen Veränderungen ergibt sich ein anderer Stellenwert von Kompetenzen und damit auch von Kompetenzentwicklung.

Während mit Beginn der Industrialisierung vorwiegend handwerkliche Fähigkeiten in einem industrialisierten Umfeld gefragt waren, entwickelt sich ab den 70er-Jahren ein höherer Stellenwert persönlicher Kompetenzentwicklung. Veränderte Marktanforderungen und gewandelte Erwartungen der Generationen stellen die Personalentwicklung heute insofern vor alte und neue Aufgaben: Die Entwicklung fachlicher Skills muss aufgrund des dynamischen Wandels kontinuierlich, schnell und passgenau erfolgen. Um den Kontext zu verstehen, warum sich in welchen Bereichen bestimmte Entwicklungsfelder abzeichnen, lesen Sie das folgende Kapitel. Es ist die Leinwand, auf der wir das Bild der Kompetenzentwicklung zeichnen.

1.1 Von den langen Zyklen der Volkswirtschaft und Industrie 4.0

Historisch betrachtet kann man zur Erklärung der aktuellen Entwicklung das Modell der langen Zyklen der Weltkonjunktur des russischen Nationalökonomen Nikolai Kondratieff (vgl. Willi, 2014) heranziehen. Im Kern besagt es, dass marktwirtschaftlich organisierte Volkswirtschaften nicht nur durch das Auftreten kurz- und mittelfristiger Konjunkturschwankungen gekennzeichnet sind, sondern auch lange Phasen von Aufschwung und Rezession regelmäßig wiederkehren. Auslöser für solche Langzeitzyklen sind sogenannte Basisinnovationen, welche die gesamte Gesellschaft und deren Arbeitsstrukturen beeinflussen. Diese »Theorie der langen Wellen« werden auch als »Kondratieff-Zyklen« bezeichnet.

Der erste Kondratieff-Zyklus (1800–1850) wurde ausgelöst durch Basisinnovationen wie den mechanischen Webstuhl, Kohle- und Eisentechnologie und vor allem die Dampfmaschine. Während die zweite »lange Welle« (1850–1900) insbesondere durch die Eisenbahn, Telegrafie und Fotografie geprägt wurde, kamen im dritten Zyklus (1900–1950) Innovationen der Chemie, die Elektrifizierung und das Automobil zum Tragen. Die Elektronik, Kernkraft, Kunststoffe und die Raumfahrt begründeten von 1950 an den vierten Kondratieff-Zyklus. Seit Ende des 20. Jahrhunderts wirken Mikroelektronik, Gentechnologie und Telekommunikation als Basisinnovationen. Der »Rohstoff« Information ist heute der maßgebliche Treiber wirtschaftlichen Wachstums.

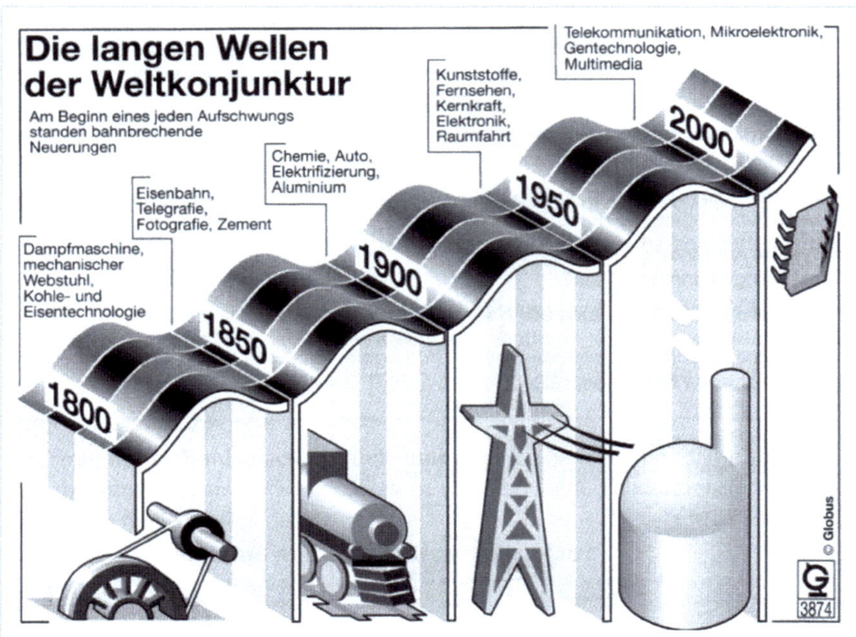

Abb. 1: Die langen Wellen der Weltkonjunktur aus: Willi, 2014

Die vier Phasen der industriellen Revolution orientieren sich im Kern an den langen Wellen der Volkswirtschaft des russischen Ökonomen Kontradieff (vgl. Lippe-Heinrich, 2019, S. 39). So ist die erste Phase gegen Ende des 18. Jahrhunderts zu verorten: Die industrielle Revolution beginnt mit der Einführung mechanischer Produktionsanlagen, die mithilfe von Wasser- und Dampfkraft betrieben werden – **Industrie 1.0.** Die zweite industrielle Revolution am Anfang des 20. Jahrhunderts erfolgte durch die Einführung arbeitsteiliger Massenproduktion mithilfe von elektrischer Energie – das erste Fließband in den Schlachthöfen von Cincinnati um 1870 mag hierfür als Beispiel dienen – **Industrie 2.0**. Das, was wir als »**Industrie 3.0**« bezeichnen, startet zu Beginn der 70er-Jahre des 20. Jahrhunderts. Durch den Einsatz von Elektronik und Informationstechnologie, z. B. in Form von speicherprogrammierbarer Steuerung erfolgt eine weitere Automatisierung. Die gegenwärtigen Möglichkeiten von Cybertechnologie, künstlicher Intelligenz und Vernetzung werden als »vierte industrielle Revolution« (**Industrie 4.0**) bezeichnet. Arbeit in der Industrie 4.0 ist anders geprägt in ihren Vorläufern. Die Fähigkeit, Informationen zu sammeln, zu ordnen, zu bewerten und adäquat zu verteilen, spielt dabei eine ähnlich bedeutsame Rolle wie die technischen Fähigkeiten, Prozesse zu standardisieren, zu automatisieren und selbstlernende Systeme zu überwachen. Vieles, was beispielsweise einen Fabrikarbeiter in den frühen Jahren der Industrialisierung ausgemacht hat, ist heute nicht mehr von erfolgskritischer Bedeutung. Es braucht andere Kompetenzen, um im Wettbewerb zu bestehen.

1.2 Die VUKA-Welt und die Agilität

Die technologische Entwicklung ist nicht der alleinige Treiber der Veränderungen. Die Möglichkeiten, die Märkte und Verbraucher nutzen (und fordern), schnell und preisgünstig Waren und Dienstleistungen zu beziehen, prägen unseren Alltag. Dieses veränderte Konsumverhalten verändert unsere Märkte. Allerorts liest man über die VUKA-Welt und wie sie unsere Wirtschaft prägt. Doch was bedeutet dieses »VUKA« eigentlich genau?

Kurz gesagt: Es sind die Anfangsbuchstaben der Parameter, die nach einem allgemeinen Verständnis die gegenwärtigen Rahmenbedingungen des (weltweiten) Wirtschaftens prägen. Dabei steht

- V für volatil,
- U für unsicher,
- K für komplex und
- A für ambivalent.

Die daraus erwachsende Forderung: Unternehmen müssen agil sein. Unter »Agilität« wird die Fähigkeit eines Unternehmens verstanden, sich kontinuierlich auf höchst schnelllebige und wechselnde in- und externe Anforderungen und Veränderungen

(**Volatilität**) einzustellen, die zudem höchst **unsicher**, unbeständig und schlecht prognostizierbar sind. Bedingt durch die **Komplexität** sind diese Herausforderungen mit den klassischen Arbeitsweisen kaum zielführend zum Erfolg zu bringen. Hinzu kommt die Anforderung, **ambivalente** Erwartungen zu erfüllen und dabei selbst nicht »zerrissen« zu werden.

Nach Stephan Fischer (Häusling/Fischer, 2016), Direktor am Institut für Personalforschung, Hochschule Pforzheim, ist ein Unternehmen agil, wenn es die Fähigkeit entwickelt, Veränderungen möglichst rechtzeitig zu antizipieren, selbst innovativ und veränderungsbereit zu sein, ständig als Organisation zu lernen und dieses Wissen allen relevanten Personen zur Verfügung zu stellen. Eigentlich nichts wirklich Neues. Aber man hat einen schicken Begriff dafür, dass man sich im Interesse des Überlebens auf seine Kunden und Märkte einstellen muss. Und in diesem Zusammenhang ist Agilität dann das Ergebnis, das herauskommt, wenn sich ein Unternehmen darum bemüht, den Anforderungen der VUKA-Welt zu entsprechen.

Dementsprechend stehen Belegschaften vor der Herausforderung, Kompetenzen zu entwickeln, die Mitarbeiter in die Lage versetzen, mit der Widersprüchlichkeit, den wechselnden und gestiegenen Anforderungen schneller klarzukommen als der Wettbewerb. Formate wie Design Thinking, Kanban Boards, Scrum oder organisationstheoretische Ansätze wie Soziokratie oder Holokratie versprechen hier eine umsetzbare Lösung, in der dann das schnelle Heil gesucht wird.

1.3 Management 3.0

Die Märkte verändern sich. Die Unternehmen suchen Antworten und finden diese in technischen und organisatorischen Lösungsansätzen. Für den nachhaltigen Erfolg reicht das nicht immer. Erfolgreiches Wirtschaften ist eben nicht nur eine Frage der Arbeitsorganisation oder Technik, sondern immer auch eine Frage von Management, Personalführung und Selbstverantwortung. Auch hier werden neue Ansätze diskutiert. Zum Beispiel Management 3.0 (erstaunlich, im Gegensatz zu Industrie 4.0 hat das Management es nur auf die Versionsnummer 3.0 gebracht). Wir skizzieren im Folgenden den Kern der drei Management-Versionen (vgl. Appelo, 2010):

- **Management 1.0** bezeichnet das sogenannte »Scientific Management«. Es wurde in direkter Folge der Erkenntnisse von Taylor und Ford entwickelt, welche die wissenschaftliche Betriebsführung im Blick haben. Im Wesentlichen geht es hierbei um eine Führung i. S. von »command and control«. Typisch sind u. a. Hierarchien – nicht nur hinsichtlich des Status und der Entgeltstruktur, sondern auch hinsichtlich der Entscheidungsbefugnis.
- **Management 2.0** ergänzt das Management 1.0 um Ansätze wie Total Quality Management, Six Sigma, Balanced Scorecard und um Führungsmodelle wie Manage-

ment by Objectives, Management by Exception etc. Im Kern, so sagen Kritiker, handelt es sich immer noch um das alte, überholte Modell, ergänzt um ein paar partizipative Elemente.

- **Management 3.0:** Neben klassischen Disziplinen wie z.B. Biologie, Mathematik, Soziologie und schließlich auch den Wirtschaftswissenschaften setzt sich zunehmend der Ansatz der Systemtheorie als denk- und handlungsleitendes Modell durch (Stephen Hawking soll das 21. Jahrhundert als »Jahrhundert der Komplexität« bezeichnet haben). Im Wirtschaftsleben geht es nicht um Organisationseinheiten und Budgets, sondern darum, ein komplexes (vs. kompliziertes) Vorhaben zum Erfolg zu führen sowie Netzwerke von Mitarbeitern, Interessensgruppen und Kunden auszusteuern. Gemeinhin wird dies als »Leadership« bezeichnet.

Kurzum: Eine ausschließlich fachliche Expertise, analytisches Denken und Seniorität reichen heutzutage nur noch selten aus, um eine Organisationseinheit erfolgreich durch die Herausforderungen zu navigieren. Ein maßgeblicher Aspekt sind die Erwartungen der sukzessive ins Arbeitsleben eintretenden Generationen.

Wenngleich nicht aus der Feder von Jurgen Appelo, so ist doch immer wieder von Management 4.0 die Rede, deswegen soll dieser Ansatz kurz angeleuchtet werden.

Im Wesentlichen fungiert Management 3.0 als Wegbereiter des neuen Management-Mindsets für Management 4.0. Kurz gefasst wird Management 4.0 in erster Linie durch digitale Möglichkeiten geprägt, wofür es nötig ist, Akzeptanz zu schaffen, um die Vision, Strategien und Ziele etc. eines digitalen Wandels zu ermöglichen.

1.4 Wie die Generationen ticken

Kaum eine Publikation, die sich mit Strategie, Talenten oder Trends beschäftigt, kommt ohne die Betrachtung der Generationen aus (wenngleich man davon ausgeht, dass sich nur etwa 30% einer Generation tatsächlich in diese Cluster einordnen lassen). Aus eher heuristischer Sicht lassen sich dennoch einige pragmatische Erkenntnisse ableiten. Die folgende Übersicht zeigt die wesentlichen Kennzeichen einer Generation:

Lerngeneration	Traditionalisten	Baby- Boomer	Generation X	Generation Y	Generation Z
Jahrgänge	1939–1955	1955–1969	1965–1980	1980–2000	1995–2010
	■ zunehmend liberaler aufgewachsen ■ starke Rationalität und Technikgläubigkeit (Star Trek und Mr. Spock) ■ Hippie-Bewegung ■ legen Wert auf Seniorität und »an der Reihe sein« ■ perfektionistisch ■ politische (Un-)Korrektheit		■ in einer Zeit steigender Scheidungsraten aufgewachsen ■ Zwei-Verdiener-Familien ■ »Schlüsselkinder« – die es gewohnt sind, dass ihnen in Planung und Gestaltung des Tages keiner reinpfuscht ■ erlebten Eltern, die den »Gürtel enger schnallen« mussten ■ erlebten viele politische und soziale Skandale ■ misstrauten Technikgläubgkeit (Space Shuttle) ■ hinterfragen vieles, sind skeptisch	■ großgezogen von Helikoptereltern ■ ihnen wurde gesagt, sie könnten alles werden oder erreichen, was sie nur wollen ■ stetige (meist) positive Rückmeldungen ■ geprägt durch 9/11 ■ digitale und vernetzte Welt, 24/7-Technologie ■ suchen nach Anerkennung und detailliertem (fachlichem) Feedback ■ lokale und weltweite Community-Orientierung	
Werte	Wohlstand Ordnung Familie	Gesundheit Idealismus Kreativität	Unabhängigkeit Individualismus Sinnsuche	Vernetzung Teamwork Optimismus	freie Entfaltung
Merkmale	Anweisung und Kontrolle Selbstaufopferung	teamorientiert Karrierestreben sichere Arbeit	pragmatisch selbstständig Streben nach hoher Lebensqualität	Leben im Hier und Jetzt mit neuen Technologien aufgewachsen »24 Stunden online«	keine Trennung zwischen virtuell und analog permanenter Austausch online
Im Arbeitsleben	hierarchisches Denken und Handeln Respekt vor Autorität soziale Verantwortung	strukturierter Arbeitsstil Austausch im Teamnetzwerk	ergebnisorientiert technisch versiert teilen Macht und Verantwortung	Spaß in der Arbeit lern- und arbeitswillig flexibel und anpassungs-bereit selbstständiges Arbeiten	agile Arbeitsweise Trennung zwischen Arbeitsleben und Privatem Ausprobieren
Kommunikations-medien	Brief	Telefon	PC Mobiltelefon	Laptop Smartphone und Tablet	Smartphone und Tablet
Motivation	Aufbau eines bescheidenen Wohlstands Sicherheit	persönliche Entwicklung Wertschätzung für ihre Erfahrungen	hohe Freiheitsgrade Entwicklungsmöglichkeiten Work- Life-Balance	Selbstverwirklichung Vernetztsein kollaboratives Arbeiten und Lernen	Selbstverwirklichung in der Freizeit und in sozialen Kontakten

Abb. 2: Kennzeichen der Generationen

Die verschiedenen Generationen bringen unterschiedliche Erwartungen u. a. an Arbeit mit und prägen – auch unter dem Aspekt der demografischen Entwicklung in den reifen Volkswirtschaften – entsprechend die Notwendigkeit, sich als Unternehmen mit den Konzepten von Organisation, Führung, Kommunikation und vor allem mit Lernen intensiv auseinanderzusetzen. Denn die nachrückende Generation bringt neue Werthaltungen und neue Kompetenzen mit, die integriert und gelebt werden wollen, was auch bei denjenigen einen Entwicklungsbedarf indiziert, die bislang anders gearbeitet, gelebt und gelernt haben.

1.5 Der disruptive Megatrend: Lernen 4.0

Lernen bekommt (wieder mal) einen neuen Stellenwert – wir sprechen vom disruptiven Megatrend »Lernen 4.0«. Es stellen sich zwei zentrale Fragen: Was bedeutet »disruptiv« und was kennzeichnet denn nun eigentlich Lernen 4.0?

Sinngemäß könnte man sagen, »disruptiv« bedeutet, dass durch neuartige Entwicklungen bestehende Systeme und Paradigmen obsolet werden. Und das bezieht sich hier eben auf Lernen.

Und: Was ist Lernen 4.0 (in Abgrenzung zu den vorherigen Lernansätzen)? Wer auch immer dem Lernen eine industrieadäquate Versionsnummer verliehen hat, in der nachfolgenden Tabelle wird Lernen 1.0 bis 4.0 kurz und kompakt dargelegt.

	Lernen 1.0	Lernen 2.0	Lernen 3.0	Lernen 4.0
Was ist es?	klassisches »Pauken«	interaktiver Wissenserwerb in organisierten Lehrveranstaltungen	interaktiver Wissenserwerb in organisierten Lehrveranstaltungen mit digitalen Ergänzungen	konstruktivistisches Lernen
Kennzeichen	zumeist frontal, hierarchisch	kognitiver Schwerpunkt, geprägt durch Austausch, vorgegebenes Lernevent	wie Lernen 2.0 mit zusätzlichen Methoden	eigenständige Suche und selbstständiges Erschließen von Fragestellungen, Informationen, Quellen und Inhalten

	Lernen 1.0	Lernen 2.0	Lernen 3.0	Lernen 4.0
Prinzip	sogenanntes Bulimie-Wissen (reinfressen und auskotzen ohne Nährwert)	Wissensvermittlung unter Berücksichtigung methodisch-didaktischer Besonderheiten des Lernens von Erwachsenen	Weiterführung des Lernens 2.0 mit mehr digitalen Mitteln	Lehren nicht mehr im Vordergrund, sondern eigeninitiiertes und eigeninitiatives Lernen
Beispiele	z. B. E-Learning der 90er-Jahre	Schulungen mit Teilnehmerinteraktion	Blended Learning	selbstorganisierte Beschäftigung eines Netzwerks von thematisch Interessierten mit Fragen und Lösungen zu interessanten Themen

Tab. 1; Lernen von 1.0 bis 4.0 im Überblick; in Anlehnung an Seipel (vgl. Reimann in Lippe-Heinrich, 2019, S. 85)

Lernen 4.0 ist mit Sicherheit keine Erfindung besonders visionärer Personalentwickler. Im Gegenteil. Oftmals ist es wohl eher so, dass die Organisationseinheit »Personalentwicklung« vorrangig Schulungsangebote vorgehalten hat, die zu schwerfällig, zu langsam und nicht passgenau genug für die Bedarfe der Fachabteilungen waren. So wie Wasser seinen Weg sucht und Hindernisse umschifft, dabei auch härteste Materialien prägt und formt, so mag auch dies ein Aspekt gewesen sein, der zu Lernen 4.0 beigetragen hat. Der Bedarf wurde von den Fachbereichen eigenverantwortlich oder in deren Arbeitsgruppen mit den Möglichkeiten der vernetzten Kommunikation gelöst. Dass die nun heranwachsende Generation diese Optionen in vielerlei Bereichen ihres Lebens aktiv nutzt, befeuerte diese Entwicklung mit Sicherheit.

Für den Zweck dieses Buches ist es aber zunächst einmal nachrangig, was die Ursache für die Weiterentwicklung des Lernens war. Für die Organisationseinheit »Personalentwicklung« ist es von markanter Bedeutung, sich darauf einzustellen und mit neuen Konzepten dem erlebbaren Lernen 4.0 adäquat Rechnung zu tragen.

Zwischenfazit

Sie sind nun im Schnelldurchlauf durch einige der derzeit wichtigsten Begriffe und Themen gesprungen. Aber warum dieser Unterbau? Einfach gesagt: All diese Entwicklungen allein oder geballt bringen derart tief greifende Änderungen mit sich, dass eine der zentralen Herausforderungen darin bestehen wird, mit der Geschwindigkeit der Entwicklungen Schritt zu halten und wettbewerbsfähig zu bleiben. Neben technologischen Skills (Fähigkeiten) werden klassische Kompetenzen wie analytisches Denken und soziale Kompetenzen wie Team- oder Konfliktfähigkeit auf neue Lebensräume – den virtuellen Raum – verlagert und werden dort zu emergenten Phänomenen.

Darüber hinaus werden Kompetenzen wie

- der Umgang mit den verschiedenen Medien,
- der Umgang mit Veränderungen und
- die Forderung nach zunehmender Selbstorganisation

zu den wesentlichen Aspekten gehören, die die Zukunft der Arbeitswelt prägen – zumindest wenn man einer Studie glaubt, die an der Hochschule Ludwigsburg im Rahmen einer qualitativen Forschungsarbeit – im Auftrag der Haufe Akademie – durchgeführt wurde.

2 Warum ausschließlich traditionelle Bildung und Personalentwicklung nicht mehr zeitgemäß sind

Über alle Branchen hinweg werden bestehende Arbeitsplätze in großer Zahl abgelöst werden. Es werden gleichzeitig aber auch neue Jobs entstehen.

Für die Unternehmen bedeutet dies in der Konsequenz, dass Kohorten von Mitarbeiterinnen und Mitarbeitern qualifiziert und entwickelt werden müssen, damit sie diese Aufgaben übernehmen und den kontinuierlichen Anforderungen von außen gerecht werden können. Eine professionelle Personalentwicklung hat in diesem Zusammenhang zwei wichtige Handlungsfelder:

- Handlungsfeld eins umfasst eine **strategische, langfristige Perspektive**: die Vorbereitung von Menschen auf die Herausforderungen von morgen – für Aufgaben, Rollen sowie die Erwartungen und Anforderungen eines noch unbekannten Marktes. Zumeist werden hier Kompetenzen in Entwicklungsprozessen erworben und genau hierfür leisten wir mit diesem Buch unseren Beitrag.
- Handlungsfeld zwei beschäftigt sich mit einer **situativen Kompetenzentwicklung** für den konkreten Moment des Bedarfs: Diese Bedarfsmomente kommen – wie wir gesehen haben – unerwarteter, folgen schneller aufeinander und sind dabei immer spezifischer. Diese Bedarfe stehen im Kontext der anstehenden Aufgaben, an deren Ende immer ein Ziel steht: Output generieren. Die erforderlichen Skills zur Erbringung von Output werden mit den digitalen Formaten (wie zum Beispiel E-Learning-Nuggets, AR-Anwendungen, Massive Open Online Courses – MOOCs[1]) zeit- und ortsunabhängig zu günstigen Preisen und für große Teilnehmerkreise zur Verfügung gestellt und können von diesen passgenau genutzt werden.

Genau um diese beiden Handlungsfelder geht es in diesem Kapitel. Zunächst werden die langfristigen Aspekte unter dem Blickwinkel der Karriereerwartung beleuchtet, im darauffolgenden Abschnitt die Limitierungen der situativen Kompetenzentwicklung. Aus der Zusammenschau der beiden Aspekte werden die Anforderungen an einen Personalentwickler der Zukunft skizziert. Das Kapitel schließt mit der Antwort auf die Frage, an wen sich dieses Buch richtet.

1 MOOC steht als Akronym für »massive open online courses«. Es handelt sich um zumeist kostenfreie Onlinekurse, die für eine große Menge Teilnehmer zugängig ist.

2.1 New Career – warum hat die eigentlich noch keiner nummeriert?

Während sich eine klassische Karriere in den frühen Jahren der Industrialisierung noch durch Seniorität, überlegenes fachliches Wissen und analytisches Denken begründen ließ – vor allem auch in den klassischen Verwaltungs- und Beamtenlaufbahnen vorzufinden –, ist spätestens seit den 90er-Jahren klar, dass die Aufgaben einer personalverantwortlichen Führungskraft über die rein betriebswirtschaftlichen und fachlichen Fähigkeiten hinaus weitere Kompetenzen erfordern.

Der Zugang zu dispositiver Arbeit, mehr Verantwortung und damit einhergehend mehr Einkommen wurde zunehmend durch eine hinreichend gute Ausprägung von Soft Skills möglich. Monetäre und Entwicklungsanreize, zunehmende Verantwortung und damit auch mehr Gestaltungsspielraum haben die klassische Karriere geprägt – und prägen sie auch noch bis heute. Laufbahnkonzepte und Auswahlformate wie Assessment- oder Development-Center, Förder- und Entwicklungsmaßnahmen orientieren sich richtigerweise am unternehmerischen Bedarf. Und genau da liegt das Problem: Die Personaler setzen auf eine Annahme, die so nur noch sehr begrenzt gilt, denn: Die Erwartungen der derzeit in den Arbeitsmarkt eintretenden Generation an die eigene Karriere haben sich gewandelt.

All diese Überlegungen kommen allerdings wenig überraschend oder aus dem »Nichts«. Douglas Hall hat bereits 1996 in seinem Buch »Protean Careers for the 21st Century« vorgelegt, dass Karrieren nicht mehr durch den klassischen Kaminaufstieg gekennzeichnet sein und primär durch Training gefördert werden. Zudem ist es in Zukunft (eigentlich sogar bereits in der Gegenwart) nicht mehr vorrangig die Organisation, die ein entsprechendes Karriereangebot vorhält, sondern es sind die Mitarbeitenden, die ihre Karriere selbst steuern. Hierbei ist eine ganzheitliche persönliche Entwicklung zur Beschäftigungssicherung (unabhängig vom Unternehmen) und die ganzheitliche (Lebens-)Zufriedenheit von größerer Bedeutung als die organisationale Beurteilung. Mit anderen Worten: Das, was eine Organisation noch vorhält, ist nach Hall vor allem durch herausfordernde Aufgaben mit individuellem Wachstums- oder Entwicklungspotenzial gekennzeichnet und durch die Möglichkeit, das eigene Netzwerk auszubauen und zu nutzen.

Schaut man mit kritischem Blick auf diese Erwartung, so muss man feststellen, dass die meisten Organisationen diesen Trend bislang ignorieren. Die Angebote für Karriere und Entwicklung enthalten nur begrenzt, was den Erwartungen einer nachfolgenden Generation entspricht – sie sind immer noch zu stark auf eine betriebliche Karriere und klassische Nachfolgeplanung fixiert.

myBook+

Ihr Portal für alle Online-Materialien zum Buch!

Arbeitshilfen, die über ein normales Buch hinaus eine digitale Dimension eröffnen. Je nach Thema Vorlagen, Informationsgrafiken, Tutorials, Videos oder speziell entwickelte Rechner – all das bietet Ihnen die Plattform myBook+.

Ein neues Leseerlebnis

Lesen Sie Ihr Buch online im Browser – geräteunabhängig und ohne Download!

Und so einfach geht's:

- Gehen Sie auf **https://mybookplus.de**, registrieren Sie sich und geben Ihren Buchcode ein, um auf die Online-Materialien Ihres Buchs zu gelangen
- **Ihren individuellen Buchcode finden Sie am Buchende**

Wir wünschen Ihnen viel Spaß mit myBook+!

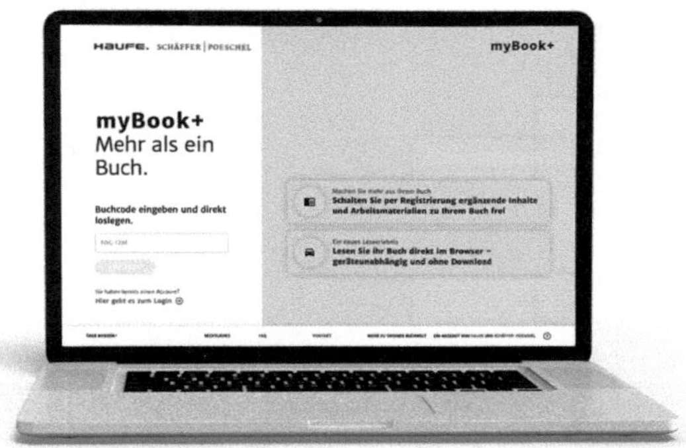

Kompetenzen wirksam entwickeln

2.2 Ist die operative Personalentwicklung eine »Lame Duck«?

»Das klassische Training ist tot«, konnte man in den 90er-Jahren allerorts hören – so wie jetzt ausgerufen wird, dass die traditionelle Personalentwicklung sich überlebt hat. Nun, das klassische Training ist allerdings nicht tot. Und es wird wahrscheinlich auch noch eine ganze Weile lang ganz manierlich weiterleben – genauso wie einige Aspekte der klassischen Personalentwicklung. Aber eben nur Aspekte.

2.2.1 Die fünf Bedarfsmomente

Für Personalentwicklung und Weiterbildung gibt es immer wieder Anlässe. »Bob Mosher, E-Learning-Vordenker und langjähriger Director of Learning Strategy und ehemals Evangelist bei Microsoft, hat sehr treffend fünf Bedarfsmomente für Lernen im Job identifiziert (...)« (Haufe, Whitepaper »Neues Lernen«, S. 6):

- new
- more
- apply
- solve
- change

Bei »new« geht es darum, etwas Neues zu lernen, »more« verlangt danach, Kompetenzen aufzubauen. Es sind hier vor allem die zukunftsorientierten Qualifizierungen und Entwicklungsmaßnahmen, die in dieses Feld fallen – eines der beiden relevanten Handlungsfelder einer Organisationseinheit für Personalentwicklung. Formelles Lernen mit E-Learning, Schulungen etc. ist hierfür das geeignete Format, das um weitere Ansätze und Formate (wie z. B. Coaching, kollegiale Fallberatung[2] etc.) – abhängig vom konkreten Bedarf – erweitert wird. Bestehende und weiterentwickelte Formate der Personalentwicklung werden hier noch eine gute Weile ihre Bedeutung behalten und weiter professionalisiert werden. Hier braucht es (noch) den erfahrenen Menschen- und Organisationsentwickler (und vielleicht kann dieses Buch ebenfalls einen kleinen Beitrag leisten). Die situative Qualifizierung und Entwicklung wirken im Moment des Bedarfs.

Bei »apply« soll man etwas anwenden oder sich an etwas erinnern, »solve« braucht es, wenn etwas nicht wie geplant klappt, und »change«, wenn sich etwas geändert hat. Hier geht es in erster Linie um Performance Support.

2 Kollegiale Fallberatung: Kollegen beraten sich untereinander und suchen gemeinsam nach Lösungen für eine Problemstellung, die ein Teilnehmer in die Runde einbringt.

Die Anforderungen »inhaltliche Passgenauigkeit« und »Schnelligkeit«, mit der eine Lösung benötigt wird, sind dabei sehr hoch. Eine zentrale Personalentwicklung steckt dabei oftmals weder fachlich im Thema noch ist sie in der Lage, aus dem Stand sofort eine Lösung anzubieten, die diesem spezifischen Bedarf entspricht.

Hier kommen die Potenziale der Digitalisierung ins Spiel. Und damit ist nicht gemeint, Präsenzlernen zu »elektrifizieren«. E-Learning ist nicht gleich Digitalisierung. Das, was die Digitalisierung zu leisten vermag, findet sich in Form von Skill-Entwicklung ebenso in Learning-on-demand-Ansätzen, in Wikis etc. als auch in Formaten, die durch Augmented[3] oder Virtual Reality[4] hervorragend bedient werden können.

Beispiele

- Bei Carl Zeiss werden beim Werksgang interaktiv Beschriftungen, Erklärtexte oder Animationen zu Maschinen auf einem Tablet kontextsensitiv angeboten.
- Bei der Deutschen Bahn werden Virtual-Reality-Umgebungen zu Schulungszwecken genutzt – zum Beispiel bei der Bedienung von Einstiegshilfen für Rollstuhlfahrer durch das Service- und Bordpersonal (vgl. Haidar, 2019).

Allerdings werden die oben genannten Formate derzeit nur für einen begrenzten Teil der Lernbedürfnisse zur Verfügung stehen. Weitere Unterstützungsleistungen sind notwendig, die kaum durch eine zentrale Einheit »Personalentwicklung« geliefert werden können. Kurzum: Hier ist die Anpassung an die sich verändernden Gegebenheiten nötig – und neue Zugänge müssen gesucht werden.

2.2.2 Trends und Perspektiven mit Handlungsbedarf

So wie Teile dessen, was wir tun, auch noch eine ganze Weile die Personalentwicklung und Weiterbildung prägen werden und in einigen Feldern bereits erste vielversprechende Ansätze das bestehende Portfolio ergänzen, so gibt es auch Handlungsfelder, die noch einer weiteren Bearbeitung zugeführt werden müssen.

Bedingt durch die technischen Möglichkeiten nimmt das verfügbare Wissen rapide zu. Eng damit verbunden ist die sogenannte Halbwertszeit des Wissens. Dieser Begriff verweist darauf, dass nach einem bestimmten Zeitpunkt vom bisher erworbenen Wissen nur noch die Hälfte aktuell bzw. korrekt ist (z.B. weil bestimmte Ansichten, wie zum Beispiel dass die Erde eine Scheibe ist, widerlegt wurden oder sich verändert

3 Augmented Reality: Hier bleibt im Gegensatz zur Virtual Reality die Wahrnehmung der Realität des Nutzers bestehen. Sie wird nur ergänzt um Informationen, zum Beispiel in Form von Hologrammen, Einblendungen oder Animationen.

4 Virtual Reality bezeichnet vollständig virtualisierte Umgebungen, in die ein Anwender per Datenbrille hineinversetzt wird.

haben). Das oftmals beschworene Erfordernis für ein lebenslanges – und vor allem kontinuierliches! – Lernen hat also einen handfesten Grund.

Die technologische Entwicklung bringt es zudem mit sich, dass wir mit immer mehr Information konfrontiert werden. Die Geschwindigkeit, in der Wissen erworben werden muss, wächst ähnlich rasant. Sprich: Lernen und Entwicklung müssen schneller vonstattengehen, als dies bislang der Fall ist. Oftmals steht keine Zeit mehr für eine umfangreiche Problemanalyse zur Verfügung. Anwender bedienen sich zunehmend aller Kanäle für schnelle Lösungen – die Social Media (Blogs, Tutorials, Videos, MOOC etc.) stehen dabei ganz oben. Die Attestierung von »Micro bzw. Nano Degrees« (vgl. Bittelmeyer, 2019) wird zunehmen und die Forderung nach »Learning Nuggets« und ähnlichen Kurzformaten ist unüberhörbar.

Das mobile Internet hat unsere Lese- und Lerngewohnheiten verändert. Wir lernen nicht mehr wie vor fünf oder zehn Jahren an unserem Schreibtisch auf unserem Grundwissen aufbauend oder besuchen Präsenzbibliotheken, sondern schlagen rasch in unserem Smartphone nach, wenn wir etwas nicht wissen. Ähnliche Erwartungen werden Menschen immer häufiger auch im Arbeitsleben haben (vgl. Elliot Masie in Bußmann, S. 84). Auch der Wunsch nach standortunabhängigem Lernen spielt dabei eine Rolle: egal ob vom Homeoffice oder vom mobilen Workspace aus.

Lernen darf deswegen nicht ausschließlich ein von Arbeit (und Leben) separierter Prozess sein, sondern bedarf der kontinuierlichen Integration in das tägliche Tun. Schnelle und passgenaue Lern- und Entwicklungsmöglichkeiten werden nicht ausschließlich durch im Unternehmen oder durch Unternehmen veranlasste Entwicklungsangebote bereitgestellt. Es gilt, die natürlichen Lernräume – auch im privaten Kontext – für Entwicklung nutzbar zu machen.

Virtual Reality wird eine weitere große Rolle für nachhaltiges und schnelles Lernen spielen. Die Aktivierung von Kopf, Herz und Hand führt zu nachhaltigen Lernerfahrungen und schafft bereits erste Routinen. Varianten von VR werden bereits seit Jahrzehnten von Militärs oder Piloten in Form von Simulatoren genutzt.

2.3 Anforderungen an einen Personalentwickler von morgen

Wer ist eigentlich für die eigene Entwicklung verantwortlich? Nach den oben genannten Ausführungen geht der Trend glasklar in Richtung zunehmende Eigenverantwortung. Das bedeutet allerdings nicht, sich Menschen in Organisationen vollkommen autark und ohne Rahmenbedingungen entwickeln können. Wer dies glaubt, ist einer Münchhausiade aufgesessen. Entwicklung braucht immer einen Rahmen. Strukturell setzt diesen im besten Fall eine Organisationseinheit, die für organisationales und individuelles Lernen verantwortlich zeichnet, entsprechende Rahmenbedingungen schafft und bei der Umsetzung berät und unterstützt. Von mindestens genauso großer Bedeutung sind allerdings all die Partner der individuellen Entwicklung. Ob – ganz klassisch – die traditionelle Disziplinarführungskraft, deren originäre und nicht delegierbare Aufgabe die Entwicklung des Mitarbeiters ist, oder ob hierarchiefreie Rollen, wie z. B. ein Scrum Master oder Peers die operative Entwicklungsverantwortung unterstützen. Ein vertieftes Verständnis davon, was Kompetenzentwicklung ist und wie diese vonstattengehen kann, wollen wir mit diesem Buch unterstützen. Der Rahmen gebenden Personalentwicklung (PE) kommt dabei eine besondere Rolle zu – nicht nur weil sie Schwerpunkte setzt und ihre Arbeit stärker fokussieren oder transformieren muss, sondern auch weil sie den Bedingungsrahmen für Führungskräfte und Mitarbeiter setzt. Aus diesem Grund werden wir grob diese Perspektive skizzieren.

Die Rolle der PE wandelt sich. In Anlehnung an das Fadenkreuz zur Bestimmung verschiedener Rollen der HR nach Dave Ulrich bedeutet dies, dass eine Organisationseinheit die Unternehmensstrategien und -ziele in geeignete Entwicklungskonzepte übersetzen muss und dass sie gleichzeitig ein Förderer der Unternehmenskultur sowie ein Transformationsbegleiter der Lernkultur sein wird. Im operativen Bereich unterstützt die Organisationseinheit die Mitarbeiter auf der Metaebene zum Beispiel als Lerncoach und ist gleichzeitig Broker von passenden Lernpartnern sowie Bibliothekar geeigneter Lerninstrumente, Methoden und ggf. auch Contents (vgl. Graf/Gramß/Edelkraut, 2017, S. 161).

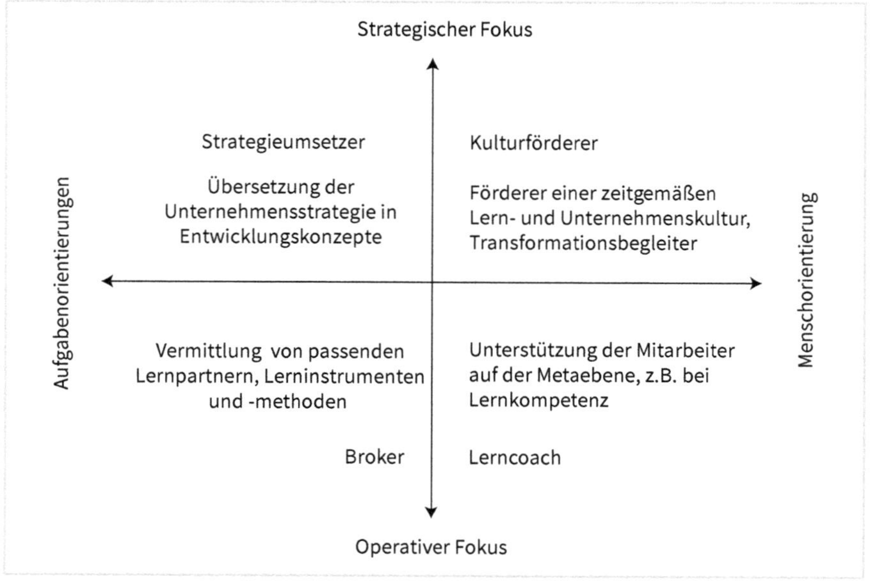

Abb. 3: Rolle des Personalentwicklers

Im Vordergrund der strategischen Rolle steht neben der Gestaltung von Rahmenbedingungen (Lerninfrastruktur, Ermöglichungsrahmen etc.) vor allem, die Entwicklung von Mitarbeitern und Führungskräften (und weiteren nicht hierarchischen Rollen) professionell anzustoßen und zu begleiten. Dies setzt die Fähigkeit zur Beschreibung von Kompetenzen ebenso voraus wie die Fähigkeit, Vorschläge zu entwickeln, wie diese Kompetenzen on und off the job entwickelt werden können (vgl. Sauter/Scholz, 2015, S. VIII f.). Man könnte sagen: Die Organisationseinheit entwickelt sich vom Learning Content Provider zum Learning Context Consultant.

Laut Charles Jennings geht es in Zukunft vor allem darum herauszufinden, wo die Wurzel eines Problems liegt, und für die Lösungsfindung Sorge zu tragen (vgl. Bußmann, 2018, S. 84) als mehr oder weniger passende Bildungs- und Entwicklungsmaßnahmen als »Learning Designer« zu konzipieren (vgl. Elliot Masie in Bußmann, 2017, S. 86). Personalentwickler werden so vom Trainingslieferanten zum Performance Supporter für mehr Business Impact für die Lerner. Durch die Vermittlung von Methoden, wie man sich selbstständig relevante Lerninhalte erschließt und wie man eine passgenaue Auswahl geeigneter Lernformate, -medien und -quellen vornimmt, verhelfen Personalentwickler zu mehr Autonomie im Lernprozess. Die Rolle des Personalentwicklers als Lerncoach und Broker von passenden Lernpartnern befähigt die Kunden der Personalentwicklung zudem, selbstständig natürliche Lernräume zu identifizieren und diese zielorientiert für ihre Entwicklung zu nutzen. Der Personalentwickler entwickelt sich so von der »Training Delivery«-Einheit zu einem »Learning Co-Creation«-Partner.

2.4 An wen richtet sich dieses Buch?

Aus Sicht der Experten im Bereich Personalentwicklung und Weiterbildung ist es unumstritten, dass die Aufgabe und Rolle des Personalentwicklers in erste Linie durch die disziplinarische Führungskraft wahrgenommen werden soll – und muss. Dies ergibt sich nicht nur aus der Verantwortung der Führungskräfte, ihre Ressourcen bestmöglich und wertschöpfend einzusetzen, sondern aus der schlichten Tatsache, dass die Kontaktpunkte zwischen Führungskraft und Mitarbeiter es am ehesten erlauben, Bedarf zu erkennen, die Umsetzung zu begleiten und den Transfer zu sichern (um nur einige Aspekte zu nennen). Die hierzu erforderliche Kompetenz ist allerdings nicht immer gegeben, ganz zu schweigen von den Befugnissen, Entwicklungsmaßnahmen auszulösen. Dieses Buch soll eine praktische Hilfestellung, eine Art Werkzeugkiste und Nachschlagewerk sein, um Führungskräfte – gleich welcher Hierarchieebene – bei dieser herausfordernden Aufgabe zu unterstützen.

In vielen Funktionsbereichen und in manchen Branchen sind es allerdings nicht mehr die disziplinarischen Vorgesetzten, die für die Entwicklung der Mitarbeiter Sorge tragen. Sei es, weil ein Team »remote« geführt wird (Führung über verschiedene Standorte hinweg), weil die Organisation diese Rolle an andere Personen übertragen hat (z.B. an den Scrum Master wie in vielen agilen Entwicklungsprojekten, z.B. im Bereich der Informationstechnologie) oder weil – ganz klassisch – der zu entwickelnde Inhalt eine operative Tiefe hat, die direkt an den »Paten« oder »Buddy« bzw. den Ausbildungsbeauftragten delegiert wird. Viele Inhaber dieser Rollen haben ihren beruflichen Hintergrund in einem bestimmten Fachbereich und interessieren sich für die Entwicklung von Menschen und Teams, haben diese Tätigkeit aber nie professionell erlernt. Auch solchen Kollegen und Kolleginnen wollen wir mit diesem Buch eine praktische Arbeitshilfe an die Hand geben.

Die Mitarbeiterinnen und Mitarbeiter der Funktionseinheit Personalentwicklung bzw. der Aus-, Fort- und Weiterbildung (oder wie auch immer sie sich gerade nennen) sind die Spezialisten für die Vereinbarung von zielführenden Entwicklungsmaßnahmen. Die Praxis zeigt, dass gerade im Bereich Personalentwicklung sehr viele Professionen, Berufsneulinge und Quereinsteiger zusammenkommen, die oftmals nicht über die Expertise verfügen, in tiefere Entwicklungsberatung einzusteigen.

Auch all denjenigen, die Lern- und Entwicklungsarbeit beurteilen oder auditieren (z.B. Mitarbeiter des Qualitätsmanagements), wollen wir mit diesem Buch ein Vademecum an die Hand geben, das bei ihrer Tätigkeit hilfreiche und praktisch nutzbare Handreichungen bietet.

Schlussendlich geht es um den Einzelnen mit all seinen individuellen Lern- und Entwicklungswünschen, denn aus den oben genannten Ausführungen ergibt sich ein klares Bild: Mitarbeiterinnen und Mitarbeiter, egal, in welcher Rolle und Funktion müssen – und wollen – künftig immer mehr Eigenverantwortung für Lernen und Entwicklung übernehmen, Entscheidungen treffen, welche Maßnahmen geeignet sind, sowie Bedarfe konkretisieren etc. Auch sie haben wahrscheinlich nicht gelernt – geschweige denn hinreichend Erfahrung –, dieses anspruchsvolle Feld professionell auszugestalten. Das in dem Buch enthaltene Werkzeug soll auf pragmatische Weise Wegbegleiter für eine persönliche Entwicklungsplanung sein.

Halt, die bisherige Aufzählung hat ein paar wichtige Zielgruppen vergessen: Berater und Trainer zum Beispiel sowie Lehrende und Studierende an den verschiedenen Hochschulen. Dieses Buch ist als pragmatischer Wurf auch für diese Zielgruppen zu verstehen.

3 Theorie und Praxis – die Werkzeugkiste, um Kompetenzen zu entwickeln

In diesem Kapitel skizzieren wir unser Verständnis davon, was es bedeutet, Kompetenzen »wirksam« zu entwickeln, und geben Ihnen noch einige Methoden an die Hand, wie Sie im Rahmen organisierter Wissensvermittlung »die richtige Maßnahme« ergreifen und wie Sie on the job aus Ihrer originären Aufgabe geeignete Lernfelder für Ihre Kompetenzentwicklung generieren.

3.1 Was heißt »Kompetenzen wirksam entwickeln«?

Richtig. Der Titel des Buches ist »Kompetenzen wirksam entwickeln«. Mit konkreten Anregungen für das Berufs- wie das Privatleben. Mit Aufgaben für Einsteiger und Fortgeschrittene. Und doch handelt es sich ein Stück weit um eine subjektive Bewertung, ob der Anspruch, dass dies »wirksam« geschieht, erfüllt wird.

Für ein besseres Verständnis davon, wie der Mensch lernt, benötigt man eine Theorie oder zumindest ein Modell. Davon gibt es sehr viele, allerdings existiert kein theorieübergreifendes gemeinsames Verständnis. Wir orientieren uns gern an der Idee der »Zwiebelschalen der Persönlichkeit«. Sehr vereinfacht ausgedrückt bedeutet dies, dass Sie sich den Menschen wie eine durchgeschnittene Zwiebel vorstellen können. Dabei treten unterschiedliche Schichten zutage.

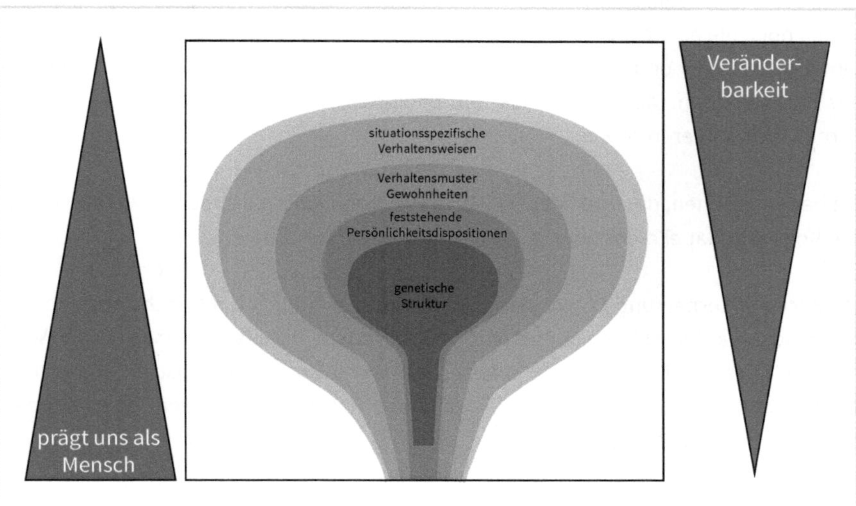

Abb. 4: Die Zwiebelschalen der Persönlichkeit

Der Kern – das Innerste – ist nach aktuellem Kenntnisstand die genetische Disposition. So wie ein Apfelkern den kompletten Apfelbaum potenziell in sich trägt, so beinhaltet unsere genetische Disposition die Gesamtheit all unserer Möglichkeiten.

Die nächste Schicht umfasst stabile Persönlichkeitsdispositionen, die nicht nur veranlagt sind, sondern auch über die Zeit weitgehend stabil bleiben und kaum Veränderung erfahren (sofern nicht traumatische Erlebnisse, Gehirnschädigungen, Einfluss toxischer Stoffe etc. auf uns einwirken). Diese Persönlichkeitsfaktoren werden heute überwiegend mit den sogenannten Big 5 (Offenheit für Erfahrungen, Gewissenhaftigkeit, Extraversion, Verträglichkeit, Neurotizismus) ausgetestet. Der guten Ordnung halber sei an dieser Stelle darauf verwiesen, dass es einen Richtungsstreit darüber gibt, wie wenig diese Kriterien veränderlich sind – wir glauben, dass diese im Leben eines Menschen weitgehend stabil bleiben.

Die darauf folgende Schicht stellt unsere Gewohnheiten, erlernte und relativ stabile Verhaltensmuster dar. Wenn Sie schon einmal versucht haben, eine Gewohnheit zu ändern, haben Sie in etwa eine Vorstellung davon, wie herausfordernd, langwierig und schwierig es sein kann, täglich zum Beispiel drei Liter Wasser zu trinken, ein Stück Obst zu essen oder das Rauchen aufzuhören – selbst wenn Sie maximal motiviert sind. Ohne Zweifel – Veränderungen sind möglich, im Regelfall wird es sich allerdings um einen Lernprozess und um eine notwendige kontinuierliche Verhaltenseinübung handeln.

Die letzte und äußerste der vier Schalen sind situationsspezifische Verhaltensweisen. Einfach ausgedrückt: Sie haben eine Frage zu einer bestimmten Funktion in Excel, fragen bei einer Kollegin nach, diese gibt Ihnen die gewünschte Antwort, fertig. Oder: Sie haben noch nie eine Zündkerze gewechselt, bitten einen Sachverständigen darum, es Ihnen zu erklären, und im Regelfall werden Sie diese Tätigkeit ohne Weiteres danach ausführen können. Diese Art des Lernens entspricht oftmals der Idealvorstellung, wie Lernen funktionieren sollte.

Sie haben gesehen, dass der Mensch von innen nach außen betrachtet werden muss: Der Kern sagt dabei mehr über uns aus als die äußerste Schale.

Mit Blick auf Lernen und Entwicklung verhält es sich ähnlich (und doch ganz anders). Während wir auf der Ebene der situationsspezifischen Verhaltensweisen mit Seminaren, Fachliteratur, Expertentipps oder E-Learning (also dem klassischen Repertoire der Bildungsabteilungen) schnell eine nutzbare Antwort bekommen, ist es auf den anderen Ebenen eben anders.

Bereits auf der Ebene der Gewohnheiten und Verhaltensmuster findet die Entwicklung, wie oben bereits angedeutet, nicht mehr zu einem bestimmten Zeitpunkt, sondern über einen längeren Zeitraum statt. Entwicklung ist ein Prozess und kein Ereignis. Entwicklungsprogramme, Coachingprozesse und kontinuierliche Reflexion sind potenzielle Ansätze, um eine Chance auf Entwicklung zu haben. Die individuelle Motivation des Lerners, die Reaktion seiner Umwelt, die Bereitschaft, Zeit und Geld zu investieren – all diese Faktoren spielen hier eine wichtige Rolle.

Auf der Ebene der feststehenden Persönlichkeitsdispositionen können Sie (nach unserer Ansicht) kaum etwas entwickeln (sofern Sie im ethisch vertretbaren Rahmen bleiben). Was Sie tun können, ist mit den einschlägigen diagnostischen Verfahren die persönliche Disposition eines Menschen herauszuarbeiten und transparent zu machen. Aufzuzeigen, für welche Art von Aufgaben und Rollen jemand eine Disposition mitbringt und welche Art von Aufgaben man tendenziell eher anderen überlassen sollte. Es versteht sich von selbst, dass die genetische Disposition kein Feld »personalentwicklerischen« Handelns ist.

Entsprechend den hier dargestellten verschiedenen Schichten des Zwiebelschalenmodells sind die Chancen für die Entwicklung von Kompetenzen also für einige höher als für andere. Je nachdem, ob diese Kompetenz in Verbindung mit dem Inneren der Persönlichkeit oder eher mit der äußeren Zwiebelschale steht. Daran angelehnt finden Sie in Kapitel 4 dieses Buches kompetenzbezogen jeweils eine Einschätzung, wie hoch die Entwicklungschancen sind.

3.2 Wie finde ich das richtige Angebot für organisierte Wissensvermittlung (off the job)?

Im vorherigen Abschnitt haben Sie erfahren, dass es Entwicklungswünsche oder -bedarfe gibt, denen Sie durch Lernformate der Wissensvermittlung entsprechen können. Um nun die für Sie »richtige« Maßnahme zu identifizieren, müssen Sie ein paar Fragen beantworten:

1. Was ist das angestrebte Ergebnis meines Lernens?
2. Was will ich inhaltlich lernen?
3. Wie kann ich leicht lernen?
4. Wer bietet diese Lernerfahrung an?

Zu den einzelnen Fragen:

Was ist das angestrebte Ergebnis meines Lernens?
Mit anderen Worten: Woran kann ich messen (zählen, wiegen ...) oder beobachten (wahrnehmen ...), dass meine Lernerfahrung sich gelohnt hat?

Was will ich inhaltlich lernen?

Die konkreten Bereiche der Lehrinhalte sind natürlich abhängig vom jeweiligen Wissensfeld. So werden die Bereiche (z.B. in Form von Fachbegriffen, Stichwörtern etc.), die Sie suchen, wenn Sie Ihre Excel-Skills verbessern wollen, andere sein, als wenn Sie sich fit in Projektmanagement machen wollen. Das allein reicht allerdings nicht.

Sie sollten sich klar machen, auf welchem Niveau Sie stehen und auf welches Niveau Sie kommen wollen. Sehr hilfreich ist es, den eigenen Ist-Stand zum Themengebiet festzustellen und den oben beschriebenen Soll-Stand dem gegenüberzustellen.

Wenn Sie es sehr professionell machen wollen, nehmen Sie die Verben aus der nachfolgenden Liste zur Formulierung von Lernzielen – Sie finden sie auch in den Arbeitshilfen online. Diese sind nicht nur in fünf Stufen abgebildet sondern jeweils in drei Ebenen: Kopf – Herz – Hand.

Stufe	Taxonomieebene	Verben zur Lernzielformulierung
1	kognitiv: Wissen	nennen, benennen, kennzeichnen, aufzählen, berichten
	psychomotorisch: Imitation	nachmachen, zeichnen, skizzieren
	affektiv: Beachten	beachten, aufnehmen, kontrollieren
2	kognitiv: Verstehen	auffinden, übersetzen, gegenüberstellen, ordnen, lösen, auswerten, erklären, unterscheiden
	psychomotorisch: Manipulation	fertigen, betätigen, steuern
	affektiv: Reagieren	beantworten
3	kognitiv: Anwenden	benutzen, ausführen, auswerten, anwenden, ermitteln, erkunden
	psychomotorisch: Präzision	exakt steuern, herstellen
	affektiv: Werten	anerkennen, helfen, fördern
4	kognitiv: Analyse	herausarbeiten, gegenüberstellen, einteilen, nachweisen, analysieren
	psychomotorisch: Handlungszergliederung	Bewegungsabläufe aufeinander abstimmen, miteinander verknüpfen
	affektiv: Wertordnung	vergleichen, auseinandersetzen, identifizieren
5	kognitiv: Synthese, Bewertung	zusammenfügen, aufstellen, planen, vergleichen, ableiten, anwenden, berechnen, beurteilen
	psychomotorisch: Naturalisation	automatisieren
	affektiv: Verhalten und Wertordnung	überprüfen, durchsetzen, erfüllen

Gegebenenfalls müssen Sie Ihren Lernzuwachs mit mehreren Etappen einplanen.

Wie kann ich leicht lernen?
Hier gibt es eine Menge Fragen, die Sie sich beantworten sollten. Zum Beispiel:

- Welcher Lerntyp bin ich? Kann (oder: will) ich mir Wissen selbst erschließen und erarbeiten? Ist mir der Austausch face-to-face mit anderen Lernern wichtig? Habe ich eine Affinität zu Lernen am und mit dem Computer – oder eher nicht? Ist es mir lieber, viel Input zu bekommen, oder will ich mir Inhalte lieber in der Gruppe erarbeiten?
- Suche ich eher nach Überblick, Trend und den »großen Wurf« oder brauche ich Schritt-für-Schritt-Anleitungen und genaue Handlungsvorgaben, die ich imitieren kann? Ist mir eine sehr offene Gestaltung, in der meine (Spezial-)Fragen zum Tragen kommen können, wichtig oder erwarte ich einen festen Lehrplan, von dem nicht abgewichen werden soll?
- Zu welchen Zeiten kann ich gut lernen? Wie sieht es in den Abendstunden oder am Wochenende aus? Kann ich mich während der Arbeitszeit beim Lernen tatsächlich konzentrieren, bin ich einigermaßen ungestört?
- Bin ich mit Blick auf Lernen an einen bestimmten Ort gebunden (z. B. weil es private Rahmenbedingungen gibt, die ich berücksichtigen muss wie Haustiere oder Kinder)? Welcher finanzielle Rahmen steht mir zur Verfügung?

Wer bietet diese Lernerfahrungen an?
Spätestens jetzt sollten Sie die Hilfe von Experten in Anspruch nehmen. Manche Anbieter werben mit »Wir haben viele zufriedene Teilnehmer«. Das ist ein legitimes Interesse eines Anbieters für Lernformate, aber eben nicht das primäre Interesse eines Lerners (hoffentlich).

Es gibt einschlägige Datenbanken und Internetseiten, es gibt Publikationen und Verzeichnisse, es gibt Lern-Content-Anbieter im Web, Blogs und Videotutorials. Sie sollten einen Anbieter aber idealerweise nicht anhand der Werbematerialien buchen, sondern danach, welche Erwartungen Sie haben und in welchem Maß Sie Ihre Erwartungen in den Angeboten wiederfinden.

3.3 Welche grundsätzlichen Möglichkeiten des Lernens in der Praxis kann ich nutzen?

Aus der Ausführung zu den sich immer schneller verändernden Märkten ist transparent geworden, dass Lernen und Arbeiten in Zukunft noch stärker verzahnt werden muss – und werden wird. Dieses Lernen ist nicht nur praxisbezogener, es ist auch schneller (und trägt somit dem Grundsatz der strategischen Personalentwicklung Rechnung, schneller zu lernen als der Wettbewerb) und im Regelfall passgenauer. Zudem wird durch professionelles Lernen in der Praxis das Transferproblem weitestgehend gelöst, zumindest wird der Aspekt der Übertragbarkeit des Praxiswissens auf andere Situationen in ein anderes Format übertragen, wie die folgende Abbildung zeigt. Im Kern geht es darum, dass die Personen im Gegensatz zum klassischen Lernen i. d. R. zunächst einmal aus ihrem Praxisfeld herausgenommen und in ein Lernfeld gesteckt werden (z. B. ein Seminar). Das erlernte Wissen muss mit Blick auf die Anwendung geplant und zurück in die Praxis übertragen werden. Dabei gilt es, eine Vielzahl von Transferhürden zu überspringen wie zum Beispiel die fehlende Rückkoppelung, mangelnde zeitliche (oder andere) Ressourcen etc.

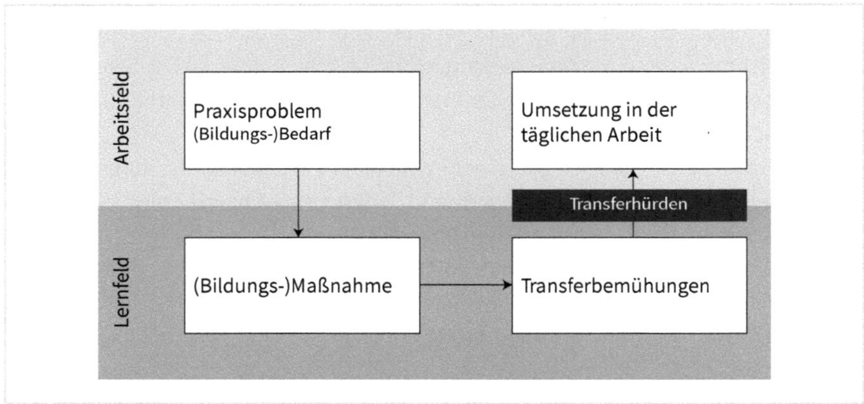

Abb. 5: Lernphilosophie

Beim Ansatz »learn and act«, also der Verzahnung von Lernen und Arbeiten, geht es darum, Lernerfahrung aus der praktischen Tätigkeit systematisch zu reflektieren und auf weitere Anwendungsfelder übertragbar zu machen.

Diese Überlegung geht mit den Erkenntnissen der beiden Wissenschaftler Michael M. Lombardo und Robert W. Eichinger (2000) einher und ist als 70-20-10-Ansatz in der Praxis bekannt geworden, der im ersten Abschnitt dieses Kapitels beleuchtet wird.

Im Folgenden werden wir einen pragmatischen Exkurs zu den Themen Lernfeldanalyse, Lernen aus dem Tagesgeschäft und Lernen in tagesgeschäftsnahen Aufgaben skizzieren. Diese grundsätzliche Betrachtung, wie die natürlichen Lernräume am »Tatort Arbeitsplatz« identifiziert und schließlich für die Kompetenzentwicklung berücksichtigt werden, bilden den Rahmen für das folgende Kapitel, in dem es darum geht, die Kompetenzen konkret zu entwickeln.

3.3.1 Das 70-20-10-Modell

Am Center for Creative Leadership wurde 1996 eine Studie über erfolgreiche Führungskräfte in »The Career Architect Development Planner« veröffentlicht. Sehr vereinfacht ausgedrückt hat man 200 Manager befragt, welche Lernerfahrung sie für ihren Erfolg als besonders markant in Erinnerung haben. Viele berichteten, man hätte ihnen eine Aufgabe gegeben, die eine Nummer größer war, als das, was sie bislang gemacht hatten. Gleichzeitig gab es jemanden, der ihnen die Aufgabe zutraute und sie lieferten erste Ergebnisse, die sehr zur Zufriedenheit der Auftraggeber waren. Daraufhin wurden sie gebeten, mehr in diesem Bereich zu tun. Die Quintessenz war, dass ca. 70 Prozent der Lernerfahrung in der Praxis gemacht wurde, 20 Prozent der relevanten Lernerfahrung aus Feedback und Beziehungen generiert wurden und nur ungefähr 10 Prozent aus organisierter Wissensvermittlung wie beispielsweise aus Büchern oder Seminaren.

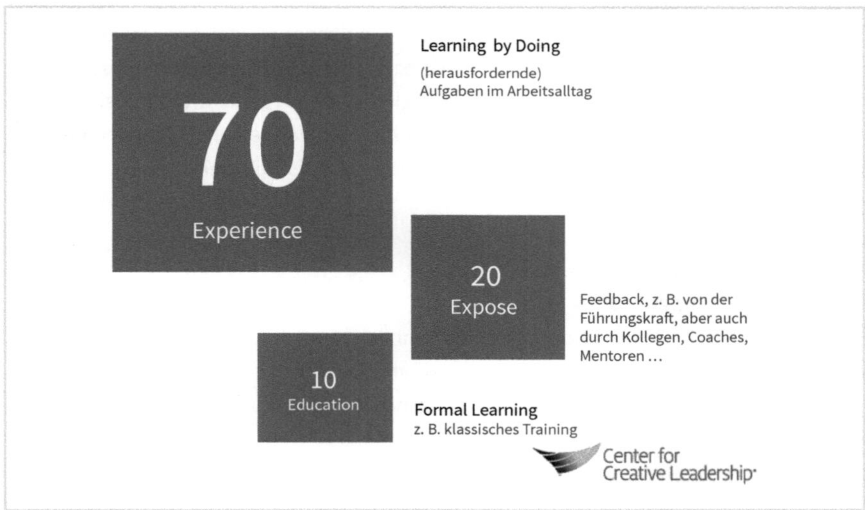

Abb. 6: Das 70-20-10-Modell

Betrachtet man die tatsächlichen Ressourcenaufwendungen in vielen Management-Development-Aktivitäten, so lässt sich häufig feststellen, dass ein Großteil des Entwicklungsaufwands in die organisierte Wissensvermittlung investiert wird. Also genau dahin, wo es Eichinger und Lombardo als nicht erfolgversprechend sehen. Gut, dass diese Erkenntnis – nach rund 25 Jahren – auch in der Praxis der Personalentwicklung anzukommen scheint. Mit unserem Buch wollen wir gerade den Neueinsteigern oder fachfremden Kolleginnen und Kollegen Hilfestellung und Unterstützung geben.

Eine Anmerkung am Rande: Charles Jennings wendete die Ergebnisse von Morgan McCall, Lombardo und Eichinger bei Reuters an und gilt seitdem als ausgewiesener

Experte für das Modell. Nun, dieser Charles Jennings betont, dass der 70-20-10-Ansatz eher ein Referenzmodell sei: Es gebe nicht wirklich eine exakte 70-20-10-Verteilung beim Lernen. Er sagt sogar, dass die Vorstellung verrückt sei (vgl. Bußmann, 2018, S. 83).

3.3.2 Lernräume erkennen und nutzen

Die Idee des Lernens aus – und in – der Praxis setzt voraus, dass man eine Idee davon hat, wo in der Praxis konkrete Entwicklungsräume zu finden sind. Es gilt, die betrieblichen Felder, in denen besonders gut oder nachhaltig gelernt werden kann, zu identifizieren, systematisch zu erfassen und der Verwertung für einen Entwicklungsprozess zuzuführen.

Eine sehr schnelle Methode ist, sich Gedanken darüber zu machen bzw. professionell zu analysieren, in welchen Teilen des Unternehmens welche Kompetenz besonders gut erworben werden kann – zum Beispiel, weil die dortige Aufgabe genau diese Kompetenz kontinuierlich fordert oder weil eine bzw. mehrere Personen in diesen Bereichen »cultural heroes« sind – akzeptierte Mitglieder der Organisation, die ein Vorbild hinsichtlich einer bestimmten Kompetenz sind. Wenn Sie die verschiedenen Kompetenzen nun mit verschiedenen Farben kennzeichnen, beispielsweise

- Fachkompetenzen = blau,
- Sozialkompetenzen = rot,
- personale Kompetenzen = grün und
- Methodenkompetenzen = gelb,

dann könnte Sie Ihr Organigramm farblich kennzeichnen und erhalten durch die Visualisierung eine erste Idee (ähnlich einer Landkarte), wo bzw. in welchen Fachbereichen natürliche Entwicklungsräume zu vermuten sind. Hier gilt es, wenig detailorientiert zu arbeiten, wenn Sie im Anschluss nicht ein buntes, aber wenig nutzbares Mosaik von Kompetenzen haben wollen.

Selbstverständlich können Sie eine solche Kompetenzanalyse ungleich professioneller vornehmen, indem Sie die »Kompetenzlandkarten« unternehmensweit analysieren oder das Ganze mit Großgruppeninterventionen wie zum Beispiel mit »Appreciative Inquiry« erfassen – also mithilfe einer »wertschätzenden Befragung«, in der es vor allem darum geht, die Potenziale der Mitarbeiterinnen und Mitarbeiter (hier im Bereich ihrer Kompetenzen) zu erkunden. Hier nur als Idee.

Wenngleich in unserem Buch an erster Stelle betriebliche Lernfelder im Fokus stehen, sind natürliche Lernräume auch andernorts zu finden, zum Beispiel im Verein, in der Familie usw. Manche dieser Felder werden bereits seit einiger Zeit aktiv im Kontext der Entwicklung von Corporate Social Responsibility genutzt (z. B. im Rahmen einer Hospitanz bei einer sozialen Einrichtung) oder auch bei manchmal belächelten Maßnahmen wie Führungstrainings mit Pferden o.Ä. – der Grat zwischen professioneller Arbeit mit klarem unternehmerischem Nutzen und reinem Event ist allerdings schmal.

Mit der Identifikation des Lernfeldes ist es aber nicht getan. Um tatsächlich zu konkreter Kompetenzentwicklung zu gelangen, kommt man nicht umhin, in der Praxis des Tagesgeschäfts bzw. in seinen Ausläufern nach konkreten Entwicklungsmöglichkeiten zu suchen und diese zu verwerten.

3.3.3 Lernen on the job – Entwicklungspotenziale im Tagesgeschäft

Jede (betriebliche) Aufgabe kann gelernt werden. Auch wenn es den einen oder anderen Elternteil jetzt fürchterlich enttäuschen wird: Keiner kommt als Diplomat, Blogger oder Abteilungsleiter auf die Welt. Wir erwerben im Laufe der Zeit notwendiges Wissen fachlicher und methodischer Art, um festzustellen, dass wir auch soziale Kompetenzen benötigen und persönliche Züge die Arbeit erleichtern oder erschweren.

Neben dem Wissen geht es aber immer auch um Erfahrung. Theoretisches Wissen ohne Anwendungsbezug ist für betriebliche Belange – bis auf wenige Ausnahmen – nicht von Interesse. Erfahrung erwirbt man in der Praxis. Je mehr Praxis, desto mehr Erfahrung.

Während auf einer Einsteigerstufe des Kompetenzerwerbs wahrscheinlich die korrekte Ausführung einer Arbeit unter Berücksichtigung von Zeitaspekten im Vordergrund steht und so auf eine möglichst selbstständige und fehlerfreie Ausführung abgezielt wird, geht es auf der nächsten Stufe des Kompetenzerwerbs auch darum, dieses Know-how in anderen Bereichen bzw. bei ähnlichen Aufgaben umzusetzen. In der Arbeitsorganisation ist dies beispielsweise mit zunehmenden Anforderungen bzw. steigender Verantwortung so gestaffelt:

- Routinetätigkeiten (von detaillierten Anweisungen über standardisierte Abläufe hin zu wechselnden Verfahrensanweisungen)
- Anwendung von Techniken und Methoden
- Orientierung an konkreten, spezifischen Zielen
- Orientierung an allgemein gehaltenen Richtlinien
- Orientierung an abstrakt formulierten Grundsätzen (z.B. im Rahmen gesellschaftlicher, wirtschaftlicher Verhältnisse oder der Naturgesetze)

Je nachdem, wo Ihr Herkunftsfachbereich ist – kaufmännisch, technisch oder sozial –, sollte es Ihnen leichtfallen zu unterscheiden, was jemand können müsste, wenn er auf einer dieser Stufen kompetent handeln will. Dies zu erlernen, Freiräume und Aufgaben zu übertragen, die Umsetzung zu besprechen und Fehlschläge als Schritte auf dem Entwicklungsweg zu betrachten – das ist es, worum es geht.

Im Übrigen lässt sich die Vier-Schritte-Methode der beruflichen Erstausbildung hervorragend auf das Lernen in der Praxis anwenden. Hier noch einmal zur Erinnerung:

- Stufe 1: vorbereiten und erklären
- Stufe 2: vormachen und erklären
- Stufe 3: nachmachen und erklären lassen
- Stufe 4: vertiefen und üben

3.3.4 Lernen off the job – außerhalb des Tagesgeschäfts

Neben den originären Aufgaben, die man in seiner Tätigkeit innehat, können auch Sonderaufgaben, Projekte oder zusätzliche Rollen dafür geeignet sein, die eigenen Kompetenzen weiterzuentwickeln.

Sonderaufgaben können meist als Job Enrichment oder Job Enlargement aufgefasst werden. Solche Sonderaufgaben könnten zum Beispiel die Analyse eines Marktbedarfs im Bereich Produktentwicklung sein, die Hospitanz eines Entwicklungsingenieurs im Customer Care Center oder die Jobrotation zwischen Fachbereichen, deren Arbeitsergebnisse den vorgelagerten bzw. nachgelagerten Prozessschritt bearbeiten, damit die Kolleginnen und Kollegen ein besseres Verständnis für die Schnittstellenproblematik erhalten.

In Projekten kann neben dem methodischen und kaufmännischen Wissen durch das Stakeholdermanagement auch unternehmerische Kompetenz erworben werden. Oder es kann im Rahmen von Projektbesprechungen eingeübt werden, wie es gelingen kann, dass Entscheidungen nicht nur gemeinsam getroffen, sondern auch verbindlich umgesetzt werden.

Entwicklungsziele	Mögliche Fokussierung eines Projekts
Analytische Fähigkeit, konzeptionelle Stärke, Präsentationsfähigkeit und Umsetzungsstärke	Der Mitarbeiter analysiert ein reales, übergreifendes Problem, erarbeitet ein – von einem Entscheidungsgremium freizugebendes – Lösungskonzept und ist anschließend auch für die Realisierung der Problemlösung verantwortlich.
Vertiefende Spezialisierung – ggf. Aktualisierung des Fachwissens	Der Mitarbeiter bearbeitet ein Projekt aus seinem Aufgabenbereich und vertieft so die Anwendungskompetenz seines bereits vorhandenen Wissens und Könnens. Fallweise aktualisiert der Mitarbeiter sein Wissen, wenn neuartige Aspekte auftauchen – diesen Wissenszuwachs legt der Mitarbeiter in einem Jour fixe den Kollegen bzw. der Führungskraft als Entwicklungszuwachs dar. Die Bearbeitung von bekannten Aufgaben in einem bekannten Umfeld dient auch der Professionalisierung und dem Ausbau von Leistungskontinuität.

Entwicklungsziele	Mögliche Fokussierung eines Projekts
Konsolidierung von Fachwissen und Sensibilisierung für (unternehmens-) kulturelle Unterschiede	Der Mitarbeiter bearbeitet ein Projekt aus seinem Aufgabengebiet in einem anderen Unternehmen, in einem anderen Geschäftsbereich oder in einem anderen Land. Bedingt durch die fachliche Routine kann die Aufmerksamkeit der Lernerfahrung auf die kulturellen Unterschiede gelegt werden, die dann im Rahmen der Entwicklungsgespräche ausgewertet werden.
Erwerb von unternehmerische Fähigkeiten	Der Mitarbeiter verantwortet ein strategisch relevantes Projekt sowohl mit Blick auf die kaufmännisch-betriebswirtschaftlichen Ergebnisse als auch mit Blick auf die Stakeholder des Projekts.
Kennenlernen und erste Erfahrungen mit den erforderlichen Führungsfähigkeiten	Der Mitarbeiter leitet ein Projekt. Neben der inhaltlich zu bewältigenden Projektarbeit lernt er Führungstätigkeiten praktisch kennen. Im Rahmen einer Entwicklungsvereinbarung werden beispielsweise Aspekte wie z. B. das Führen von Gesprächen zur Klärung von Problem- und Konfliktsituationen, das Einschwören unterschiedlicher Charaktere auf ein Ziel etc. als Entwicklungsziele vereinbart. Dabei müssen nicht zwingend alle Führungskompetenzen in einem Projekt erworben werden. Weniger ist oft mehr!
Erwerb von diversen Teamfähigkeiten	Der Mitarbeiter bearbeitet mit mehreren anderen Mitarbeitern ein gemeinsames Projekt. Neben der Erwartung an die inhaltlich zu bewältigende Projektarbeit werden mit dem Mitarbeiter spezifische Teamfähigkeiten im Rahmen einer Entwicklungsvereinbarung als Entwicklungsziele konkretisiert und vereinbart (z. B. sich einbringen, gemeinsame Entscheidungen mittragen, andere einbinden usw.).
Auseinandersetzung mit den Kulturwerten und deren Berücksichtigung in der praktischen Arbeit	Der Mitarbeiter bearbeitet ein Projekt, bei dem ein »cultural hero« des Unternehmens Auftraggeber ist oder bei dem ein »cultural hero« der individuelle Entwicklungsbegleiter des Mitarbeiters ist.

Tab. 3: In Anlehnung an Rolf Th. Stiefel

Ähnlich verhält es sich mit zusätzlichen Rollen, die Mitarbeiterinnen und Mitarbeitern übertragen werden. Hier einige Beispiele:

Beispiele

- Ein Mitarbeiter könnte in Vorbereitung auf künftige Führungsaufgaben als Ausbilder des Bereichs oder als Betreuungsverantwortlicher für Trainees Erfahrungen sammeln, um Mitarbeitergespräche zur Entwicklung oder Leistungsbeurteilung zu führen.
- Ein Stellvertreter oder Abwesenheitsvertreter könnte Managementverantwortung für den Fachbereich übernehmen.
- Das Schulungspersonal könnte die Rolle übernehmen, für den Know-how-Transfer Sorge zu tragen und gleichzeitig die Systematisierung von Wissen in der Organisation voranzutreiben.

- Die Rolle eines Arbeitssicherheits-, Gleichstellungs-, Qualitäts- oder Datenschutzbeauftragten einer Organisationseinheit könnte neben seinen Kerntätigkeiten sein, Missstände zu identifizieren, anzusprechen und an der Lösung mitzuwirken.

3.4 Exkurs: Was ist eigentlich eine »Learning Journey«?

»Learning Journey« könnte schlicht als »Lernreise« übersetzt werden und dann hat man auch schon den Kern verstanden.

Eine solche »Lernreise« beginnt mit der Vorbereitung (Etappe 1). Hier wird definiert,

- was das Ergebnis einer Lernreise sein soll,
- was konkret gelernt werden soll und vor allem
- wo bzw. bei wem man diese Inhalte womöglich erlernen kann.

Es folgt die zeitliche Planung bzw. das Schaffen der Freiräume für eine solche Learning Journey.

In Etappe 2 der Learning Journey, die an einem anderen Arbeitsplatz, in einem anderen Unternehmen bzw. in einer bestimmten Abteilung in verschiedenen Firmen (z. B. Logistik, Buchhaltung), stattfindet, geht es darum,

- sich das Wissen anzueignen,
- die Skills zu erwerben (durch praktisches Mitarbeiten und Umsetzen des Erlernten) und
- Eindrücke vor Ort zu gewinnen, insbesondere durch den Austausch mit den handelnden Personen in der (ersten) Station.

Früher nannte man dies »Exkursion«.

Etappe 3 findet statt, wenn man nach der Reise wieder am Arbeitsplatz zurück ist. Es gilt, das Erlernte zu reflektieren, zu erforschen, weiter zu verfeinern und auf die eigene Situation zu übertragen – Ziel ist es, das Selbstvertrauen zu stärken und die Sicherheit im Handeln zu festigen.

Die vierte Etappe ist im eigentlichen Sinn keine Etappe, sondern der Punkt am Ende der – eher mittel- bis langfristig angelegten – Zeitspanne, in der die praktische Anwendung erfolgt. Die Umsetzung soll nun noch einmal rückblickend in der Zusammenschau kritisch reflektiert werden:

- Wurden die Lernziele erreicht?
- Sind die erwarteten Ergebnisse erzielt worden?

Falls ja, alles gut. Wenn nicht, könnte eine erneute Lernreise – ggf. mit einem feineren Fokus – geplant werden oder um im Bild zu bleiben: eine kurze Stippvisite am bisherigen Lernort.

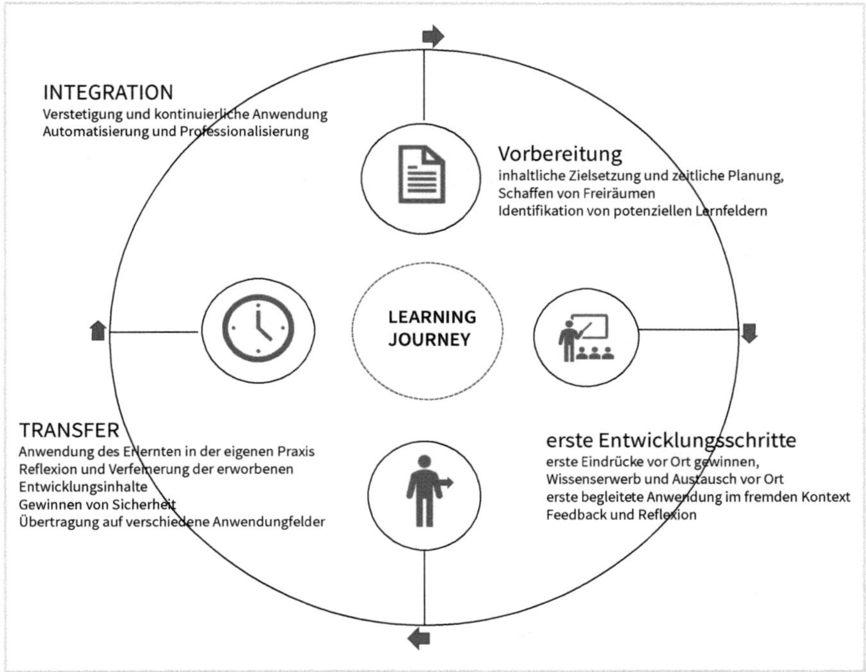

Abb. 7: Learning Journey Map

In der Praxis wird der Begriff »Learning Journey« oftmals auch ganz anders verwendet: die grundsätzliche Idee (Ziele und Ergebnisse formulieren, Lernen in der Praxis, Transfer und Verstetigung) aufgreifen und so schlicht aus einem individuellen (oder kollektiven) Development-Plan eine Learning Journey machen. Klingt einfach besser. Agiler.

Ähnlich ist es mit dem Ansatz »Learning out loud«. Abgekürzt (bitte nicht lachen) »LOL« – auch hier sind ähnliche Prozessschritte zu finden. In der Zeitschrift, aus der die Grafik entnommen wurde, wird der Ansatz etwas eingehender erläutert.

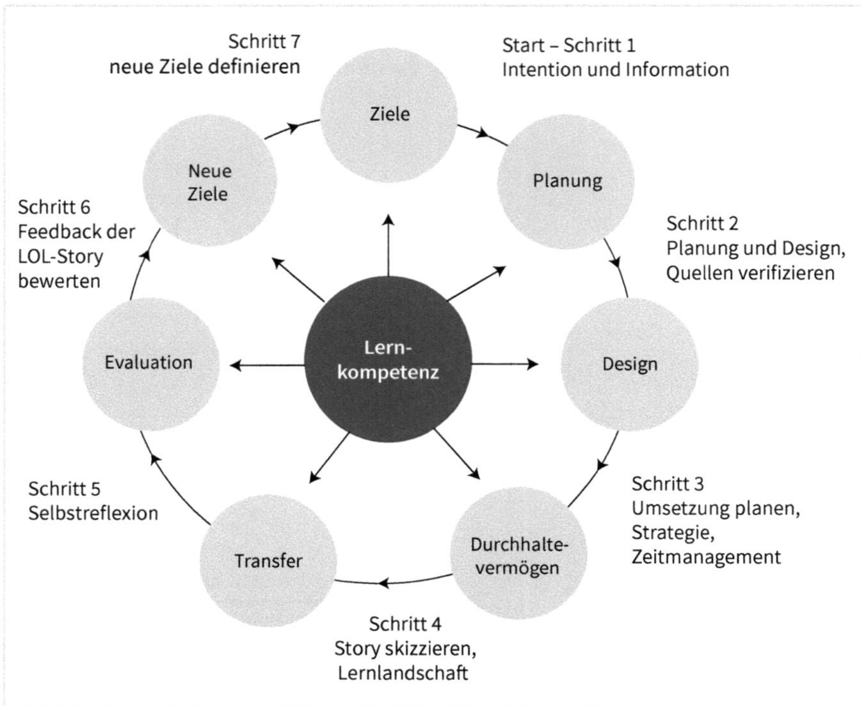

Abb. 8: Learning out loud (aus: Kühn/Marx, 2018, S. 74)

Was es mit dem Entwicklungsplan auf sich hat, erfahren Sie im nächsten Kapitel.

4 Entwicklung ist planbar

Entwicklung ist planbar. In diesem Kapitel erfahren Sie, was ein Entwicklungsplan ist, wie man gute Entwicklungsziele formuliert und – in einem Abriss – woran man den Erfolg von Bildungsmaßnahmen festmachen kann.

4.1 Was ist ein Entwicklungsplan?

Ein Entwicklungsplan ist zunächst einmal nichts anderes als ein Formular, mit dessen Hilfe die individuelle Entwicklung geplant wird. Es gibt einige Formularfelder, die helfen, einen solchen Plan sehr professionell zu erstellen, selbst wenn man Laie ist. Nachstehend finden Sie ein Beispiel für einen Entwicklungsplan. In den Arbeitshilfen online ist das ausführliche Formular mit Platz zum Ausfüllen hinterlegt.

Entwicklungsplan

Ausgangssituation und Ziel

- Von welchem Entwicklungsstand (Interessen, Kenntnisse, Erfahrungen) gehen wir heute aus?
- Welches Ziel soll erreicht werden? Welche Stelle/Funktion wird angestrebt?
- Welche Zwischenziele zeigen, dass wir auf der richtigen Spur sind?

Maßnahmen

- Welche Lerninhalte werden off the job vermittelt (z. B. durch Seminare, Studium von Fachliteratur, E-Learning usw.)?
- Welche Praxiserfahrungen müssen unbedingt erworben werden?
- Durch welche konkreten Aufgaben im – oder neben – dem Tagesgeschäft kann diese Erfahrung erworben werden?
- In welcher Organisationseinheit bzw. in welchen Projekten oder bei welchen Sonderaufgaben kann die Erfahrung gemacht werden?

Beteiligte

- Was wird die Führungskraft konkret unternehmen, um die Entwicklung aktiv zu unterstützen?
- Wer kann innerhalb des Unternehmens – neben der Führungskraft – zusätzlich als Unterstützer der Entwicklung eingebunden werden?
- Ist ein zeitlicher Mehraufwand o. Ä. zu erwarten, der mit Dritten abgestimmt werden sollte (z. B. Lebenspartner)?

Der Papierkram

Unterschriften

Unterschrift Mitarbeiter | Unterschrift entwicklungsverantwortliche FK

Statusgespräche

Das nächste Statusgespräch ist vereinbart für:

Erledigt?

Bitte gleich erledigen: Kopie an Personalentwicklung

Je nach spezifischer Situation kann es sein, dass die Formulierungen modifiziert werden oder weitere Aspekte hinzugefügt bzw. fallweise auch weggelassen werden müssen oder sollten.

Tipp

Mittlerweile findet man in den gängigen HR-Suiten (SAP Success Factors, Workday, Corner Stone etc.) standardisierte Entwicklungspläne, die mit den Informationen aus dem Mitarbeitergespräch oder dem Talent Management verbunden sind.

4.2 Wie erstelle ich einen Entwicklungsplan?

Grundsätzlich ist es viel einfacher, als man zunächst denkt: Man füllt eben das Formular »Entwicklungsplan« aus. Die Grundidee dahinter ist relativ einfach. Im Folgenden erhalten Sie ein paar Hilfestellungen, die dazu beitragen, dass Sie nicht nur eine administrative Pflicht erfüllen, sondern die Feinheiten eines guten Entwicklungsplans berücksichtigen. Also, Schritt für Schritt:

Schritt 1: Start with the results

Fangen Sie beim Ziel an und formulieren Sie den messbaren bzw. beobachtbaren Ergebniszustand, den Sie durch Ihre Entwicklung erreichen wollen. Ein ziemlich guter Orientierungspunkt ist dabei die Stelle (bzw. Rolle oder Aufgabe), um die es geht, wenn über Entwicklung nachgedacht wird. Ein hilfreicher Leitgedanke kann sein, sich zu überlegen, welche Kompetenzen (Wissen + Erfahrung + Haltung/Einstellung) ein idealer Stelleninhaber (realistischerweise) benötigt, um diese Stelle (Rolle, Aufgabe ...) erfolgreich zu erfüllen. Und wenn klar ist, über welche Kompetenz derjenige verfügen sollte, hilft es, eine Ausprägung dieser Kompetenz (wie gut muss ich diese Kompetenz beherrschen) – die Kompetenzstufe – festzulegen.

Etwas herausfordernder ist diese Vorarbeit, wenn man die Kompetenzentwicklung für eine unbekannte Zukunft festlegen will (z.B. »Wie müssen wir kompetenzmäßig aufgestellt sein, um fit für die Zukunft zu sein?«). Der Trick dabei ist sehr simpel: Man legt eine Kompetenz und ihre Ausprägung fest, als wüsste man genau, was benötigt wird, und geht im laufenden Entwicklungsprozess in Konsolidierungsschleifen (»Ist das die Kompetenz?«, »Bringt uns diese Kompetenz weiter?«, »Haben wir eine neue Erkenntnis, die uns heute anders über die Kompetenzanforderungen denken lässt?«).

Für die praktische Umsetzung der zu formulierenden Entwicklungsziele hilft die SMART-Formel. Dabei steht

- **S** für spezifisch, d. h. das angestrebte Entwicklungsziel soll so eindeutig, klar und spezifisch sein wie nur möglich,
- **M** für messbar (oder beobachtbar),
- **A** für anspruchsvoll – die Zielstellung sollte durchaus etwas außerhalb Ihrer Komfortzone liegen,
- **R** steht für realistisch – anspruchsvoll darf und soll es gerne sein, aber bitte nicht utopisch,
- **T** für terminiert, also mit einem klaren Zeitbezug, bis wann die Zielsetzung erreicht sein soll.

Schritt 2: Bestimmen Sie Ihren Standort
Sie nehmen eine Standortbestimmung vor und überlegen, wo Sie (mit Blick auf die angestrebte Entwicklung) heute stehen. Beschreiben Sie dies ebenfalls anhand der mess- oder beobachtbaren Kriterien. Nutzen Sie ggf. die Skalenfrage (vgl. Abschnitt 4.4.2).

Ist die geplante Entwicklung fokussiert auf den Ausgleich von Defiziten, müssen Sie wahrscheinlich einen längeren Zeitraum einplanen und dürfen nicht ganz so gute Ergebnisse erwarten im Vergleich zu Maßnahmen, die auf Stärken, Talente oder noch ungehobene Potenziale abzielen.

Schritt 3: Legen Sie das angestrebte Wissensniveau fest
Wenn es sich um Wissenszuwachs handelt: Überlegen Sie, welches Wissensniveau Sie für die Erreichung Ihrer Ziele erwerben müssen. Orientieren Sie sich hierzu an den Verben zur Lernzielformulierung aus dem Kapitel 3.2.

Wenn es sich um Erfahrungszuwachs handelt, beschreiben Sie möglichst genau, welchen Umfang an Erfahrung Sie erwerben wollen – zum Beispiel in Zeitstunden, an unterschiedlichen Orten oder Maschinen, mit verschiedenen Menschen etc.

Schritt 4: Wählen Sie den Weg des Wissenserwerbs
Wenn es sich um Wissenszuwachs handelt: Überlegen Sie, auf welchen Wegen Sie dieses Wissen erwerben können. Möglichkeiten sind zum Beispiel:

- das Studium von Fachzeitschriften, Magazinen, Journalen, Studien oder einschlägiger Fachliteratur
- die Rezeption verfügbarer TV-Sendungen, Lehrfilme und Aufzeichnungen von Lehrveranstaltungen, zudem gibt es eine ganze Reihe interessanter Hörbücher zu vielen Themen

- die Recherche im Internet auf einschlägigen Internetseiten und Social-Media-Kanälen, in Blogs oder auf Videoportalen und im Rahmen von kostenfreien bzw. kostenpflichtigen E-Learning-Angeboten
- der Besuch von Vorträgen, Schulungen, Seminaren, Vorlesungen, Qualifizierungsmaßnahmen und Ausbildungsgängen
- die Wissensweitergabe durch Sachverständige, Experten, erfahrene Kollegen

Die Wahl der Methode sollte zu Ihrem Lerninteresse passen. Aufwand und Nutzen sollten also im angemessenen Verhältnis stehen und auch persönliche Lernpräferenzen berücksichtigen (z. B. sind Sie gut darin, sich Wissen selbst anzueignen? Benötigen Sie die Interaktion?).

Wenn es sich um einen Erfahrungszuwachs handelt: Überlegen Sie, in welchem Kontext Sie diese erforderliche Erfahrung machen können. Je nach persönlicher Lebenssituation sind denkbare Felder, in denen Sie die Erfahrung erwerben könnten, zum Beispiel:

- in der eigentlichen Berufstätigkeit selbst, insbesondere aber auch in Sonderaufgaben, Projekten oder zusätzlichen Rollen
- im Rahmen von Freiwilligendienst oder ehrenamtlicher Tätigkeit, zum Beispiel im sozialen, politischen oder religiösen Bereich
- im Feld der Hobbys und sonstiger Interessen
- im Zusammenspiel mit Familie/Freunden/Partnerschaft
- in besonderen Lebenssituationen (vgl. auch ProfilPass, 2016)

In den nachfolgenden Ausführungen zu den einzelnen Kompetenzen finden Sie viele hilfreiche Tipps für Ihre Entwicklung.

Schritt 5: Binden Sie andere ein

Überlegen Sie sich, wen Sie in die Entwicklungsplanung einbinden wollen. Vielleicht wollen Sie ein öffentliche Selbstverpflichtung (Commitment) aussprechen und sich durch Ihr Umfeld immer wieder daran erinnern lassen. Ob dies in Form von sozialer Kontrolle, liebevoller Unterstützung oder eines »Auf-die-Probe-Stellens« stattfindet, hängt von Ihrem Umfeld ab. Vielleicht möchten Sie auch bestimmte Menschen darüber informieren, dass Sie etwas anders machen wollen, um sie nicht im Ungewissen zu lassen, was bei Ihnen los ist oder um Nachsicht für Ihre Entwicklung zu werben. Vielleicht ist es auch etwas, das Sie von Ihrem Vorgesetzten oder Ihren Kollegen, von Mitarbeitern oder Kunden einfordern möchten – wie auch immer: Überlegen Sie gut, wer über Ihre Entwicklungsplanung informiert sein sollte.

4.3 Expertentipp für Ihre Karriere oder Ihr ganz persönliches Entwicklungsziel

Ob Sie sich persönlich entwickeln wollen oder dies im Rahmen eines beruflichen Kontexts tun – wir empfehlen Ihnen sehr, sich einmal im Jahr Ihrer individuellen Entwicklung zu widmen. Nehmen Sie sich Zeit und überlegen Sie, um welche Fertigkeit bzw. Fähigkeit oder um welchen sonstigen Entwicklungsschritt Sie im darauffolgenden Jahr gewachsen sein wollen. Nehmen Sie diese Maßnahme in Ihren individuellen Entwicklungsplan auf und kontrollieren Sie in einem Jahr den Erfolg.

Besonders hilfreich ist diese Übung, wenn Sie Ihr Vorhaben im beruflichen Kontext – zum Beispiel im Rahmen einer Zielvereinbarung – einbringen können oder wenn Sie im Privatleben gezielt nach Möglichkeiten suchen, wo bzw. wie Sie diese Entwicklung vornehmen können. Unsere Handlungsanleitungen aus Kapitel 4 können Ihnen dazu eine wertvolle Hilfe sein.

Nach der Rückschau können Sie Ihren Kompetenzzuwachs in geeigneter Weise in Ihr Curriculum Vitae (CV) einbauen – so haben Sie zudem stets einen aktuellen Lebenslauf.

Beispiel für die Formulierung eines Entwicklungsschritts

Ich will mich sukzessive als Projektleiter für große Projekte qualifizieren und Schritt für Schritt Ihre Eignung durch eine zunehmende Verantwortungsübernahme dokumentieren.

4.4 Möglichkeiten, den Erfolg von Bildungs- und Entwicklungsmaßnahmen zu bewerten

Die Bewertung von Bildungs- und Personalentwicklungserfolg kann grundsätzlich auf sechs Ebenen erfolgen. Diese sechs Ebenen sind weitgehend voneinander unabhängig und bedürfen deshalb auch eigenständiger Evaluationsinstrumente.

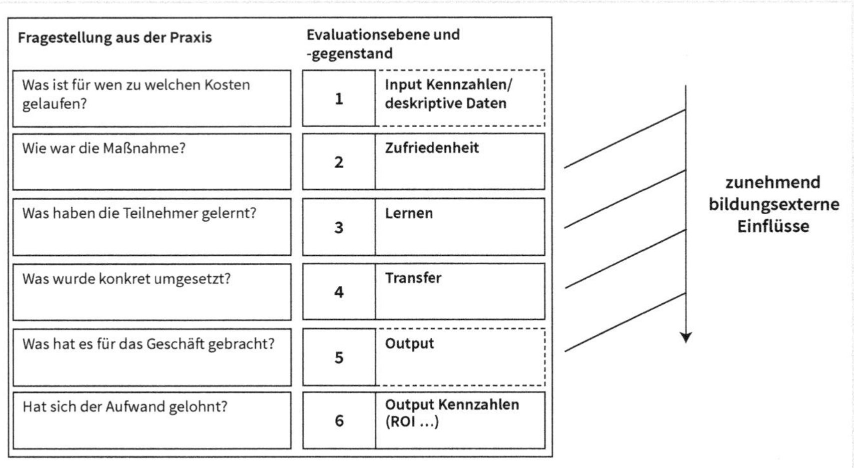

Abb. 9: Ebenen der Evaluation (Weiterentwicklung des 4-Ebenen-Modells von Donald Kirkpatrick)

Eine ganzheitliche Erfolgsbetrachtung (Evaluation) – also über alle sechs Ebenen – wird in der Praxis zumeist nur im Rahmen eines professionellen betrieblichen Bildungs- bzw. Personalentwicklungscontrollings vorgenommen. Je nach Erkenntnisinteresse können Sie Instrumente der verschiedenen Ebenen nutzen, um Bildungs- und Entwicklungsmaßnahmen zu evaluieren, die Sie beispielsweise

- selbst durchlaufen haben (zur Selbstevaluation),
- als entwicklungsverantwortliche Führungskraft für Mitarbeiter ausgelöst bzw. mit diesen vereinbart haben,
- als Scrum Master oder als Personalentwickler verabreden, durchführen oder begleiten.

4.4.1 Zufriedenheit

Auf der ersten Evaluationsebene geht es um die (subjektive) Zufriedenheit mit den Bildungs- bzw. Entwicklungsmaßnahmen und den Rahmenbedingungen des Lernens bzw. der Entwicklung. In organisierten Lehrveranstaltungen wird hierzu über sogenannte Blitzlichtrunden (kurze, meist mündliche Rückmelderunden) oder über abschließende schriftliche Feedbacks die Zufriedenheit der Teilnehmerinnen und Teilnehmer abgefragt.

Wenn Sie im Rahmen einer Selbstevaluation einen Feedbackbogen erstellen, sollten Sie sich vor der Maßnahme überlegen, an welchen Kriterien Sie Ihre Zufriedenheit festmachen wollen, die Sie nach der Maßnahme bewerten. Mögliche Kriterien sind zum Beispiel:

- Erreichbarkeit (Barrierefreiheit, ÖPNV, Parkplätze ...)

- Räumlichkeiten (angenehmer Raum, Licht, Sauerstoff ...)
- Verpflegung (Getränke, Pausensnacks, Mittagessen ...)
- Wissensvermittlung (verständliche Erklärung, Übung ...)
- Lehrmethode (geeignet, abwechslungsreich ...)
- Teilnehmerunterlagen (optischer Eindruck, Verständlichkeit ...)
- ...

4.4.2 Lernerfolg

Auf der zweiten Ebenen geht es um den Lernerfolg. Der Lernerfolg wird in der Regel in der künstlichen Situation festgestellt, noch nicht in der Praxis. Gerade wenn es um formale Qualifizierungen geht (z. B. Industriemeister IHK), akademische Abschlüsse (beispielsweise einen Bachelor- oder Mastergrad) oder um zertifizierte Fortbildungen (exemplarisch: Projektmanagement Level D nach IPMA) erfolgen Abschlusstests, die Ihren Lernerfolg bescheinigen – eine reine Teilnahmebescheinigung besagt nur, dass Sie an einer Maßnahme teilgenommen haben. Darüber hinaus gibt es auch weniger formelle Tests, z. B. Multiple-Choice-Tests, die gerade bei E-Learning-Angeboten als Instrument der Selbstkontrolle und des Lernfortschritts Anwendung finden.

Während Wissenszuwachs recht einfach überprüft werden kann, ist für die Beurteilung, ob eine Handlung erfolgreich gelernt wurde, bereits ein Beobachter und Feedbackgeber notwendig, der auch in der Lage ist, ggf. hilfreiche Rückmeldung zu geben, wenn es nicht gelingt, die Handlung korrekt umzusetzen. Die Reflexion oder Veränderung einer Einstellung bzw. Haltung ist nur eingeschränkt durch Selbstbeobachtung zu evaluieren. Psychologische Testverfahren mit einer Vorher-Nachher-Messung können hier Abhilfe schaffen.

Die Maßnahmenvorschläge zur Entwicklung der Kompetenzen im folgenden Kapitel enthalten somit Maßnahmen

- aus der Praxis (z. B. Sonderaufgaben, Aktivitäten, die im Kontext von Job Enlargement oder Job Enrichment verortet werden könne),
- aus Feedback und Beziehungen (z. B. durch Coaches, Mentoren, Kolleginnen oder fallweise auch in Selbstreflexion zu realisieren) und natürlich auch
- Maßnahmen der organisierten Wissensvermittlung (z. B. Fachliteratur, E-Learnings, Schulungen etc.),

ohne dass wir diese klassifizierend zugeordnet haben.

Für eine Selbstevaluation hilft ein innerer (oder schriftlicher) Dialog unter Zuhilfenahme der sogenannten Skalenfrage – eine Fragetechnik aus der systemischen Beratung – sehr gut weiter, um kleine Lernfortschritte zu überprüfen. Hier das Grundprinzip:

1. Schätzen Sie Ihre Kenntnisse (Handlungssicherheit, Überzeugung mit Blick auf einen Sachverhalt) mit einer ganzen Zahl auf einer 10er-Skala ein (1 ist sehr gering, 10 ist maximal hoch).
2. Was müsste anders sein, damit Sie den von Ihnen genannten Wert + 1 erreichen? Formulieren Sie unter Zuhilfenahme der Verben zur Taxonomie.
3. Nach der Maßnahme überprüfen Sie, ob Sie die Anforderungen des zweiten Werts (n + 1) erfüllen.

Beispiel

Frage: Wie sicher sind Sie darin, einen doppelten Palstek anzuwenden?

Antwort: 1

Frage: Was müsste anders sein, damit Sie auf diese Frage mit 2 antworten würden?

Antwort: Ich wüsste, wann man einen doppelten Palstek anwenden muss, wann man ihn anwenden kann und wann man ihn auf keinen Fall anwenden sollte. Ich müsste in der Lage sein, einen doppelten Palstek selbstständig, ohne Zuhilfenahme von weiteren Hilfsmitteln auf Anhieb korrekt in ein Seil zu knoten.

Nach dem Erlernen des doppelten Palsteks (z. B. in einer Segelschule):

Frage: Wann muss man einen doppelten Palstek anwenden, wann kann man ihn anwenden und wann sollte man ihn auf keinen Fall anwenden?

Antwort: (antwortet vollständig und korrekt)

Aufforderung: Hier haben Sie ein Seil – knoten Sie einen doppelten Palstek!

Handlung: (knotet den doppelten Palstek auf Anhieb und ohne Zuhilfenahme weiterer Hilfsmittel allein und korrekt)

Der Lernfortschritt auf der 10er-Skala von 1 auf 2 ist erfolgt. Erst jetzt wird die Skalenfrage erneut gestellt und die Fähigkeit von 2 auf 3 nach dem oben stehenden Muster erweitert.

4.4.3 Transfer

Beim Transfer geht es um die Anwendung des Erlernten in der Praxis, sozusagen im »Echtbetrieb«. Dabei verändert sich zumeist nicht nur der Ort, an dem das Erlernte angewendet wird, sondern auch die Rahmenbedingungen variieren meist mehr oder minder stark. Transfer wird in den meisten organisierten Lehr- und Lernveranstaltungen durch sogenannte Transfertools in der Planung und zur Motivation von Umsetzungsvorhaben unterstützt. Der »Brief an sich selbst« und der »Transferplan« sind hier die am weitesten verbreiteten Instrumente. In beiden Instrumenten beschreibt der Lernende, was er gelernt hat und was er bis wann auf welche Art umsetzen möchte.

Darüber hinaus finden systematische Transfergespräche zwischen Lerner und Entwicklungsbegleiter statt – es werden Berichtshefte erstellt und Anwendungsfälle dokumentiert.

Der tatsächliche Transfer kann aber nur an einer vollzogenen Handlung bewertet werden und bedarf somit eines Feedbackgebers (z. B. einer Führungskraft, eines Paten, eines Coach, einer sachverständigen Person), der Rückmeldung zur Umsetzung des Erlernten gibt. Sollten Ihnen keine Person zur Verfügung stehen, die Ihnen Rückmeldung zu Ihrer Umsetzung gibt, können Sie sich mit der Skalenfrage und der Selbstbeobachtung behelfen. Das Risiko, dass Sie dabei einen blinden Fleck haben und bestimmte Aspekte nicht wahrnehmen oder ihr eigener Bewertungsmaßstab zu hart oder zu weich ist, besteht natürlich.

4.4.4 Zielerreichung

Mit der »Zielerreichung« wird der Umsetzungserfolg bewertet. Während im Transfer noch die Anwendung in der Praxis betrachtet wird, geht es bei der Zielerreichung um den mess- oder beobachtbaren Erfolg, der aus der Anwendung erwächst. Dies ist nicht zwingend gegeben durch die Anwendung des Wissens oder die veränderte Verhaltensweise. Um die Zielerreichung – zumindest aber eine Bewegung – mit Bezugspunkt auf das Ziel evaluieren zu können, ist ein Ist-Stand, ein Ziel (Soll-Stand) und im Zeitverlauf ein neuer Ist-Stand notwendig. Je eindeutiger Ist und Soll formuliert sind, desto leichter lässt sich der Fortschritt evaluieren.

Inwiefern ein kausaler Zusammenhang zwischen Maßnahme und Ergebnis besteht, lässt sich wissenschaftlich nicht ohne Weiteres beweisen, eine gewisse »Augenschein-Validität« oder zumindest Plausibilität kann bei sorgfältiger Vorgehensweise allerdings angenommen werden.

4.4.5 Input-Kennzahlen

Input-Kennzahlen geben Aufschluss über die Verwendung von Ressourcen und dienen der Planung, Steuerung und Kontrolle. Für den individuellen Entwicklungskontext spielen sie zumeist keine allzu große Rolle und werden hier deswegen auch nur der Vollständigkeit halber erwähnt. Sollten Sie an der Berechnung von Input-Kennzahlen interessiert sein, empfehlen wir Ihnen die Beschäftigung mit der einschlägigen Literatur oder den Besuch einer Schulung bzw. den Erfahrungsaustausch.

4.4.6 Output-Kennzahlen

Im Gegensatz zu den Input-Kennzahlen, die sich vor allem mit der Verwendung der Ressourcen in Summen, Differenzen und Mittelwerten abbilden lassen, geht es bei den Output-Kennzahlen vor allem um die betriebswirtschaftliche Zusammenschau der (Voll-)Kosten im Verhältnis zum monetarisierten Nutzen. Während eine Vollkostenrechnung noch problemlos dem Internet oder einem BWL-Lehrbuch zu entnehmen ist, ist für die Betrachtung der Monetarisierung des Nutzens vor allem der erzielte Zuwachs auf der Evaluationsebene »Zielerreichung« notwendig. Auch hier verweisen wir auf einschlägige Literatur oder entsprechende Lehrveranstaltungen.

5 Jetzt wird's konkret – wie man Kompetenzen entwickelt

Für das vorliegende Kapitel haben wir bekannte Kompetenzen mit beschreibenden Verhaltensankern aus Dutzenden von Unternehmen zusammengetragen und sprachlich vereinheitlicht. Herausgekommen sind Kompetenzen, die in der Praxis immer wieder benötigt werden.

Zudem gab es informelle Gespräche mit erfahrenen Personalentwicklern und Bildungsexperten sowie eine ausführliche Sichtung von Fachliteratur. Letztlich haben wir Kompetenz für Kompetenz zusammengetragen und aufbereitet, sodass Sie konkrete Vorschläge erhalten, wie Sie diese Kompetenzen on und off the job entwickeln können – praktisch eine Schritt-für-Schritt-Anleitung. In der Gesamtheit haben wir eine Toolbox für alle zusammengestellt, die sich mit der Entwicklung von Kompetenzen beschäftigen.

Im täglichen Sprachgebrauch werden die Begriffe »kompetent« und »qualifiziert« häufig synonym verwendet. So oder so ist gemeint, dass jemand sein Metier beherrscht. Praktisch ist es jedoch so, dass nicht jeder, der qualifiziert wurde, auch kompetent ist, und nicht jeder, der kompetent ist, wurde qualifiziert. Während Kompetenzen das Ergebnis eines Lernprozesses sind (= praktisch erworben), sind Qualifikationen das Ergebnis eines systematischen Qualifikationsprozesses im Sinne systematischer und formeller Qualifizierung (= theoretisch erworben) (vgl. Kauffeld, 2018, S. 15). North (2018) spricht von »kompetenten Menschen«, wenn jemand auf der Basis von Wissen und Können und Wollen eine Handlung situationsgerecht und erfolgreich löst. Im Alltag werden Kompetenzen in Form von Verhalten sichtbar.

5.1 Anregungen zur Nutzung der nächsten Kapitel

In diesem Teil des Buches haben Sie die Möglichkeit, gezielt Informationen über einzelne Kompetenzen nachzuschlagen. Dabei sind Kompetenzen nach unserer Auffassung multidimensional. Um es an einem Beispiel zu verdeutlichen: Die Kompetenz »Kundenorientierung« bezieht sich auf die systematische Informationssammlung über den Kunden, auf Beziehungspflege und auf kommunikative Aspekte. Außerdem berührt sie Fähigkeiten zur Gesprächsführung sowie wirtschaftliche und strategische Aspekte.

Zudem gibt es Kompetenzen (z. B. Kommunikationsfähigkeit), die nicht nur Facetten anderer Kompetenzen berühren, sondern aus einer ganzen Reihe einzelner Kompetenzen bestehen. Für diese Kompetenzen verwenden wir den Begriff der »Clusterkompetenz«.

Vor diesem Hintergrund ist es für den Lernenden entscheidend zu wissen, welchen Aspekt einer Kompetenz er genau trainieren möchte. Zu diesem Zweck haben wir die häufigsten Clusterkompetenzen in Kapitel 4.3 zusammengestellt. Handlungsleitend war für uns dabei weniger eine wissenschaftlich belastbare Validierung als eine verstehende Lesart der Verhaltensanker einzelner Kompetenzen.

Um Ihnen in diesem Kapitel Routine im Umgang mit dem Buch zu verschaffen, werden die Kompetenzen in den einzelnen Kapiteln jeweils nach derselben Struktur vorgestellt:

- **Was ist das?**
  Alles, was die Kompetenz umfasst und in ihren verschiedenen Facetten definiert, ist hier zu finden.
- **Wie stehen meine Entwicklungschancen?**
  Diesen Aspekt finden Sie in Form der **Grafik** direkt nach der Überschrift. Wir geben eine erfahrungsgeleitete Einschätzung, ob die Entwicklungschance für diese Kompetenz »low«, »medium« oder »high« ist.
  »Low« bedeutet eine geringe Entwicklungschance dieser Kompetenz. In diesen Fällen ist häufig nicht nur eine Verhaltensanpassung, sondern auch eine kritische Betrachtung der eigenen Werte notwendig, um einen Entwicklungsfortschritt über einen längeren Zeitraum zu erzielen.
  »Medium« bedeutet, dass kleinere Verhaltensanpassungen über einen längeren Trainingszeitraum notwendig sind.
  »High« bedeutet, dass die Kompetenz leicht zu erwerben ist. In der Regel ist diese Kompetenz mit dem Erlernen und Trainieren von Methoden entwickelbar.
- **Woran erkenne ich diese Kompetenz?**
  Hier finden Sie Verhaltensanker, die die Multidimensionalität der Kompetenz reflektieren und das Verständnis zu dieser Kompetenz intensivieren.
- **Wo stehe ich? – Quick Check und Deep Dive**
  Hier verbirgt sich die persönliche Standortbestimmung, die Sie entweder in Form des Quick Check und/oder Deep Dive durchführen können. Im **Quick Check** können Sie für jede Frage ein Kreuz setzen, indem Sie sich zwischen »Stimme nicht zu« (1 Punkt pro Kreuz), »Stimme teilweise zu« (2 Punkte pro Kreuz) oder »Stimme voll und ganz zu« (drei Punkte pro Kreuz) entscheiden. Wenn Sie die Anzahl der Kreuzchen auszählen und über alle Spalten addieren, erhalten Sie eine Tendenz für Ihre persönliche Ausprägung dieser Kompetenz. Die Staffelung:
  - 7 Punkte bis 11 Punkte
    Beginnen Sie mit den Einsteigermaßnahmen in dieser Kompetenz und Sie werden bei regelmäßiger Übung schnell eine Verbesserung bemerken.
  - 12 Punkte bis 16 Punkte
    Feilen Sie an Ihrer Kompetenz noch weiter, indem Sie sich schwierigeren Aufgaben stellen und bleiben Sie hartnäckig bei Ihrer Weiterentwicklung.

- 17 Punkte bis 21 Punkte
  Entwickeln Sie Ihre Kompetenz weiter, indem Sie andere unterstützen oder sich bei einer Entwicklungsmaßnahme noch einmal besonders strecken.
  Nutzen Sie im Anschluss die Fragen aus dem **Deep Dive**, um Ihre Standortbestimmung noch weiter zu vertiefen. Sie können sich damit auch in die Situation eines Vorstellungsgesprächs oder Assessment-Centers versetzen. Aus diesem Grund werden die Fragen so formuliert, dass Sie direkt angesprochen werden.
  Wenn Sie nun die Einschätzung betrachten, können Sie sich die Entwicklungsmaßnahmen der unterschiedlichen Schwierigkeitsgrade anschauen und die für Sie passenden wählen.

- **Wie kann ich mich verbessern?**

Hier finden Sie eine Sammlung an Entwicklungsmaßnahmen, die alle die Entwicklung der jeweiligen Kompetenz fördern. Die Entwicklungsmaßnahmen werden mit aufsteigendem Schwierigkeitsgrad beschrieben. Grafisch ist das für Sie in Form von Krönchen dargestellt.

Die Staffelung von leicht zu schwer ist so gestaltet, dass die leichten Entwicklungsmaßnahmen in vielen kleinen Alltagssituationen realisierbar und die Hürden der Umsetzung niedrig sind (ein Krönchen). Dies steigert sich dann bis zu den Entwicklungsmaßnahmen mit dem höchsten Schwierigkeitsgrad, für die in der Regel mehr Aufwand betrieben werden muss und bei denen man sich innerlich überwinden sollte (drei Krönchen).

Um die Vielfalt von Entwicklungsmöglichkeiten darzustellen, haben wir für Sie die Unterteilung in »on the job« und »off the job« vorgenommen. Suchen Sie sich die passende Maßnahme aus und trainieren Sie regelmäßig.

Außerdem finden Sie Raum für Ihre persönlichen Notizen.

Meine persönlichen Anmerkungen:

____

____

____

- **Wo finde ich noch mehr darüber?**
  In dieser Rubrik finden Sie Literaturhinweise. So können Sie über die Kompetenz noch mehr erfahren.

5.2 Die Kompetenzen

Alle in diesem Buch beschriebenen Kompetenzen finden Sie in der folgenden Tabelle. Sie haben damit nicht nur eine Gesamtübersicht, sondern können gleich zu Beginn eine persönliche Standortbestimmung vornehmen. Kreuzen Sie dafür in der Tabelle an, welche Ausprägung der Kompetenz Sie bei sich selbst sehen. Wenn Sie einen Abgleich mit Ihrer aktuellen beruflichen Position machen möchten, kreuzen Sie gleich noch in einer zweiten Farbe die Ausprägung an, die es Ihrer Meinung nach für den Job braucht. Die Tabelle finden Sie auch in den Arbeitshilfen online.

Kompetenz	☺	😐	☹
Agilität			
Ambiguitätstoleranz			
Analytisches Denken			
Anpassungsfähigkeit			
Argumentationsfähigkeit			
Auftreten			
Ausdauer			
Authentizität			
Begeisterungsfähigkeit			
Delegieren			
Digitale Kompetenz			
Durchsetzungsfähigkeit			
Eigeninitiative			
Einsatzfreude			
Empathie			
Entscheidungsfähigkeit			
Feedbackfähigkeit			
Ganzheitliches Denken und Handeln			
Gelassenheit			
Gesprächsführung			
Informations- und Wissensweitergabe			
Innovationsfähigkeit			
Interkulturelle Kompetenz			
Kommunikationsfähigkeit			

Kompetenz	☺	😐	☹
Konfliktfähigkeit			
Konzeptionelle Fähigkeit			
Krisen managen			
Kundenorientierung			
Leadership			
Leistungsfähigkeit			
Lernfähigkeit			
Mitarbeiterentwicklung			
Moderationsfähigkeit			
Networking			
Präsentationsfähigkeit			
Problemlösungsfähigkeit			
Resilienz			
Selbstorganisation			
Selbstreflexion			
Sorgfalt			
Strategisches Denken			
Teamaufbau			
Teamfähigkeit			
Umgang mit Vielfalt			
Verhandlungsführung			
Verkaufsfähigkeit			
Wirtschaftliches Denken und Handeln			
Zielorientierung			

5.2.1 Clusterkompetenzen

In Kapitel 4.1 haben wir den Begriff »Clusterkompetenzen« eingeführt, also die Kompetenzen, die offensichtlich eine Sammlung verschiedener Kompetenzen sind. Damit Sie einen Überblick bekommen, welche dies unserer Meinung nach sind und aus welchen einzelnen Kompetenzen sie sich zusammensetzen, hilft Ihnen die nächste Übersicht.

Clusterkompetenz	Interkulturelle Kompetenz	Kommunika-tionsfähigkeit	Leadership	Agilität
Kompetenz				
Empathie	x	x	x	
Präsentationsfähigkeit		x	x	
Selbstreflexion	x		x	
Anpassungsfähigkeit	x			
Ambiguitätstoleranz	x		x	x
Informationsweitergabe		x	x	x
Zuhören	x	x	x	
Innovationsfähigkeit				x
Gesprächsführung		x	x	
Personalentwicklung			x	
Entscheidungsfähigkeit			x	
Begeisterungsfähigkeit			x	
Lernfähigkeit			x	x
Krisen managen			x	
Ganzheitliches Denken und Handeln			x	x
Umgang mit Vielfalt	x		x	

5.3 Überblick über alle Kompetenzen

5.3.1 Agilität

Was ist das?

Eine eindeutige Definition der Kompetenz »Agilität« ist bisher in der Literatur nicht zu finden. Sammelt man sämtliche Beschreibungen, entsteht eine Fülle an Kompetenzen. Um dem allgemeinen Zeitgeist und den Suchenden nach dieser Kompetenz gerecht zu werden, haben wir Agilität dennoch in dieses Buch aufgenommen und beschränken uns auf diese Definition: Agilität ist die Fähigkeit, sich kontinuierlich auf höchst schnelllebige und wechselnde Anforderungen und Veränderungen einzustellen, die zudem höchst unsicher, unbeständig und schlecht prognostizierbar sind. Bedingt durch die Komplexität sind diese Herausforderungen mit den klassischen Arbeitsweisen kaum zielführend zum Erfolg zu bringen. Und es kommt die Anforderung hinzu, ambivalente Erwartungen zu erfüllen. Agilität ist also nicht als eigene

Kompetenz zu verstehen, sondern als Resultat aus einer Fülle von Kompetenzen (z. B. Anpassungsfähigkeit, Kundenorientierung, Beziehungsmanagement etc.). Agilität ist vor diesem Hintergrund als Clusterkompetenz zu sehen.

5.4 Analytisches Denken

Was ist das?

Analytisches Denken ist die Fähigkeit, ein kompliziertes Thema zu erkennen, in seine Elemente zu zerlegen, diese zu klassifizieren und zu strukturieren sowie zwischen ihnen kausale und finale Zusammenhänge zu erkennen. Analytisches Denken beinhaltet ebenso die Fähigkeit, eine Menge an Informationen zu verdichten und im Sinne des Themas auf den Punkt zu bringen.

Woran erkenne ich diese Kompetenz?

Ein Mensch, der über die Kompetenz »analytisches Denken« verfügt,

- erfasst neue Situationen rasch in der Breite und in der Tiefe,
- kann auch komplizierte Sachverhalte kurz und bündig zusammenfassen,
- ist in der Lage, verschiedene Handlungsempfehlungen aus diesen Sachverhalten abzuleiten und zu begründen,
- kann Sachverhalte in einzelne Bestandteile zerlegen,
- kann mit verschiedenen Methoden eine Problemstellung bearbeiten,
- kann Zahlen, Daten, Fakten schnell erfassen, treffgenau interpretieren und daraus die richtigen nächsten Schritte ableiten.

Zu viel des Guten:

- analysiert Sachverhalte bis ins kleinste Detail und verliert den ganzheitlichen Blick für die Problemstellung,
- wendet analytische Verfahren auch bei Sachverhalten an, bei denen Analytik kontraindiziert ist, ist zu »kopfgesteuert«.

Wo stehe ich? – Quick Check

	Stimme nicht zu	Stimme teilweise zu	Stimme voll und ganz zu
Ich habe den Ehrgeiz, mich durch komplizierte Themen zu arbeiten, bis ich sie verstanden habe.			
Ich kann umfangreiche Themen schnell in ihrer Gesamtheit erfassen.			
Um Problemstellungen zu zerlegen, kann ich auf ein Set an Methoden zugreifen.			

	Stimme nicht zu	**Stimme teilweise zu**	**Stimme voll und ganz zu**
Das Wesentliche auf den Punkt zu bringen macht mir Spaß.			
Ich kann bei der täglichen Informationsflut schnell zwischen unwichtig und wichtig unterscheiden.			
Ich habe immer mehrere Handlungsempfehlungen im Kopf und könnte für jede Pro und Contra argumentieren.			
Bei meinen Handlungsempfehlungen kann ich jederzeit zwischen meiner Meinung und den vorliegenden Fakten unterscheiden.			
Summe pro Spalte	Multiplizieren Sie die Anzahl der Kreuze mit eins:	Multiplizieren Sie die Anzahl der Kreuze mit zwei:	Multiplizieren Sie die Anzahl der Kreuze mit drei:
Addieren Sie die Summen pro Spalte zu Ihrem Gesamtergebnis für diese Kompetenz:			

Wo stehen Sie? – Deep Dive

- Wie verschaffen Sie sich in komplizierten Situationen einen Überblick?
- Auf welche Methoden greifen Sie zurück, um komplizierte Situationen zu analysieren?
- Beobachten Sie sich im Alltag – äußern Sie Meinungen oder faktenbasierte Empfehlungen?
- Welche künftigen Themen könnten demnächst privat oder beruflich eine Rolle spielen und welche Auswirkungen haben diese auf andere und Sie selbst?
- Welche Beispiele haben Sie im Kopf, bei denen es Ihnen gelungen ist, einen komplizierten Sachverhalt erfolgreich zu bearbeiten?
- Welche Möglichkeiten nutzen Sie, um zusätzlich zu Ihrer Handlungsempfehlung noch weitere Handlungsempfehlungen zu erkennen und zu bewerten?
- Inwiefern neigen Sie dazu, auf komplexe Sachverhalte simplifizierte Antworten zu finden?

Wie kann ich mich verbessern?

On the job

- Erlernen Sie mindestens zwei analytische Methoden (z.B. Ishikawa, SWOT etc.). Wenden Sie für die nächsten vier Wochen jede Woche mindestens eine einmal an.

- Wählen Sie zwei Themen, die Sie in Ihrer Arbeit beschäftigen oder die in Ihrem Unternehmen aktuell intensiv diskutiert werden. Recherchieren Sie für jedes Thema, welche Argumente für bzw. gegen ein bestimmtes Vorgehen sprechen.
- Nutzen Sie den heutigen Tag, um eingehende E-Mails besonders strukturiert und faktenbasiert zu beantworten. Konzentrieren Sie sich bei der Beantwortung. Nehmen Sie sich auch mal wieder Zeit, um sich die Grundlagen einer guten E-Mail-Antwort in Erinnerung zu rufen: aussagekräftige Betreffzeile, formelle Anrede, Einleitungssatz (der das Kernanliegen beschreibt), kurzer und klarer Hauptteil in einfachen Sätzen, Schlusssatz, Grußformel, Signatur. Beantworten Sie wirklich alles, was der Absender anfragt. Prüfen Sie zum Schluss Ihre Nachricht auf Vollständigkeit und Nachvollziehbarkeit.
- Ein Anstoß für eine Analyse kann auch sein, sich gedanklich den Ihrer Meinung nach besten Analytiker in Ihrem Umfeld vorzustellen. Was würde derjenige fragen? Alternativ: Was würde Ihr größter Gegner zu diesem Thema sagen?

Off the job

- Üben Sie sich in der Visualisierung und grafischen Darstellung von Sachverhalten und Inhalten. Visualisieren Sie möglichst viel im Alltag, z. B. das Gespräch mit der Nachbarin, den Austausch bei einem Glas Wein mit Freunden oder wenn Sie Ihrem Kind etwas erklären wollen. Sammeln Sie mit der Zeit Ihre besten Bilder und legen Sie sich ein Standardrepertoire zu (z. B. Glühbirne, Sprechblase, Team etc.). Nehmen Sie ein beliebiges Thema aus der aktuellen Tagespresse und versuchen Sie, es grafisch darzustellen. Dabei geht es nicht um die Schönheit der Darstellung, sondern um die Fokussierung auf das Wesentliche.
- Trainieren Sie diese Woche das Zusammenfassen von Sachverhalten, indem Sie jeden Abend eine Kurzzusammenfassung des Tages schreiben. Schreiben Sie nicht mehr als fünf Sätze.

On the job

- Legen Sie sich eine Checkliste an mit den »Fünf stärksten Fragen, um ein Thema zu hinterfragen«. Sie könnten dafür z. B. mit den W-Fragen beginnen oder Sie verwenden Fragen, die den Sachverhalt in Relationen darstellen (Wie viele Personen betrifft das Thema? Wie häufig kommt dieses Problem vor? etc.). Tragen Sie die Checkliste eine Zeit lang bei sich, bis sie die Fragen gut beherrschen.
- Sprechen Sie mit Ihrem Vorgesetzten und melden Sie sich für eine interne Taskforce. Dort geht es vor allem darum, zügig das Wesentliche eines Problems zu erkennen und zu bearbeiten. Erstellen Sie nach vier Wochen Taskforce eine Übersicht, was die Problemstellungen sind und was Sie schon jetzt gelernt haben. Nehmen Sie den Bericht nach der Halbzeit der geplanten Taskforce noch einmal zur Hand – geht es noch um dieselben Themen? Prüfen Sie zum Abschluss der Taskforce, was Sie zu Beginn notiert hatten, was bearbeitet wurde und wo Sie jetzt zum Abschluss stehen.

- Schauen Sie in benachbarte oder fremde Disziplinen, wie dort Probleme methodisch bearbeitet werden. Treffen Sie sich am besten mit Kolleginnen und Kollegen aus diesen anderen Disziplinen oder melden Sie sich auch außerhalb Ihres Unternehmens für einen Working-out-loud-Zirkel. Was davon könnte für Sie von diesen anderen Disziplinen nützlich sein?
- Suchen Sie sich jedes Jahr mindestens einen Prozess in Ihrem beruflichen Umfeld, den Sie analysieren und für den Sie mit Kollegen oder Kunden des Prozesses Verbesserungen erarbeiten. Kümmern Sie sich auch um die Umsetzung der Verbesserungen.

Off the job

- Wählen Sie aus dem Vorlesungsverzeichnis der nächstgelegenen Universität eine für Sie fachfremde Lehrveranstaltung aus. Besuchen Sie sie. Fassen Sie den Inhalt kindgerecht zusammen.

♕♕♕ **On the job**

- Nehmen Sie sich jede Woche mindestens 30 Minuten, um sich mit den aktuellen Trends der Branche zu beschäftigen. Das können Sie tun, indem Sie Fachzeitschriften lesen, im Internet recherchieren oder mit anderen sprechen. Welche Auswirkungen haben diese Trends auf Ihre Tätigkeit? Welche Auswirkungen gibt es für benachbarte Einheiten, für Ihre Kunden etc.? Wie gut sind Sie auf diese Auswirkungen vorbereitet?
- Bieten Sie ein Training für Azubis zum Thema Analysefähigkeit an.
- Etablieren Sie eine »Reinvent our products«-Initiative. Analysieren Sie von vorne, was der Kunde braucht und wie davon ausgehend ein Produkt aussehen könnte.

Off the Job

- Kommentieren Sie einen aktuellen Internet-Post, indem Sie für sich das Thema strukturieren und faktenbasiert bearbeiten. Überprüfen Sie Ihren Kommentar und veröffentlichen Sie ihn.
- Besuchen Sie in Ihrer Stadt öffentliche Diskussionszirkel – diskutieren Sie mit! Zur Not tut es auch die Gemeinderatssitzung, die Sitzung in Ihrem Verein etc.

Meine persönlichen Anmerkungen:

Wo finde ich noch mehr darüber?

Dobelli, R. (2020): Die Kunst des klaren Denkens: Neuausgabe: komplett überarbeitet, mit großem Workbook-Teil. Piper.

Dörner, D. (2012): Die Logik des Misslingens. Strategisches Denken in komplexen Situationen. 11. Aufl., Hamburg.

Guth, K./Mery, M./Mohr, A. (2022): Testtrainer Logisches Denken: Fit für den Logiktest im Eignungstest und Einstellungstest | Wortanalogien, Zahlenreihen, Matrizentests, Brainteaser und mehr | Über 600 Aufgaben mit allen Lösungswegen. Ausbildungpark. Offenbach am Main

Schmidt, G. (2014): Organisation und Business Analysis – Methoden und Techniken (Schriftenreihe ibo), 15. Aufl., Gießen.

Serre, H. (2023): Entwickeln Sie Ihren Einfallsreichtum durch analytisches und laterales Denken. Kindle.

Lunau, S. (2014): Six Sigma + Lean Toolset: Mindset zur erfolgreichen Umsetzung von Verbesserungsprozessen, 5. Aufl., Berlin/Heidelberg.

5.5 Anpassungsfähigkeit

Was ist das?

Anpassungsfähigkeit ist die Kompetenz, die eigene Sichtweise und das eigene Verhalten an sich immer wieder verändernde (nicht vorhersehbare) Umstände anzupassen.

Woran erkenne ich diese Kompetenz?

Ein Mensch, der über die Kompetenz »Anpassungsfähigkeit« verfügt,

- kann sich schnell und erfolgreich auf neue Rahmenbedingungen einstellen,
- erfasst neue Sachverhalte, Situationen oder Aufträge schnell, richtig und vollständig,
- hat ein gutes Gespür dafür, eine Situation und deren Atmosphäre zu erkennen,
- kann aus der Situation ableiten, welches Verhalten hilfreich ist, um die gemeinsamen Ziele zu erreichen,
- sieht in Andersartigkeit eine Chance,
- reagiert neugierig auf Neues oder anderes,
- ist bereit, die eigene Vorgehensweise über Bord zu werfen und sich auf neue Gedankengänge einzulassen,
- kann sinnvoll improvisieren.

Zu viel des Guten:

- verliert den Blick für die eigene Position.

Wo stehe ich? – Quick Check

	Stimme nicht zu	Stimme teilweise zu	Stimme voll und ganz zu
Mir wurde schon mehrmals bestätigt, dass ich ein gutes Gespür dafür habe, worum es in einer Situation wirklich geht.			
Kurzfristige Änderungen wie z. B. neue IT-Anwendungen machen mir nichts aus. Ich gewöhne mich schnell daran.			
Ich schätze es, wenn andere ihre Gedanken mit mir teilen und ich teile meine Gedanken gerne mit anderen.			
Bevor ich eine Sache bewerte, frage ich genau nach, um sie zu verstehen.			
Die Perspektiven von anderen bereichern meine Sichtweise. Daraus kann für alle ein besseres Gesamtergebnis entstehen.			
An einen neuen Kollegenkreis gewöhne ich mich schnell.			
Wenn jemand völlig neue Ideen an mich heranträgt, höre ich besonders gut zu, um meine Haltung zu hinterfragen.			
Summe pro Spalte	Multiplizieren Sie die Anzahl der Kreuze mit eins:	Multiplizieren Sie die Anzahl der Kreuze mit zwei:	Multiplizieren Sie die Anzahl der Kreuze mit drei:
Addieren Sie die Summen pro Spalte zu Ihrem Gesamtergebnis für diese Kompetenz:			

Wo stehen Sie? – Deep Dive

- Beschreiben Sie anhand eines Beispiels, was Sie getan haben, um in einer neuen Projektgruppe, einem neuen Team oder Verein, o.Ä. schnell anzudocken.
- Beschreiben Sie drei Situationen, in denen Sie Ihre eigenen Ideen verworfen haben, um andere gute Vorschläge im Sinne des Gesamtoptimums zu berücksichtigen.
- Wie offen sind Sie gegenüber neuen Ideen und wie stark fragen Sie nach, bevor Sie eine Idee bewerten? Welche zwei Beispiele fallen Ihnen dazu ein?
- Ist Ihnen schon einmal eine starre Sichtweise vorgeworfen worden? Wie viel war in der Rückbetrachtung an diesem Vorwurf dran?
- Schildern Sie, wie Sie mit neuen Kollegen umgehen, um schnell Kontakt zu knüpfen.

- Wie bemerkt man bei Ihnen, dass Sie sich für andere tatsächlich interessieren? Wie verhalten Sie sich dann?

Wie kann ich mich verbessern?

On the job

- Achten Sie heute besonders darauf, die Ideen anderer zu hören, nachzufragen und verstehen zu wollen. Nehmen Sie Ihre eigenen Sichtweisen auf das Thema zurück und lassen Sie sich von den Gedanken anderer inspirieren. Welche Erkenntnisse liefert Ihnen der heutige Tag?
- Suchen Sie sich heute an Ihrem Arbeitsplatz eine neue technische Anwendung und testen Sie sie oder nehmen Sie sich vor, in bekannten Anwendungen neue Funktionalitäten zu entdecken. Sie können auch zu einem Kollegen oder einer Kollegin gehen und nach seinem oder ihrem »Lieblingstrick« in Excel oder PowerPoint fragen. Oder Sie arbeiten heute einmal nur mit Shortcuts.
- Angenommen, Sie bekommen morgen für Ihre aktuelle berufliche Tätigkeit neue Rahmenbedingungen (neuer Chef, neue Kollegen, neues Themengebiet) – wie werden Sie damit umgehen? Nehmen Sie sich 30 Minuten und notieren Sie sich Ihre Reflexionen als Beipackzettel für die Zukunft.
- Konzentrieren Sie sich heute in einer Besprechung ganz besonders darauf, wie die Atmosphäre im Raum ist. Gibt es ein verdecktes Thema? Welches könnte es sein? Wie stehen die Gesprächsteilnehmer heute zueinander? Was könnten Sie tun, um die Situation zu unterstützen?
- Holen Sie sich von mindestens drei Personen Feedback ein, wie Sie noch nahbarer im Umgang mit anderen wirken könnten. Welche Maßnahmen möchten Sie umsetzen? Setzen Sie morgen die erste um, dann die zweite, bis Sie alles einmal ausprobiert haben. Dann beginnen Sie wieder bei der ersten.

Off the job

- Zeigen Sie sich gegenüber Fremden heute von Ihrer besten Seite und verhalten Sie sich so, dass Sie die Bedürfnisse des anderen berücksichtigen.
- Trainieren Sie Ihre Anpassungsfähigkeit, indem Sie morgens spontan einen anderen Weg zur Arbeit nehmen, wenn Ihr üblicher Weg eventuell nicht funktioniert. Nicht lange warten, weil es bequem ist, sondern handeln.

On the job

- Trainieren Sie Ihre Anpassungsfähigkeit, indem Sie auch bei kleinen Situationen ohne großes Murren eine Alternative suchen und nutzen. Der geplante Besprechungsraum ist belegt? Suchen Sie nach einem anderen Raum, anstatt mit den Kollegen zu diskutieren. Ihr Chef kann den vereinbarten Abstimmungstermin nicht wahrnehmen? Suchen Sie nach einer Alternative (per Telefon, zu einer anderen Uhrzeit etc.).

- Melden Sie sich für eine Expatriate Position oder ein Projekt mit vermehrtem Auslandseinsatz. Lassen Sie sich bewusst auf andere Arbeitsstile und Kulturen ein. Was gelingt Ihnen gut, was bereitet Ihnen Mühe? Wer könnte Sie unterstützen?
- Teilen Sie Ihre Gedanken zu einem neuen Thema oder einem neuen Projekt mit einem Kollegen oder einer Kollegin. Sammeln Sie mindestens eine neue Erkenntnis aus dem Gespräch und hinterfragen Sie Ihre Sichtweisen aufgrund des neuen Inputs.
- Suchen Sie sich ein Vorbild zum Thema Anpassungsfähigkeit. Was genau möchten Sie von diesem Vorbild übernehmen? Welche erste Facette möchten Sie ab morgen trainieren? Tun Sie es!
- Werfen Sie einen Konzeptentwurf radikal über den Haufen und denken Sie noch einmal ganz neu. Welchen alternativen Ansatz für Ihr Thema haben Sie gefunden? Lassen Sie beides ein paar Tage liegen und bewerten Sie dann die beiden Konzepte.

Off the job

- Prüfen Sie, von welchen Freunden und Bekannten Sie sich gerne Inspiration holen und wen Sie meiden. Welche Chancen lassen Sie sich eventuell dadurch entgehen?

♕♕♕ **On the job**

- Unterstützen Sie einen neuen Kollegen im Unternehmen beim Onboarding als Mentor. Strukturieren Sie vorab, was derjenige am ersten Tag, in der ersten Woche, in den ersten drei Monaten von Ihnen erfahren kann, wie häufig und wo Sie sich treffen möchten.
- Fordern Sie Ihre Anpassungsfähigkeit in einem völlig neuen Kontext, z. B. indem Sie eine Fachtagung besuchen, auf der Sie wahrscheinlich niemanden kennen werden. Wie gut ist es Ihnen gelungen, sich zu integrieren? Was hat dazu beigetragen? Was würden Sie beim nächsten Mal anders machen?
- Dehnen Sie Ihre Anpassungsfähigkeit diese Woche zugunsten des Teamspirits aus. Wenn Sie der Langschläfer in einem Frühaufsteherteam sind, seien Sie diese Woche genauso früh wie die anderen da. Wenn einige Kollegen nach der Arbeit noch gemeinsam in eine Karaokebar gehen (und Sie das nicht mögen), gehen sie trotzdem mit und singen Sie mit.
- Verfolgen Sie diese Woche besonders aufmerksam die Fachpresse: Welche Auswirkungen haben aktuelle politische oder wirtschaftliche Themen auf Ihre Arbeit und Ihr Umfeld? Was könnte morgen anders sein?
- Teilen Sie Ihre Gedanken zu einem neuen Thema oder einem neuen Projekt mit Ihrem größten Kritiker.

Off the job

- Melden Sie sich für eine ehrenamtliche Initiative, z. B. im Rahmen eines internationalen Freiwilligenprogramms.

Meine persönlichen Anmerkungen:

Wo finde ich noch mehr darüber?

Bartens, W. (2017): Empathie. Die Macht des Mitgefühls. Weshalb einfühlsame Menschen gesund und glücklich sind. München.

Carnegie, D. (2019): Wie man Freunde gewinnt. Die Kunst, beliebt und einflussreich zu werden. 11. Aufl., Frankfurt am Main.

Lager, H. (2020): Anpassungsfähigkeit in Zeiten der Digitalisierung: Zur Bedeutung von Empowerment und innovativer Arbeitsorganisation. Heidelberg.

McChrystal, S./ Collins, T./ Silverman, D./ Fussell, C. (2020): Team of Teams: Wie Organisationen ihre Anpassungsfähigkeit in einer komplexen Welt verbessern können. Vahlen.

Naughton, C. (2022): AQ: Warum Anpassungsfähigkeit die wichtigste Zukunftskompetenz ist. Offenbach.

Rother, M./ May, C.(2019): Das KATA Praxishandbuch – anpassungsfähiger und innovativer mit 20 Minuten täglicher Übung. Herrieden.

Wellensiek, S. (2017): Handbuch Resilienztraining. Widerstandskraft und Flexibilität für Unternehmen und Mitarbeiter. 2. Aufl., Weinheim/Basel.

5.6 Ambiguitätstoleranz

Was ist das?

Der Begriff »Ambiguität« bedeutet Mehr- oder Doppeldeutigkeit (von lateinisch »ambiguus« = sich nach zwei Seiten hinneigend, doppel- oder vielgestaltig). Mit Ambiguitätstoleranz beschreibt man demnach, inwiefern jemand Mehrdeutigkeit, Doppeldeutigkeit, Widersprüchlichkeit, Uneindeutigkeit und Unvorhersehbarkeit wahrnimmt, wie jemand damit umgeht und diese erträgt.

Woran erkenne ich diese Kompetenz?

Ein Mensch, der über die Kompetenz »Ambiguitätstoleranz« verfügt,

- kann mit Unsicherheit und Ungewissheit gut umgehen,
- kann gefühlt oder tatsächlich unvollständig erledigte Aufgaben aushalten,
- bleibt auch in Veränderungssituationen gelassen,
- erträgt Spannungen,
- ist in der Lage, bei unklaren Situationen »auf Sicht« zu entscheiden,
- erträgt positive und negative Facetten einer Person oder einer Situation,

- kann »entweder … oder« ablösen durch »sowohl … als auch«.

Zu viel des Guten:
- zeigt für alles Verständnis, schafft es dabei jedoch nicht, sich klar zu positionieren.

Wo stehe ich? – Quick Check

	Stimme nicht zu	**Stimme teilweise zu**	**Stimme voll und ganz zu**
Es fällt mir leicht, mich auf Situationen einzustellen, in denen noch nicht alle Details geklärt sind.			
Ich kann auch bei unklarer Faktenlage mit gutem Gefühl Entscheidungen treffen.			
Auch widersprüchliche Anforderungen (z. B. Konsum und Sparen) kann ich abwägen und erfüllen.			
Unklare Situationen kann ich über einen langen Zeitraum gut aushalten.			
Ich kann mich gut damit arrangieren, dass manche Entscheidungen »vorläufig« sind und ggf. in Kürze ganz anders getroffen werden.			
Ich traue mir Lösungsansätze zu, auch wenn das Problem noch nicht zu 100 % identifiziert ist.			
Widersprüchliche Gefühle gegenüber ein und derselben Person kann ich gut aushalten.			
Summe pro Spalte	Multiplizieren Sie die Anzahl der Kreuze mit eins:	Multiplizieren Sie die Anzahl der Kreuze mit zwei:	Multiplizieren Sie die Anzahl der Kreuze mit drei:
Addieren Sie die Summen pro Spalte zu Ihrem Gesamtergebnis für diese Kompetenz:			

Wo stehen Sie? – Deep Dive
- Wie gehen Sie mit widersprüchlichen Informationen oder Anweisungen um?
- Inwiefern neigen Sie dazu, Fakten auszublenden, weil diese ein Thema in Ihren Augen unnötig kompliziert machen?
- In welchen Situationen hatten Sie schon einmal das Gefühl von Unlösbarkeit?
- Reflektieren Sie größere Veränderungen in Ihrem beruflichen Umfeld (z. B. Umorganisationen, Firmenzusammenschlüsse, Restrukturierungen). Wie haben Sie in diesen Situationen agiert? Was hat ggf. bedrohlich für Sie gewirkt?
- Wie viel Stress lösen unklare Situationen bei Ihnen aus?

- Welche Personen in Ihrem Umfeld lösen bei Ihnen Unwohlsein aus, weil Sie widersprüchliche Gefühle wahrnehmen? Wie gehen Sie im Alltag damit konkret um?
- Wie gut können Sie Anweisungen von Autoritäten annehmen und weitergeben, obwohl Sie inhaltlich vollkommen anderer Meinung sind?

Wie kann ich mich verbessern?

On the job

- Reflektieren Sie, in welchen Situationen Sie sich besonders unwohl fühlen. Beschreiben Sie diese kurz einer Person Ihres Vertrauens oder schreiben Sie sie auf. Analysieren Sie, worin die Ähnlichkeiten dieser Situationen liegen. Worin genau bestehen die Mehrdeutigkeiten? Was könnten erste Ansatzpunkte sein, um eine Verbesserung herbeizuführen?
- Erarbeiten Sie sich mind. zwei Methoden, wie man Problemstellungen analysieren kann. Notieren Sie stichpunktartig, was diese Methoden ausmacht. Wenden Sie diese Woche beide Methoden einmal an. Wiederholen Sie Ihr Vorgehen einmal pro Monat
- Wenn Sie das nächste Mal in einer unklaren Situation sind, fragen Sie sich,
  a) was genau passieren könnte, wenn Sie jetzt nichts tun,
  b) was genau passieren könnte, wenn Sie jetzt etwas tun.

  Wie würden Sie die kommenden Schwierigkeiten konkret angehen? Wer könnte Sie dann unterstützen?

Off the job

- Wenn Sie in einem anderen Kontext in einer unklaren Situation sind, schreiben Sie sich kurz auf, wie Ihre Gefühlslage ist. Prüfen Sie mit etwas zeitlichem Abstand, ob Sie die Situation gerade schwarz-weiß sehen, überdramatisieren oder ob Sie sich auf etwas zu sehr fokussieren.
- Führen Sie Gespräche mit Rettungssanitätern und Feuerwehrleuten. Wie gehen diese Berufsgruppen damit um, nicht zu wissen, was sie erwartet?
- Wenn der Umgang mit Mehrdeutigkeit vor allem im interkulturellen Kontext mit anderen Werten, Verhalten, Denkmustern auftritt, nehmen Sie sich Zeit für ein interkulturelles Training oder besuchen Sie einen türkischen Kulturverein, den Gottesdienst einer jüdischen Gemeinde o.Ä.

On the job

- Bearbeiten Sie diese Woche im beruflichen Alltag mind. zwei Aufgaben unvollständig. Was ist passiert/nicht passiert? Was können Sie daraus für künftige Aufgaben lernen?
- Wenn in mehrdeutigen oder unsicheren Situationen Entscheidungen anstehen, legen Sie sich eine schrittweise Vorgehensweise zurecht, die Ihnen Kurskorrekturen erlaubt.

- Recherchieren Sie zur Methode »SWOT-Analyse«. Trainieren Sie den Umgang mit der Methode bei verschiedenen Themen – so können Sie sich den Facettenreichtum neuer Situationen genau vor Augen führen.
- Versuchen Sie, die Problemstellung zu visualisieren, und überlegen Sie, worin genau die Ambiguität besteht und wie sie ggf. lösbar ist. Üben Sie sich in der Visualisierung von Sachverhalten.
- Trainieren Sie spielerisch, mit Unvorhersehbarem gut umzugehen. Losen Sie einmal im Monat zusammen mit Ihren Kollegen eine halbe Stunde vor dem gemeinsamen Feierabend aus, was genau Sie heute in Ihrer Freizeit noch zusammen machen werden. Jeder darf vorab Lose schreiben und seine Wunschaktivität in der Lostrommel hinterlegen. Keiner weiß, welche Themen zur Auswahl stehen.

Off the job

- Erstellen Sie eine Liste mit Mehrdeutigkeiten, die Sie im Laufe Ihres Lebens schon gut bewältigt haben. Zum Beispiel: das liebe Haustier, das Sie einerseits ins Herz geschlossen haben, das andererseits aber auch schon nach Ihnen geschnappt hat. Kinder, die Sie lieben, die Sie trotzdem an die Grenzen Ihrer Geduld bringen. Reflektieren Sie, in welchen anderen Situationen Sie Spannungen schon gut aushalten konnten. Was hat Ihnen in diesen Situationen geholfen? Identifizieren Sie Ihre »Ambiguitätsauflöser«.

On the job

- Treffen Sie sich einmal im Monat privat oder beruflich mit der Person, gegenüber der Sie die größte Widersprüchlichkeit empfinden. Was könnte Ihnen helfen, das Treffen gut zu meistern? Inwiefern kann das auch bei anderen Personen helfen?
- Melden Sie sich für ein Projekt, das Ihrer Meinung nach eher in die Kategorie »Mission Impossible« fällt, z. B. weil es inhaltlich widersprüchlich ist (z. B. höhere Qualitätsanforderungen bei sinkenden Kosten) oder weil der Auftrag zeitlich nur schwer erfüllbar ist (ggf. müssen Entscheidungen sehr schnell und unter Unsicherheit getroffen werden).
- Stellen Sie sich als Mentor z. B. für Impatriates zur Verfügung und unterstützen Sie jemanden aus einem anderen Kulturkreis dabei, mit den Uneindeutigkeiten in Ihrem Land zurechtzukommen. Dies erweitert Ihre Sichtweise, dass manche – für uns selbstverständliche – Dinge unseres Alltags auch ganz anders wahrgenommen werden könnten.
- Halten Sie einen Vortrag für Nachwuchsführungskräfte zum Thema Ambiguitätstoleranz. Nennen Sie zehn gute Gründe, Ambiguität zu mögen.

Off the job

- Lassen Sie sich bei Ihrem nächsten Restaurantbesuch Ihr Menü von einem Fremden am Nebentisch bestellen.

Meine persönlichen Anmerkungen:

Wo finde ich noch mehr darüber?

Bauer, T. (2018): Die Vereindeutigung der Welt: Über den Verlust an Mehrdeutigkeit und Vielfalt. Ditzingen.

Heitger, B./Doujak, A. (2014): Harte Schnitte – Neues Wachstum in volatilen Zeiten. Die Macht der Zahlen und die Logik der Gefühle im Change Management. 2. Aufl., München.

Kahnemann, D. (2011): Schnelles Denken, langsames Denken. 13. Aufl., München.

Pätzold, R. (2022): Ohne festen Boden: Wie wir mit Ungewissheit besser umgehen und warum wir sie brauchen. München.

5.7 Argumentationsfähigkeit

Was ist das?

Der Begriff »Argument« kommt aus dem Lateinischen (argumentum) und bedeutet so viel wie »Beweis«. Unter »Argumentationsfähigkeit« versteht man die Fähigkeit, zu einem Sachverhalt z. B. in einer Diskussion schlüssig und strukturiert den eigenen Standpunkt zu vertreten und Argumente vorzubringen.

Woran erkenne ich diese Kompetenz?

Ein Mensch, die über die Kompetenz »Argumentationsfähigkeit« verfügt,

- kann der mündlichen oder schriftlichen Darlegung der eigenen Position eine Struktur verleihen,
- berücksichtigt inhaltlich aufeinander aufbauende Argumente und bringt sie in einen schlüssigen Zusammenhang,
- kann die Auswahl an Argumenten und die dazugehörige Sprache zielgruppengerecht anpassen,
- kann auch bei widersprüchlichen Themen eine schlüssige Argumentation finden,
- bezieht die Gegenargumente in seine Überlegungen mit ein,
- traut sich, die eigene Argumentation bei Gegenwind von anderen zu führen und zu verteidigen,
- zeigt inhaltlichen Tiefgang in einer Thematik.

Zu viel des Guten:

- übergeht die Perspektive anderer,
- nimmt Widerstände, die nicht argumentativ belastbar sind, nicht ernst,
- hält Gesprächspartner, die nicht genauso gut argumentieren, für unterlegen.

Wo stehe ich? – Quick Check

	Stimme nicht zu	**Stimme teilweise zu**	**Stimme voll und ganz zu**
Ich mache mir Gedanken über die Reihenfolge von Argumenten.			
Ich kann die Qualität eines Arguments gut einschätzen.			
Ich führe gedanklich die Gegenrede zu meiner Argumentation.			
Ich kann auch bei einer wackeligen Argumentation überzeugend auftreten.			
Ich kann elegant mit Einwänden umgehen und sie in meine Argumentation einbauen.			
Ich bekomme häufig Feedback, dass meine Argumentation als strukturiert empfunden wird.			
Mir macht es nichts aus, meine Argumente gegenüber Andersdenkenden zu vertreten.			
Summe pro Spalte	Multiplizieren Sie die Anzahl der Kreuze mit eins:	Multiplizieren Sie die Anzahl der Kreuze mit zwei:	Multiplizieren Sie die Anzahl der Kreuze mit drei:
Addieren Sie die Summen pro Spalte zu Ihrem Gesamtergebnis für diese Kompetenz:			

Wo stehen Sie? – Deep Dive

- Wie gehen Sie beim Aufbau einer Argumentation vor?
- Was sind Ihrer Meinung nach Kriterien für eine gute Argumentation?
- Erklären Sie anhand eines Beispiels, welche Argumentation Ihnen richtig misslungen ist.
- Wie führen Sie eine Argumentation, wenn es sich um weiche Faktoren handelt?
- Wie passen Sie Ihre Argumentation zielgruppengerecht an?

Wie kann ich mich verbessern?

On the job

- Recherchieren Sie ausführlich die Fünfsatzmethode. Schreiben Sie für sich die wesentlichen Erkenntnisse Ihrer Recherche zusammen. Testen Sie die Fünfsatzmethode jede Woche mindestens zweimal.
- Trainieren Sie das Schreiben von Pro- und Kontra-Listen, indem Sie dies wöchentlich für ein Thema Ihrer Wahl tun. Gewichten Sie die Pro- und Kontra-Argumente. Welche Pros wiegen die Kontras auf?
- Üben Sie diese Woche spielerisch, wie Sie verschiedene Zielgruppen ansprechen. Welche Worte wählen Sie, um Ihr Anliegen einem Azubi, einem Experten im Thema oder einem Geschäftsführer zu erklären? Suchen Sie Kontakt zu Personen verschiedener Zielgruppen und bitten Sie sie darum, Ihre Argumentation zu testen.
- Trainieren Sie diesen Monat das Argumentieren mit Kennzahlen. Welche drei Kennzahlen sind für Ihre Arbeit derzeit richtungsweisend?
- Erarbeiten Sie für Ihre zwei wichtigsten Aufgaben eine schriftliche Argumentation, warum diese genau so weiterbearbeitet werden sollen, wie Sie vorschlagen. Reduzieren Sie Ihre Argumentation so weit, dass Sie sie auch bei einer zweiminütigen Begegnung Ihrem Kollegen oder Ihrem Vorgesetzten vermitteln können.

Off the job

- Buchen Sie ein Training zum Thema Argumentationsfähigkeit.
- Argumentieren Sie gegenüber Ihren Kindern, wozu sie aufräumen, Zähne putzen o.Ä. sollen. Was können Sie aus dieser Argumentation in Ihren beruflichen Alltag übertragen?
- Fordern Sie mit gezielten Fragen die Argumentation Ihres Arztes, eines Versicherungsvertreters, eines Telefonanbieters etc. heraus. Was können Sie aus der Argumentation von Vertretern ganz anderer beruflicher Kontexte in Ihren Alltag übernehmen?

On the job

- Erarbeiten Sie sich die Inhalte eines Persönlichkeitsmodells (z.B. DISG, HBDI, MBTI etc.). Notieren Sie für sich, welche Persönlichkeitstypen mit welchen Worten und welchen Inhalten angesprochen werden möchten. Machen Sie sich vor einem Gespräch Gedanken, wie Sie Ihren Gesprächspartner oder Ihre Gesprächspartnerin im Persönlichkeitsmodell einschätzen würden. Berücksichtigen Sie dies in Ihrer Argumentation und holen Sie sich von Ihrem Gegenüber Feedback, ob bzw. inwieweit Sie überzeugend waren.
- Trainieren Sie heute, Ihren eigenen Standpunkt auszudrücken, indem Sie ihn in einem einzigen Satz notieren. Prüfen Sie dann, ob die Wortwahl von der Zielgruppe verstanden und angenommen werden kann.
- Üben Sie Ihre nächste Argumentation dadurch, dass Sie die Gegenargumentation gegenüber einem Kollegen führen. Bitten Sie den Kollegen, in Ihren Ausführungen

immer wieder virtuell die »Pausetaste« zu drücken und Feedback zu geben. Wiederholen Sie dann die Sequenz vor der Pause noch einmal.

- Unterstützen Sie Ihre Argumentation, indem Sie anschauliche Beispiele heranziehen. Trainieren Sie deshalb diese Woche in Gesprächen, Präsentationen oder Meetings, bildhaft zu sprechen.
- Unterstützen Sie die Kolleginnen und Kollegen, die Förderanträge z.B. für Forschungsgelder schreiben. Oder beantragen Sie Unterstützung für eine Fundraising-Initiative.

Off the job

- Besuchen Sie eine öffentliche Sitzung des Deutschen Bundestags oder eine Betriebsversammlung oder eine Aktionärsversammlung etc. Was können Sie von der Art der Argumentationen dort auf Ihren Alltag übertragen?

On the job

- Beteiligen Sie sich an einem hausinternen Veränderungsprojekt und trainieren Sie, Argumentationen zu erarbeiten, die den Dreiklang von Wozu, Wie und Was in den Mittelpunkt stellen.
- Beginnen Sie, in Ihrer Argumentation neben der Verwendung von faktischen Argumenten auch Emotionen anzusprechen. Das kann von einfacheren Formulierungen wie z.B. »Ich bin zuversichtlich, dass ...«, »Ich bin stolz auf ...« bis hin zu ganzen bildhaften Geschichten gehen.
- Trainieren Sie heute, mit Einwänden elegant umzugehen, ohne Wörter wie »aber« oder »trotzdem« zu verwenden. Schreiben Sie Ihre persönlichen Lieblingsparaden auf.

Off the job

- Recherchieren Sie genauer zu einem Thema in Ihrem privaten Umfeld, z.B. zum Neubau einer Straße in der Gemeinde, zu den neuen Nachmittagsbetreuungszeiten in der Schule etc. und schreiben Sie einen persönlichen Kommentar. Bringen Sie diesen bei der nächsten dazugehörigen Veranstaltung (Gemeinderatssitzung, Elternabend etc.) vor.
- Schreiben Sie einen Politiker Ihrer Wahl an und fragen Sie danach, wie Argumentationen in der Politik aufgebaut werden.

Meine persönlichen Anmerkungen:

Wo finde ich noch mehr darüber?

Fey, G. (2017): Überzeugen? So geht's! Alles, was Sie über kluges Argumentieren wissen müssen. Regensburg.

Herrmann-Ruess, A. (2012): Ad hoc präsentieren. Kurz, knackig und prägnant argumentieren und überzeugen. Göttingen.

Loewenstein, J. (2019): Schlagfertigkeit – Nie mehr sprachlos!: Wie Sie mit Hilfe effektiver Gesprächstechniken sicher argumentieren, schwierige Situationen souverän meistern und jederzeit schlagfertig kontern. Berlin.

Thiele, A. (2019): Argumentieren unter Stress. Wie man unfaire Angriffe erfolgreich abwehrt. München.

5.8 Auftreten

Was ist das?

Die Kompetenz »Auftreten« umfasst das äußere Erscheinungsbild und Verhalten in geschäftlichen Situationen jeder Art.

Woran erkenne ich diese Kompetenz?

Ein Mensch, der über die Kompetenz »Auftreten« verfügt,

- ist der Situation und der Rolle entsprechend gekleidet,
- hat eine vertrauenserweckende, positive Ausstrahlung und Körpersprache,
- ist authentisch im Auftritt, d.h. Mimik und Gestik harmonieren mit seinen Aussagen,
- nutzt seine Stimme, um Botschaften Ausdruck zu verleihen,
- versteht die Interaktion mit anderen im 1 : 1-Setting wie auch in größeren Gruppen, gegenüber Kollegen, Mitarbeitern und Vorgesetzten,
- hat gute Umgangsformen.

Zu viel des Guten:

- verwendet zu viel Zeit, um sich mit dem persönlichen Auftreten zu beschäftigen, und vernachlässigt es, sich mit dem zu vertretenden Inhalt auseinanderzusetzen.

Wo stehe ich? – Quick Check

	Stimme nicht zu	**Stimme teilweise zu**	**Stimme voll und ganz zu**
Mein persönliches professionelles Auftreten reflektiere ich häufig und hole mir dazu Feedback ein.			
Den Business-Knigge beherrsche ich sicher, sodass ich auch anderen Hilfestellung geben kann.			
Wenn ich einen wichtigen Termin habe, überlege ich mir gut, wie ich mich kleide.			
Auch wenn meine Stimmung gerade nicht sehr gut ist, kann ich dennoch anderen die nötige Wertschätzung entgegenbringen.			
Für mein professionelles Auftreten/Verhalten bzw. meinen Kleidungsstil habe ich schon oft Komplimente bekommen.			
Anderen gut zuhören zu können gehört für mich zu einem professionellen Auftreten dazu.			
Ich bin mir sicher, dass ich mich sprachlich auf andere Personen einstellen kann.			
Summe pro Spalte	Multiplizieren Sie die Anzahl der Kreuze mit eins:	Multiplizieren Sie die Anzahl der Kreuze mit zwei:	Multiplizieren Sie die Anzahl der Kreuze mit drei:
Addieren Sie die Summen pro Spalte zu Ihrem Gesamtergebnis für diese Kompetenz:			

Wo stehen Sie? – Deep Dive

- Welches Feedback erhalten Sie zu Ihrem Auftreten?
- Beschreiben Sie eine Beispielsituation, in der Sie sich vor einem Gespräch Gedanken darüber gemacht haben, wie Sie wirken möchten. Wie haben Sie das gemacht?
- Wie bewusst setzen Sie Ihre Stimme in Gesprächen ein? Was genau tun Sie dann?
- Welche Situationen gab es, in denen Sie sich nicht Ihrer Rolle entsprechend verhalten haben?
- Wenn Sie als Letzter einen Raum betreten oder zu einem späteren Zeitpunkt zu einem Meeting dazukommen – wie gut können Sie spüren, ob etwas in der Luft liegt?
- Nennen Sie Beispiele, in denen Sie situationsangemessen kommuniziert haben. Wurde Ihnen das auch schon so rückgemeldet?
- Wie beginnen Sie ein Gespräch mit völlig fremden Personen im Büro?

Wie kann ich mich verbessern?

On the job

- Suchen Sie sich mindestens drei Personen, die Ihnen Feedback geben zu Ihrem Auftreten (Kleidung, Stimme, Gesamteindruck, Kohärenz von Mimik, Gestik und Gesprochenem). Notieren Sie sich das Feedback, schreiben Sie dafür jede Rückmeldung auf einen einzelnen Notizzettel. Sortieren Sie dann alle Feedbacks Ihre Sammlung nach »werde ich umsetzen«, »möchte ich umsetzen, dafür benötige ich Hilfe von …« und »möchte ich lieber nicht umsetzen«. Beginnen Sie morgen mit der ersten Veränderung aus dem Stapel »werde ich umsetzen«. Der folgende »Denkzettel«, den Sie auch in den Arbeitshilfen online finden, kann Sie beim Sammeln von Feedback unterstützen:

Mein Denkzettel

Auf diesem Blatt können Sie sich in Stichpunkten notieren, welche Rückmeldungen Ihnen Ihre Kolleginnen und Kollegen gegeben haben.

Beobachtungsmerkmale	Fazit				Notizen und Tipps
Mimik	++	+	–	– –	
Gestik	++	+	–	– –	
Körpersprache	++	+	–	– –	
Inhalt (das Gesagte)	++	+	–	– –	
Stimmigkeit der Punkte zueinander	++	+	–	– –	

Was ich mir sonst noch notieren möchte:

- Vor dem nächsten wichtigen Meeting reflektieren Sie genau, welchen Eindruck Sie bei den Anwesenden machen möchten. Schreiben Sie sich Ihr Ziel am besten auf. Notieren Sie, was Sie tun müssen, um Ihr Ziel zu erreichen. Probieren Sie zwei Ihrer Notizpunkte aus.
- Gehen Sie in die Retrospektive: Überprüfen Sie, ob von Ihnen präsentierte oder versandte Unterlagen und E-Mails auch rückblickend ein angemessenes Qualitätsniveau haben und den richtigen Ton treffen. Versandte fehlerhafte Unterlagen oder in der Emotion geschriebene E-Mails tragen allenfalls zur Legendenbildung über Sie bei.
- Vertreten Sie Ihr Unternehmen auf einer Bewerbermesse oder Fachtagung. Prüfen Sie selbstkritisch, wie andere Kolleginnen und Kollegen das Unternehmen vertre-

ten. Was können Sie sich davon abschauen? Welchen Effekt würden Sie damit erzielen?
- Erarbeiten Sie sich ein Minimum an Fürsorge für andere in Ihrem direkten Umfeld. Schaffen Sie eine angenehme Gesprächsatmosphäre, indem Sie z.B. Kaffee, Tee, Wasser anbieten.

Off the job

- Zu einem souveränen Auftreten gehören Blickkontakt und die Ansprache des anderen mit seinem Namen. Trainieren Sie heute, Ihrem Gesprächspartner wirklich in die Augen zu schauen, und wenn Sie mit ihm sprechen, ihn gelegentlich mit seinem Namen anzusprechen.
- Trainieren Sie heute, z.B. Ihre Nachbarn, die Kassierer an der Supermarktkasse, den Fahrkartenkontrolleur etc. besonders freundlich anzuschauen und höflich zu reagieren. Schenken Sie den Menschen ein paar Sekunden Ihrer Aufmerksamkeit.

On the job

- Wenn Ihre berufliche Rolle einen gewissen Anspruch an Kleidung stellt oder Sie zukünftig eine bestimmte Rolle anstreben, investieren Sie in eine persönliche Typberatung. Testen Sie die Tipps, indem Sie jede Woche einen Aspekt der Typberatung ausprobieren.
- Reservieren Sie sich diese Woche zwei Stunden Zeit, um Termine für die nächste Woche vorzubereiten. Reflektieren Sie im Vorfeld nicht nur Inhalte, sondern auch Zielgruppe, Zielsetzung, Ihre eigene Rolle etc. Notieren Sie sich für jeden der Termine diese Punkte und schauen Sie vor dem Termin auf Ihre Notizen.
- Beginnen Sie heute mit zwei Personen ein Gespräch ganz bewusst mit Small Talk. Was wird Ihr erster Satz sein, um einen wertschätzenden Einstieg zu finden? Testen Sie verschiedene erste Sätze und deren Wirkung auf Ihr Gegenüber.
- Lassen Sie sich in einem Gespräch oder einer Präsentation auf Video aufnehmen und analysieren Sie Ihr Auftreten im Nachhinein z.B. mit einem Mentor oder einem Coach. Welche Stärken wollen Sie beibehalten? Welche Verbesserungen streben Sie für das nächste Mal an?

Off the job

- Kontrollieren Sie, wie häufig Sie negativ über sich selbst sprechen. Bitten Sie einen Freund, Partner oder die Familie, Sie immer wieder darauf hinzuweisen, falls es doch passiert. Ein negatives Selbstbild ist kontraproduktiv für ein angenehmes, professionelles Auftreten.
- Holen Sie sich von Freunden Feedback ein, wie gut Sie in 1 : 1-Gesprächen auftreten und welche Wahrnehmung es zu Ihnen in großen Gruppen gibt. Welche Stärken werden Ihnen dabei rückgemeldet und wie gut wenden Sie diese im beruflichen Kontext an?

On the job

- Sollte Ihre berufliche Rolle es erfordern, dass Sie Ihr Unternehmen nicht nur nach innen vertreten, sondern auch nach außen, kann ein geeigneter Coach Sie zum Thema Medienpräsenz unterstützen.
- Reflektieren Sie für sich, woran Sie erkennen, wenn sich andere in Ihrer Anwesenheit unwohl fühlen. Was könnten Sie tun, um dem anderen die Situation angenehmer zu machen?
- Trainieren Sie heute ganz bewusst kleine und beiläufige Komplimente gegenüber Kolleginnen und Kollegen. Recherchieren Sie im Vorfeld noch einmal, wie man Komplimente gut formuliert.
- Nehmen Sie sich vor, heute bewusst auf die Bewertung anderer zu verzichten.
- Setzen Sie sich das Ziel, dass jeder Ihrer Gesprächspartner heute mit einem besonders guten Gefühl aus dem Gespräch geht. Holen Sie sich dazu Feedback von jedem Ihrer Gesprächspartner ein.

Off the job

- Buchen Sie einen Improvisationstheater-Workshop.

Meine persönlichen Anmerkungen:

____

____

____

Wo finde ich noch mehr darüber?

Carnegie, D. (2012): Besser sprechen. Überzeugend auftreten. Frankfurt am Main.

Crisand, B. (2022): Die Power der persönlichen Präsenz: 10 Basics aus Schauspiel und Psychologie für selbstbewusstes Auftreten. Heidelberg.

Hewlett, S. A. (2014): Executive Presence. The missing link between merit and success. New York.

Nürnberger, E./Hölzl, F./Raslan, N. (2019): Selbstbewusst auftreten im Job: Wie Sie mit Optimismus und Mut mehr erreichen. Freiburg.

von Knigge, A. (2017): Über den Umgang mit Menschen. Hamburg.

5.9 Ausdauer

Was ist das?

Ausdauer ist die physische und psychische Fähigkeit, über einen langen Zeitraum konzentriert und energisch einer Sache im Sinne des Unternehmens nachzugehen, wobei auch Phasen mit erhöhter Anstrengung oder mit Rückschlägen mit einer positiven Einstellung gut bewältigt werden.

Woran erkenne ich diese Kompetenz?

Ein Mensch, der über die Kompetenz »Ausdauer« verfügt,

- setzt sich mit voller Konzentration für eine Sache ein und verfolgt sein Ziel,
- kann über einen langen Zeitraum mit gleichbleibend hoher Energie ein Thema verfolgen,
- bearbeitet gerne auch ein großes Arbeitsvolumen,
- vertritt sein Thema beharrlich,
- besitzt ein hohes Maß an Verbindlichkeit, was z. B. Abgabetermine betrifft,
- bleibt auch bei Widerständen oder Hürden nachhaltig an der Erreichung des Ziels interessiert und bringt eine gleichbleibende Leistung.

Zu viel des Guten:

- verbeißt sich in eine Angelegenheit und weiß nicht, wann es wirkungsvoller bzw. besser ist, Dinge ad acta zu legen.

Wo stehe ich? – Quick Check

	Stimme nicht zu	**Stimme teilweise zu**	**Stimme voll und ganz zu**
Mir macht es nichts aus, über Jahre an einem Thema zu arbeiten, bis es fertig ist.			
Wenn es darum geht, Deadlines einzuhalten, bin ich sehr zuverlässig.			
Ich kann meine Konzentration für eine Sache über einen langen Zeitraum gut aufrechterhalten.			
Mit weniger als dem Maximum gebe ich mich nicht zufrieden.			
Ich mag die Herausforderung, wenn ein »dickes Brett« zu bohren ist.			
Rückschläge gehören dazu und ich erhole mich schnell davon.			
Manchmal muss man mehrere Versuche starten, bis man ein Thema gut platzieren kann.			

	Stimme nicht zu	Stimme teilweise zu	Stimme voll und ganz zu
Summe pro Spalte	Multiplizieren Sie die Anzahl der Kreuze mit eins:	Multiplizieren Sie die Anzahl der Kreuze mit zwei:	Multiplizieren Sie die Anzahl der Kreuze mit drei:
Addieren Sie die Summen pro Spalte zu Ihrem Gesamtergebnis für diese Kompetenz:			

Wo stehen Sie? – Deep Dive

- Beschreiben Sie anhand zweier Beispiele, wie Sie über einen wirklich langen Zeitraum an einer Sache drangeblieben sind! Was genau haben Sie gemacht, um durchzuhalten?
- Wie gehen Sie mit Widerständen um?
- Beschreiben Sie anhand eines Beispiels, wie Sie nach Alternativen gesucht haben, um das Ziel zu erreichen.
- Beschreiben Sie anhand eines Beispiels eine Sache, die Sie aufgegeben haben. Was hat dazu geführt? Was haben Sie daraus gelernt?
- Wie gehen Sie an Aufgaben heran, von denen Sie schon im Vorfeld wissen, dass sie lange dauern werden?
- Wie motivieren Sie sich bei Rückschlägen?

Wie kann ich mich verbessern?

On the job

- Zerlegen Sie die nächste anstehende Aufgabe in kleinere Pakete. Feiern Sie jedes kleine Zwischenergebnis, das Sie erreicht haben, und gönnen Sie sich etwas, das Ihnen Freude bereitet.
- Konzentrieren Sie sich heute auf die eine Sache, die unbedingt erledigt sein muss. Zerlegen Sie die Aufgabe in Teilblöcke und arbeiten Sie die Teilblöcke bis Mittag bis zur Hälfte ab. Am Nachmittag nehmen Sie sich den zweiten Teil vor und gehen Sie nicht in den Feierabend, bis diese Aufgabe erledigt ist.
- Suchen Sie für Ihr Vorhaben Verbündete, die für Ihre Ausdauer bekannt sind. Sprechen Sie diejenigen an. Bitten Sie sie, Ihnen in etwas zähen Momenten einen kleinen Motivationsschub zu geben.
- Priorisieren Sie Ihre beruflichen Vorhaben und entscheiden Sie, in welches Sie am meisten Energie stecken möchten.
- Testen Sie, welche Selbstgespräche (auch Mottos, Leitgedanken) Ihnen am meisten helfen, um sich selbst zu pushen.

Off the job

- Schreiben Sie ganz genau auf, was Ihr Ziel ist, visualisieren Sie es und hängen Sie den Zettel für Sie sichtbar an den Kühlschrank oder von innen an die Wohnungstür o. Ä. Worin besteht der Sinn, dieses Ziel zu verfolgen?

On the job

- Identifizieren Sie Ihre drei größten täglichen Ablenkungen (z. B. häufig E-Mails checken, Kurznachrichten schreiben etc.). Wie könnten Sie das im ersten Schritt für 30 Minuten unterbinden oder für eine Stunde oder für einen halben Tag?
- Ausdauer verbessert sich, indem man immer wieder an seine Grenzen geht. Sie haben ein schwieriges erstes kleines Projekt gemeistert? Suchen Sie sich das nächste, das noch anspruchsvoller ist.
- Wenn Sie das nächste Projekt starten, nehmen Sie sich mit Ihren Projektmitgliedern Zeit für ein Negativ-Brainstorming. Welche Hürden könnten entstehen? Was wäre eine konstruktive Reaktion darauf?
- Suchen Sie sich ein Vorbild in Sachen Ausdauer und entscheiden Sie, was genau Sie von Ihrem Vorbild übernehmen möchten.

Off the job

- Suchen Sie in Ihrem privaten Umfeld einen ambitionierten Sportler. Führen Sie mit ihm ein Gespräch, wie er große Ziele anpackt. Was davon können Sie auf sich übertragen?
- Beleuchten Sie, ob Sie Ihren aktuellen privaten Anliegen nachgehen. Wenn es Dinge geben könnte, die Sie von Ihrem Vorhaben abbringen, planen Sie von vornherein eine entsprechende Gegenmaßnahme ein.

On the job

- Arbeiten Sie diese Woche jeden Tag eine Stunde länger und investieren Sie diese Zeit in ein Anliegen, das schon lange bearbeitet werden sollte.
- Melden Sie sich für eine Aufgabe oder ein Projekt, das Ihnen eigentlich widerstrebt, und bringen Sie es zusammen mit anderen ins Ziel.
- Lassen Sie sich von einem Coach unterstützen und identifizieren Sie Möglichkeiten, um besser durchzuhalten.
- Visualisieren oder notieren Sie sich die Gründe, warum Sie an einer bestimmten Sache oder Aufgabe dranbleiben sollten. Üben Sie sich im Visualisieren, wie im Kapitel »Analytisches Denken« bereits ausgeführt.

Off the job

- Ein wichtiger Katalysator für Ausdauer ist Regelmäßigkeit. Suchen Sie sich ein privates Anliegen (eine bestimmte Sportart lernen, eine Sprache verbessern o. Ä.). Werfen Sie jeden Tag eine Münze, ob Sie heute Ihrem Anliegen nachgehen dürfen oder nicht. Sie dürfen sich nur dann darauf einlassen, wenn es die Münze anzeigt. Dafür müssen Sie aber sofort beginnen.

Meine persönlichen Anmerkungen:

Wo finde ich noch mehr darüber?

Frädrich, S. (2014): Günter, der innere Schweinehund: Ein tierisches Motivationsbuch. Offenbach.

v. Münchhausen, M. (2006): So zähmen Sie Ihren inneren Schweinehund: Vom ärgsten Feind zum besten Freund. Frankfurt/New York.

Willmann, H.-G. (2012): 30 Minuten. Willenskraft. Offenbach.

5.10 Authentizität

Was ist das?

Authentizität ist die Fähigkeit, als glaubwürdig wahrgenommen zu werden, weil das jeweilige Gegenüber eine hohe Kohärenz zwischen Werten, Sprache, Mimik, Gestik und Verhalten empfindet. Für authentisch wird jemand gehalten, wenn wir den Eindruck haben, stets die echte Persönlichkeit des anderen erkennen zu können.

Woran erkenne ich diese Kompetenz?

Ein Mensch, der über die Kompetenz »Authentizität« verfügt,

- kennt die eigenen Werte und geht offen damit um,
- kennt eigene Stärken und Schwächen,
- ist in seinem Verhalten berechenbar und stabil,
- agiert unabhängig von den Erwartungen anderer,
- trifft Entscheidungen, ohne sich von außen beeinflussen zu lassen,
- tritt so auf, wie er bezogen auf seine Überzeugungen wirklich ist,
- ist sich selbst und anderen gegenüber ehrlich.

Zu viel des Guten:

- interpretiert jegliches verhaltensoriginelle Auftreten als authentisch und erkennt nicht, wann die Grenzen von Wertschätzung und Anstand überschritten sind.

Wo stehe ich? – Quick Check

	Stimme nicht zu	Stimme teilweise zu	Stimme voll und ganz zu
Ich kann guten Gewissens sagen, dass ich mich von den Erwartungen, die andere an mich haben, freimachen kann.			
Über meine Bedürfnisse und Sehnsüchte habe ich Klarheit. Ich spreche sie ganz offen an.			
Zu meinen Stärken kann ich selbstbewusst stehen.			
Ich bleibe meinen Idealen treu, auch wenn meine Sichtweise nicht der anderer entspricht.			
Die Dinge, die ich tue, tue ich aus meiner eigenen Überzeugung heraus.			
Meine persönlichen Schwächen kenne ich und kann offen damit umgehen.			
Ich reflektiere regelmäßig mein Verhalten.			
Summe pro Spalte	Multiplizieren Sie die Anzahl der Kreuze mit eins:	Multiplizieren Sie die Anzahl der Kreuze mit zwei:	Multiplizieren Sie die Anzahl der Kreuze mit drei:
Addieren Sie die Summen pro Spalte zu Ihrem Gesamtergebnis für diese Kompetenz:			

Wo stehen Sie? – Deep Dive

- Für welche Werte stehen Sie ein? Nennen Sie konkrete Beispiele, bei denen Sie auch für andere sichtbar nach Ihren Werten gehandelt haben.
- Wie schaffen Sie es, sich von den Einflüssen und Erwartungen anderer freizumachen? Nennen Sie Beispiele, bei denen Ihnen das (nicht) gelungen ist. Was hat jeweils dazu beigetragen?
- Welche Beispiele fallen Ihnen ein, bei denen Sie sich ganz wahrheitsgemäß und glaubwürdig zu einer Situation geäußert haben, ohne etwas hinzuzudichten und ohne etwas Wesentliches wegzulassen?
- Welchen Eindruck gewinnen Sie von sich selbst, wenn Sie sich auf Video sehen – z. B. bei einer Präsentation, die Sie gehalten haben?
- Wie gut sind Sie in der Lage, die eigene Körpersprache im Gespräch zu erspüren? Wie gut können Sie die der anderen lesen und darauf reagieren?

Wie kann ich mich verbessern?

On the job

- Bitten Sie eine Person Ihres Vertrauens, mit Ihnen gemeinsam Bilanz zu ziehen. Welche Aspekte sind Ihnen in Ihrem Beruf wirklich wichtig? Was davon ist in Ihrem Alltag schon vorhanden, was vermissen Sie, was brauchen Sie eigentlich gar nicht? Erarbeiten Sie gemeinsam Konsequenzen für die nächste Zeit.
- Nehmen Sie sich heute bewusst vor zuzugeben, wenn Sie etwas nicht können oder nicht wissen. Wie schlimm war es?
- Schreiben Sie eine Liste mit Ihren Stärken und Schwächen auf. Gehen Sie diese mit zwei Kollegen und Ihrem Vorgesetzten durch. Wie geht es Ihnen mit diesem Selbstbild-Fremdbild-Abgleich?

Off the job

- Leben Sie vier Wochen lang ohne Nachrichten, Zeitschriften, Werbung. Reflektieren Sie danach, was wirklich zu Ihren Bedürfnissen gehört und welche Dinge von außen an Sie herangetragen werden.
- Überprüfen Sie sich selbst diese Woche täglich, ob Sie Ihre Bedürfnisse spüren, welche es sind und inwiefern Sie diesen nachgeben. Beispiel: Haben Sie heute um 12 Uhr zu Mittag gegessen, weil Sie Hunger hatten oder weil andere zu Tisch gegangen sind? Essen Sie das Dessert, weil Sie gerade Lust darauf haben oder weil andere ein Dessert bestellen?

On the job

- Bitten Sie einen externen Coach oder Ihre Personalabteilung, Ihnen einen Test zu empfehlen, mit dem Sie mehr über Ihre Antreiber erfahren können. Reflektieren Sie auf der Basis der Testergebnisse für die nächsten vier Wochen jeden Abend fünf Minuten, inwiefern Ihre Antreiber Sie heute besonders beeinflusst haben.
- Schreiben Sie eine Liste mit Ihren Werten. Prüfen Sie, ob Sie diese in Ihrem Beruf leben. Wenn Ihnen Freizeit wichtig ist, warum melden Sie sich dann für jede Zusatzaufgabe? Wenn Ihnen Familie wichtig ist, warum haben Sie einen Beruf mit wöchentlichen Dienstreisen?
- Suchen Sie sich ein Vorbild zum Thema Authentizität. Was genau möchten Sie von Ihrem Vorbild übernehmen?
- Lassen Sie sich während einer Präsentation filmen. Betrachten Sie das Video im Nachhinein unter den Aspekten:
  - Stimmigkeit von Inhalt und Auftreten,
  - Kohärenz zwischen Ihren Gefühlen und dem Eindruck, den Sie in diesem Moment vermitteln (Mimik, Gestik).

Off the job

- Überprüfen Sie bei materiellen und immateriellen Dingen, ob Sie sie haben/kaufen wollen, weil Sie sie für sich wirklich brauchen oder weil Ihnen die Rückmeldung von anderen wichtig ist.
  - Für wen haben Sie Ihr Auto gekauft?
  - Für wen haben Sie Ihre Wohnung eingerichtet?
  - Für wen machen Sie Urlaubsfotos?
  - Für wen haben Sie Ihren Partner bzw. Ihre Partnerin gewählt?

♕♕♕ **On the job**

- Verhalten Sie sich heute in einer Situation bewusst unauthentisch. Wie fühlt sich das an? Was lernen Sie daraus?
- Nutzen Sie weitere Persönlichkeitstests, wie z. B. BigFive oder Insights, um noch mehr über Ihre Persönlichkeit zu erfahren. Reflektieren Sie die Erkenntnisse mit einer Person Ihres Vertrauens. Wie können Sie Ihre Stärken noch besser schätzen und an Ihren Entwicklungsfeldern arbeiten?
- Schreiben Sie eine Liste mit Adjektiven auf, die auf Sie zutreffen. Gehen Sie diese mit zwei Kolleginnen oder Kollegen durch. Was bestätigen sie, was sehen sie anders? Was nehmen Sie aus diesem Gespräch für sich mit?

Off the job

- Holen Sie sich mindestens drei Feedbacks aus Ihrem privaten Kreis und drei aus Ihrem beruflichen Umfeld ein.
- Vertreten Sie in der Öffentlichkeit eine Initiative Ihres Vereins.

Meine persönlichen Anmerkungen:

Wo finde ich noch mehr darüber?

Joseph, S. (2017): Authentizität. Die neue Wissenschaft vom geglückten Leben. München.

Küster, J./Tack, A. (2020): Der Taschen-Coach – Authentizität: 60 Reflexionskarten und 24-seitiges Booklet. Weinheim.

Sierck, J. (2016): Selbstbewusstsein & Authentizität. Über die Kunst du selbst zu sein. München.

Sinek, S. (2017): Find your Why. New York.

5.11 Begeisterungsfähigkeit

Was ist das?

Begeisterungsfähigkeit ist das Vermögen, sich selbst und andere Menschen für eine Sache zu gewinnen und dabei eine angenehme und energiereiche Atmosphäre zu schaffen.

Woran erkenne ich diese Kompetenz?

Ein Mensch, der über die Kompetenz »Begeisterungsfähigkeit« verfügt,

- ist Neuem gegenüber aufgeschlossen,
- sieht eher das Positive an einer Sache,
- dessen Auftreten besitzt häufig eine gewisse Strahlkraft,
- geht mit viel Energie an die Dinge heran,
- findet eine emotionale Ansprache,
- vertritt die Haltung »anything goes«.

Zu viel des Guten:

- springt auf jeden neuen Trend auf, ohne die Sinnhaftigkeit kritisch zu hinterfragen,
- begeistert sich fallweise für Widersprüchliches.

Wo stehe ich? – Quick Check

	Stimme nicht zu	**Stimme teilweise zu**	**Stimme voll und ganz zu**
Ich kann die Bedürfnisse anderer genau wahrnehmen.			
Es bereitet mir Freude, neue Dinge anzugehen und auszuprobieren.			
Das Glas ist bei mir eher halb voll als halb leer.			
Manchmal werde ich auf meine kritische Sicht der Dinge angesprochen.			
Kollegen oder Mitarbeiter haben mir schon öfter gesagt, dass sie gerne mit mir arbeiten.			
Ich kann auch den kritischsten Zuhörer für eine Sache begeistern.			
Ich finde schnell eine adäquate Ansprache, passend zu den Bedürfnissen anderer.			
Summe pro Spalte	Multiplizieren Sie die Anzahl der Kreuze mit eins:	Multiplizieren Sie die Anzahl der Kreuze mit zwei:	Multiplizieren Sie die Anzahl der Kreuze mit drei:

	Stimme nicht zu	Stimme teilweise zu	Stimme voll und ganz zu
Addieren Sie die Summen pro Spalte zu Ihrem Gesamtergebnis für diese Kompetenz:			

Wo stehen Sie? – Deep Dive

- Beschreiben Sie anhand eines Beispiels, wie Sie vorgehen, um andere von einer Sache zu begeistern.
- Wie gehen Sie mit auftretenden Schwierigkeiten um?
- Welche Ihrer Eigenschaften fördern Ihre Begeisterungsfähigkeit?
- Welche Beispiele gibt es, in denen Sie andere von einer Sache begeistern konnten, obwohl die Einstellung der anderen eher kritisch war?
- Was tun Sie, wenn Sie von einer Sache eigentlich gar nicht begeistert sind, aber andere überzeugen sollen?

Wie kann ich mich verbessern?

On the job

- Konzentrieren Sie sich heute in mindestens drei Gesprächen darauf, sehr positiv über das Erlebte und Ihr Umfeld zu sprechen. Vermeiden Sie »ja, aber«, »das geht doch nicht«, »wir haben doch noch nie …«. Ziehen Sie am Abend Bilanz.
- Fordern Sie heute Ihre lebhafte Seite und unterstreichen Sie das Gesagte mit passender Mimik und Gestik.
- Überzeugen Sie heute ein paar Kollegen von einer gemeinsamen Aktivität (Büro aufräumen, eine Runde Sport nach der Arbeit o. Ä.). Überlegen Sie vorher, auf welche Art Sie Ihre Kollegen ansprechen wollen, um Begeisterung auszulösen.
- Wie würden Sie einem kleinen Kind erklären, was Ihre Arbeitsaufgabe ist? Beschreiben Sie einfach und in anschaulichen Bildern. Am besten schreiben Sie sich diese Sätze auf und haben Sie parat, wann immer Sie die Frage »Und was machst du so?« hören.

Off the job

- Trainieren Sie Ihre Begeisterungsfähigkeit, indem Sie mit Ihrer Stimme arbeiten, wenn Sie z. B. einem Freund vom letzten großartigen Urlaub erzählen. Nutzen Sie die ganze Bandbreite: laut und leise, langsam und schnell, tief und hoch, machen Sie Pausen etc.

On the job

- Erarbeiten Sie sich eine Methode, um die Fokussierung auf Vorteile und das Positive zu erlernen. Holen Sie sich Rat z. B. bei den PR- oder Marketing-Verantwortlichen Ihres Unternehmens.

- Begleiten Sie einen Vertriebsmitarbeiter z. B. bei einem neuen Produkt-Launch. Wie erreichen Ihre Kollegen die Kunden? Was können Sie davon in Ihren Alltag übernehmen?
- Nehmen Sie sich 30 Minuten Zeit und schreiben Sie auf, wie Sie Ihr Team von einer schwierigen Aufgabe überzeugen würden. Welche Ansprache (Wortwahl, Stimme, Gesichtsausdruck) würden Sie wählen? Schreiben Sie sich die fünf motivierendsten Sätze auf und
  a) testen Sie den einen oder anderen in unkritischen Situationen und
  b) legen Sie die Notizen nicht zu weit weg.
- Beschäftigen Sie sich gedanklich mit zwei Kolleginnen oder Kollegen aus Ihrem Team. Warum machen sie genau diesen Job und warum macht er ihnen Spaß? Überprüfen Sie Ihre Einschätzung und fragen Sie sie bei Gelegenheit. Welche Aufgaben machen diesen Kollegen besonders Spaß?

Off the job

- Die nächste Familienfeier steht an? Trainieren Sie Ihre Begeisterungsfähigkeit, indem Sie für Ihre Familie eine kleine Ansprache halten. Sagen Sie in einigen wenigen Sätzen, wofür Sie sich bedanken möchten, dass dies ein wichtiges Treffen für Sie ist, und alles, was Sie für eine positive Stimmung mitgeben möchten.

On the job

- Sprechen Sie mit Ihrem Vorgesetzten, welche Taskforce oder kritischen Projekte es derzeit im Unternehmen gibt. Bieten Sie Ihre Unterstützung an.
- Beteiligen Sie sich an größeren Veränderungsaktionen (Unternehmensumbau, neue Produkte, neue Strategie etc.) im Unternehmen und fordern Sie Ihre Begeisterungsfähigkeit neu heraus. Welche Seite können Sie besonders wertvoll einbringen? Was können Sie in diesem neuen Umfeld noch dazulernen?
- Trauen Sie sich zu, ein Team in einer wirklich schwierigen Phase zu übernehmen. Zeigen Sie Ihre Begeisterungsfähigkeit und schaffen Sie den Stimmungs-Turnaround.

Off the job

- Wer in Ihrem privaten Umfeld könnte heute Ihre positive Energie gut gebrauchen? Unterstützen Sie denjenigen oder diejenige!
- Angenommen, Sie müssten Ihre Antrittsrede als Bundeskanzler, Bundestrainer oder CEO Ihres Unternehmens halten, wie würde diese klingen? Was würde sie beinhalten? Mit welchem Lied würden Sie sich davor in gute Stimmung versetzen?

Meine persönlichen Anmerkungen:

____

____

____

Wo finde ich noch mehr darüber?

Allgäuer, W. (2020): Begeisterung finden: Wie Begeisterung entsteht und woher sie kommt. Zürich.

Baumgartner, P. (2014): Das Geheimnis der Begeisterung: Mehr Leidenschaft. Mehr Umsatz. Mehr Erfolg. Offenbach.

Lundin, S./Blanchard, K./Paul, H./Christensen, J. (2015): Fish!™: Ein ungewöhnliches Motivationsbuch. München.

Schweigkofler, M. (2022): Inspire! Die Kraft der Begeisterung: Leidenschaft verändert uns und die Welt. Bozen.

Sinek, S. (2009): Start with why: how great leaders inspire everyone to take action. New York.

5.12 Delegieren

Was ist das?

Die Kompetenz »Delegieren« ist die Fähigkeit, Arbeit und Verantwortung an andere abzugeben und darauf zu vertrauen, dass andere ausreichend qualifiziert und diszipliniert sind, um die Arbeit in guter Qualität zu erledigen. Beim Delegieren werden neben den Fähigkeiten auch die Rahmenbedingungen anderer berücksichtigt und die Erledigung der Aufgaben nachgehalten – Delegieren heißt nicht »über den Zaun schmeißen«.

Woran erkenne ich diese Kompetenz?

Ein Mensch, der über die Kompetenz »Delegieren« verfügt,

- kann Aufgaben gut in Einzelpakete unterteilen,
- unterscheidet Aufgaben, die er selbst erledigen muss, von Aufgaben, die von anderen noch besser erledigt werden können,
- kann die Fähigkeiten und die Auslastung anderer gut einschätzen,
- hat Vertrauen in andere, dass sie die Arbeit verantwortungsbewusst und in guter Qualität erledigen,
- kann Aufgaben gut »loslassen«,
- kann gut zwischen »wichtig« und »dringend« unterscheiden,
- hat Klarheit über die eigene Rolle und was von ihm erwartet wird.

Zu viel des Guten:

- delegiert auch nicht Delegierbares und drückt sich davor, Verantwortung zu übernehmen,
- wälzt Arbeit grundsätzlich auf andere ab.

Wo stehe ich? – Quick Check

	Stimme nicht zu	Stimme teilweise zu	Stimme voll und ganz zu
Wenn ich ein Thema delegiere, halte ich es dennoch nach.			
Ich kann auch Aufgaben die ich gerne selbst bearbeiten würde, abgeben und mische mich nicht ungefragt in die Lösung von Aufgaben ein.			
Wenn ich ein Thema delegiere, delegiere ich auch immer die Verantwortung.			
Ich verstehe die Delegation von Aufgaben als Teil von Personalentwicklung.			
Andere bestätigen mir, dass ich ihre Fähigkeiten gut einschätzen kann.			
Bevor ich ein Thema delegiere, erfrage ich die Auslastung des anderen.			
Ich habe vollstes Vertrauen darauf, dass andere verantwortungsvoll arbeiten.			
Summe pro Spalte	Multiplizieren Sie die Anzahl der Kreuze mit eins:	Multiplizieren Sie die Anzahl der Kreuze mit zwei:	Multiplizieren Sie die Anzahl der Kreuze mit drei:
Addieren Sie die Summen pro Spalte zu Ihrem Gesamtergebnis für diese Kompetenz:			

Wo stehen Sie? – Deep Dive

- Beschreiben Sie anhand eines Beispiels möglichst konkret, wie Sie delegieren.
- Was brauchen Sie, damit Sie noch mehr delegieren können?
- Beschreiben Sie, wie Sie Ihre Aufgaben nach welchen Kriterien priorisieren.
- Welche Dinge tun Sie, die Ihre Mitarbeiter eigentlich gut tun könnten?
- Nennen Sie ein Beispiel, bei dem Ihre Art zu delegieren so richtig schieflief. Was haben Sie daraus gelernt?

Wie kann ich mich verbessern?

On the job

- Nutzen Sie zehn Minuten, um sich mit der Eisenhower-Matrix vertraut zu machen. Clustern Sie die laufenden Themen auf diese Art. Beginnen Sie dann damit, die erste kleine Aufgabe zu delegieren.

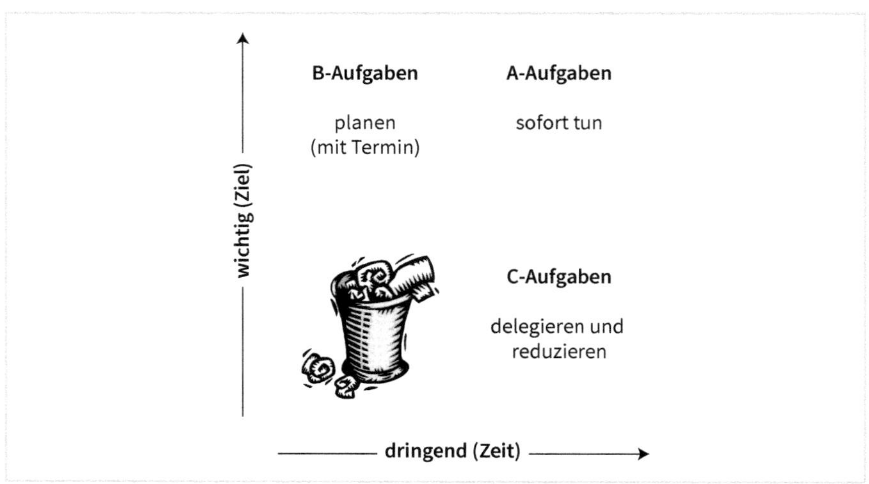

Abb. 13: Eisenhower-Matrix

- Verschaffen Sie sich regelmäßig eine Übersicht zu Ihrem Team und den Hauptschwerpunkten der Teammitglieder.
  - Wer ist wie stark ausgelastet?
  - Wer hat grundsätzlich welche Interessen?
  - Welche Aufgabentypen können an das jeweilige Teammitglied am besten übertragen werden?
- Erarbeiten Sie sich eine Delegationscheckliste. Geben Sie eine kleine Aufgabe an einen Mitarbeiter, die Ihnen vielleicht noch keine große Arbeitserleichterung bringt, aber ein erster Schritt zum Üben von Delegation ist.
- Erstellen Sie eine persönliche Pro- und Kontraliste zum Thema Delegation. Geben Sie die Liste einer Person Ihres Vertrauens und besprechen Sie diese Liste.
- Schreiben Sie eine Liste mit Aufgaben, die Sie Ihrer Meinung nach auf jeden Fall selbst erledigen sollten. Unterm Strich: Welche Themen/Aufgaben klappen ohne Sie wirklich gar nicht?

Off the job

- Delegieren Sie diese Woche jeden Tag eine private Aufgabe an Ihre Kinder/Eltern/Freunde etc. Was nehmen Sie aus der Art der Delegation in Ihren Arbeitsalltag mit?

On the job

- Wenn das Delegieren von kleineren Aufgaben bereits gelingt: Gehen Sie einen Schritt weiter und delegieren Sie ganze Aufgabenpakete inkl. der nötigen Verantwortung.
- Identifizieren Sie einen möglichen Abwesenheitsvertreter aus Ihrem Umfeld. Bauen Sie denjenigen zum Stellvertreter auf, der Sie in Ihrer Abwesenheit oder bei Parallelterminen vertreten kann.
- Delegieren Sie diese Woche mindestens eine Aufgabe »nach oben« z. B. an Ihren Vorgesetzten.
- Clustern Sie zusammen mit Ihrem Team zweimal im Jahr die aktuellen Themen in einer Eisenhower-Matrix (siehe oben). Sprechen Sie in diesem Kontext auch über die Auslastung der einzelnen Teammitglieder.
- Tragen Sie Ihre Mitarbeiterinnen und Mitarbeiter in eine Potenzial-Performance-Matrix ein. Wer sollte im Sinne seiner Weiterentwicklung welche Ihrer Aufgaben übernehmen?

	Potenzial-Performance-Matrix			
Potenzial	Potenzial stark ausgeprägt	Derzeit keine Performanceaussage möglich, da Position erst vor Kurzem (ca. 6 Monate) übernommen wurde.	Gute Performance, hohes Potenzial zur Übernahme einer Aufgabe in der nächsthöheren Ebene der Fach-/Führungslaufbahn	Herausragende Performance, hohes Potenzial zur Übernahme einer Aufgabe in der nächsthöheren Ebene der Fach-/Führungslaufbahn
	Potenzial ausgeprägt	Performance unzureichend, da Mitarbeiter nicht optimal eingesetzt ist.	Gute Performance mit Potenzial zur Übernahme anderer/erweiterter Aufgaben auf gleicher Ebene	Herausragende Performance mit Potenzial zur Übernahme anderer/erweiterter Aufgaben auf gleicher Ebene
	Potenzial derzeit ausgeschöpft	Unzureichende Performance, momentane Position wird nicht adäquat ausgefüllt.	Gute Performance, weiterführende Aufgaben sind zurzeit nicht geplant.	Herausragende Performance, weiterführende Aufgaben sind zurzeit nicht geplant
		Erfüllt nicht oder nur teilweise die Erwartungen/Anforderungen	Erfüllt die Erwartungen/Anforderungen voll	Übertrifft die Erwartungen/Anforderungen
	Performance			

Off the job

- Listen Sie dieses Wochenende die privat anstehenden Aufgaben der kommenden Woche auf. Delegieren Sie diese Woche 50% dieser Aufgaben.

♕♕♕ **On the job**

- Gehen Sie ins Extrem und verdoppeln Sie diese Woche die Menge der Aufgaben, die Sie delegieren.
- Delegieren Sie größere Aufgaben oder Projekte dauerhaft. Welche Themen könnten Sie dauerhaft an Ihren Stellvertreter abgeben?
- Lassen Sie sich von einem Teammitglied die Funktionsweise eines Kanban Boards erklären. Erarbeiten Sie zusammen mit Ihrem Team ein Kanban Board und stellen Sie Spielregeln dazu auf. Holen Sie sich nach vier, acht und zwölf Wochen Feedback zu diesem Instrument.
- Formulieren Sie für eine (fiktive) Nachwuchsführungskraft Ihre wichtigsten fünf Grundregeln für gutes Delegieren.

Off the job

- Suchen Sie sich diesen Monat zwei private Anliegen, die Sie das letzte Mal selbst machen und ab jetzt delegieren.

Meine persönlichen Anmerkungen:

____

____

____

Wo finde ich noch mehr darüber?

Blanchard,K./Oncken, W./Burrows, H. (2012): Der Minuten Manager und der Klammer-Affe: Wie man lernt, sich nicht so viel aufzuhalsen. 11. Aufl., Reinbek bei Hamburg.

Bronckart, Véronique (2019): Cleveres Delegieren: Methoden zum zeitsparenden Delegieren. 50Minuten.de.

Eckardt, T. (2020): Abgeben statt ausbrennen: Delegieren, Korrigieren, Motivieren – der Praxis-Guide. Lahnau.

Gerigk, D. (2022): Die Kunst zu Delegieren – loslassen lernen: 5 Schritte für mehr Eigenverantwortung (Leadership Nuggets 1).

Jotzo, M. (2016): Loslassen für Führungskräfte. Meine Mitarbeiter schaffen das. 2. Aufl., Weinheim.

5.13 Digitale Kompetenz

Was ist das?

»Digitale Kompetenz« ist die Fähigkeit, digitalen Technologien und Daten mit Offenheit zu begegnen, sie kritisch zu hinterfragen und situationsgerecht und sicher anzuwenden.

Woran erkenne ich diese Kompetenz?

Ein Mensch, der über »digitale Kompetenz« verfügt,

- reflektiert die Auswirkungen von Digitalisierung auf die eigene Tätigkeit,
- testet gerne neue Apps, Tools und Gadgets,
- ist gefragter Ansprechpartner zur genaueren Funktionsweise von Hard- und Software,
- nutzt Kommunikation über Social Media,
- kann grundlegende Begriffe rund um das Thema Digitalisierung gut erklären,
- weiß, wie Daten im Internet weiterverarbeitet werden,
- weiß, welche Anforderungen an Kommunikation, Zusammenarbeit und Führung in einer virtuellen Umgebung gestellt werden,
- ist sensibel, wenn es um Risiken bei der Verwendung und Speicherung von Daten sowie digitalen Geräten geht.

Zu viel des Guten:

- fokussiert sich zu sehr auf den technischen Teil der Digitalisierung,
- differenziert zu wenig, ob im »Analogen« auch ein Wettbewerbsvorteil liegen könnte bzw. welche analogen Kompetenzen nicht durch Technik abgelöst werden können,
- nutzt digitale Medien, wenn analoges Vorgehen eindeutig Vorteile hätte.

Wo stehe ich? – Quick Check

	Stimme nicht zu	Stimme teilweise zu	Stimme voll und ganz zu
Neue Apps teste ich sofort, auch wenn ich sie vielleicht später wieder verwerfe.			
Ich weiß, was ich in einer rein virtuellen Kommunikation anders machen sollte, als in einem persönlichen Gespräch vor Ort.			
Ich kann Risiken benennen, die bei der Nutzung von Geräten entstehen, die mit dem Internet verbunden sind.			
Ich gehe eigenverantwortlich mit Daten um, die ich über meine Arbeit oder mich selbst veröffentliche.			

	Stimme nicht zu	Stimme teilweise zu	Stimme voll und ganz zu
Wenn ich aus dem Stegreif einen Vortrag zum Thema Digitalisierung halten müsste, könnte ich diesen mit fundiertem Wissen füllen.			
Wenn mich jemand zur Funktionsweise von bestimmten Tools fragt, kann ich immer behilflich sein.			
Für meine Tätigkeit habe ich eine konkrete Digitalisierungsroadmap.			
Summe pro Spalte	Multiplizieren Sie die Anzahl der Kreuze mit eins:	Multiplizieren Sie die Anzahl der Kreuze mit zwei:	Multiplizieren Sie die Anzahl der Kreuze mit drei:
Addieren Sie die Summen pro Spalte zu Ihrem Gesamtergebnis für diese Kompetenz:			

Wo stehen Sie? – Deep Dive

- Welche Auswirkungen wird Digitalisierung auf Ihre Branche, Ihr Unternehmen und Ihre Tätigkeit haben?
- Was war das letzte neue digitale Tool, das Sie genutzt haben?
- Erklären Sie die Begriffe »Blockchain«, »Machine Learning«, »MOOC«, »RPA«, »SaaS«, »Cloud« und »On Premise«.
- Welche Digitalisierungsidee haben Sie in Ihrem Unternehmen/Fachbereich bereits umgesetzt?
- Was genau ändern Sie, wenn Kommunikation rein digital oder hybrid stattfindet?
- Was passiert z. B. bei einem Ransomware Angriff/Phishing/Maleware und welche Auswirkung hätte dieser konkret in Ihrer Abteilung/auf Ihre Arbeit?
- Was möchten Sie initiieren, damit das Thema Digitalisierung besser verstanden wird?

Wie kann ich mich verbessern?

On the job

- Lesen Sie jeden Monat mindestens einen Artikel zum Thema Digitalisierung, auch wenn er auf eine andere Branche fokussiert. Was können Sie daraus für Ihre Tätigkeit ableiten?
- Nutzen Sie diese Woche jeden Tag mindestens eine unternehmensinterne IT-Anwendung, die Sie noch nicht so gut kennen. Oder finden Sie eine Funktionalität heraus, die Sie bisher noch nicht genutzt haben.

- Laden Sie Ihren IT-Chef in das nächste Teammeeting ein und schicken Sie ihm vorab alle Fragen zum Thema Digitalisierung. Scheuen Sie sich nicht davor, auch ganz grundlegende Aspekte zu fragen, auf die dann weitergehende Themen aufbauen.
- Prüfen Sie, wie gut Sie Ihre hausinterne Datenschutzrichtlinie kennen. Reflektieren Sie, wie bewusst Sie mit Daten und Datensicherheit umgehen.
- Nehmen Sie sich jeden Tag zehn Minuten Zeit, um weitere Funktionen Ihres Smartphones oder Tablets kennenzulernen.
- Wenn Sie heute überwiegend virtuelle Termine hatten, reflektieren Sie, welche davon live besser verlaufen wären und warum.

Off the job
- Testen Sie neue Anwendungen auch im privaten Umfeld wie z. B. Smart Home.
- Notieren Sie drei Abwehrstrategien, um sich privat vor einer Cyber-Bedrohung zu schützen.

On the job

- Initiieren Sie mit Ihren Kollegen einen Rahmen, in dem Sie einmal pro Quartal Themen rund um Digitalisierung diskutieren, z. B. Blockchain, Predictive Analytics, Robotic Process Automation, VR etc. Testen Sie außerdem gemeinsam neue Tools. Beschäftigen Sie sich auch damit, welche Auswirkungen deren Verwendung auf den Arbeitsplatz haben werden.
- Erarbeiten Sie mit Ihren Kollegen und Ihrem Vorgesetzten einen Kommunikationsplan für Ihre Abteilung und platzieren Sie regelmäßig aktuelle Themen über diverse Kommunikationskanäle. Achten Sie dabei auf die Nutzung neuerer Kommunikationstechnologien oder initiieren Sie einen Vertriebsblog, Financeblog, IT-Blog etc.
- Gehen Sie diesen Monat jeden Tag mit einem Kollegen eines anderen Fachbereichs zum Mittagessen und befragen Sie ihn zu seiner Sichtweise auf das Thema Digitalisierung.
- Machen Sie einen Termin mit dem Leiter der Strategieabteilung oder mit einem Geschäftsführer und erfragen Sie, wie Digitalisierung in die Unternehmensstrategie einfließt.
- Besuchen Sie zweimal im Jahr eine Konferenz oder Fachtagung speziell zum Thema Digitalisierung.
- Tauschen Sie sich mit Kollegen zu ihren wirksamsten Tipps für gelungene virtuelle Kommunikation aus.
- Nutzen Sie »Reversed Mentoring« und lassen Sie sich regelmäßig von Ihren Azubis über neue Anwendungen und die aktuellen Trends informieren.

Off the job
- Testen Sie jeden Monat eine neue App und zum gleichen Thema noch eine weitere. Anhand welcher Kriterien entscheiden Sie, ob eine App hilfreich ist oder nicht?

On the job

- Initiieren Sie eine Ringvorlesung im Unternehmen zum Thema Digitalisierung und lassen Sie zu jeder Veranstaltung einen anderen Fachbereichsvertreter über seine Sichtweise und seine Aktivitäten sprechen.
- Schreiben Sie Ihre Stellenbeschreibung vor dem Hintergrund digitaler Kompetenz neu, so als würden Sie jemanden dafür einstellen wollen. Gleichen Sie den Anspruch an Ihre Stelle mit Ihren eigenen Fähigkeiten ab. Woran möchten Sie arbeiten?
- Werden Sie aktiv und übernehmen Sie die Rolle »Chief Digital Officer« oder zumindest »Digital Agent«.
- Initiieren Sie im Firmen-Intranet ein Digitalisierungsglossar, in dem Sie kurz und anschaulich beschreiben, was grundlegende Begriffe bedeuten.
- Besprechen Sie in Ihrem Team, wo in der Abteilung die größten Risiken entstehen, wenn es zu einem Angriff mit Schadsoftware käme. Arbeiten Sie einen Plan aus, wie geschäftskritische Aktivitäten ggf. offline fortgesetzt werden könnten, und was Sie dafür heute schon vorbereiten können.

Off the job

- Besuchen Sie ein Star Trek Convention. Welche Aspekte könnten Inspiration für Ihren Alltag sein?

Meine persönlichen Anmerkungen:

____

____

____

Wo finde ich noch mehr darüber?

Däfler, M-N. (2022): Fit für die digitale Arbeitswelt: Erfolgreich in die berufliche Zukunft mit dem Kompetenz-MUSKEL. Wiesbaden.

Kling, M.-U. (2019): QualityLand. Berlin.

Lender, P. (2019): Digitalisierung klar gemacht. Basiswissen für Arbeitnehmer und Unternehmen. Freiburg.

Lexa, C. (2021): Fit für die digitale Zukunft: Trends der digitalen Revolution und welche Kompetenzen Sie dafür brauchen. Wiesbaden.

Specht, P. (2019): Die 50 wichtigsten Themen der Digitalisierung. Künstliche Intelligenz, Blockchain, Robotik, Virtual Reality und vieles mehr verständlich erklärt. München.

5.14 Durchsetzungsfähigkeit

Was ist das?

Durchsetzungsfähigkeit ist das Vermögen, die eigene Position zu vertreten, zu argumentieren, ihr Gewicht zu verleihen und gegen Widerstände ausdauernd zu behaupten.

Woran erkenne ich diese Kompetenz?

Ein Mensch, der über die Kompetenz »Durchsetzungsfähigkeit« verfügt,

- hat Klarheit über eigene Werte und Überzeugungen,
- kann die eigene Meinung klar formulieren und bleibt elegant in der Kommunikation,
- bezieht klar Position und vertritt diese überzeugend und ausdauernd,
- überzeugt Gesprächspartner im Sinne seiner Zielvorstellungen,
- kann sich in die Sichtweise des anderen hineinversetzen,
- hält Spannungen und Belastungen aus,
- geht mit Widerständen souverän um.

Zu viel des Guten:

- will sich durchsetzen um jeden Preis, auch wenn Nachgeben einen taktischen, kollegialen oder partnerschaftlichen Nachteil bedeutet – er gewinnt die Schlacht und verliert den Krieg.

Wo stehe ich? – Quick Check

	Stimme nicht zu	Stimme teilweise zu	Stimme voll und ganz zu
Um mich durchzusetzen, nutze ich nicht nur die sachliche Argumentation, sondern berücksichtige auch emotionale Aspekte.			
Wenn ich von einer Sache überzeugt bin, fällt es mir auch leicht, sie mit aller Leidenschaft zu vertreten.			
Ich kann mein Anliegen kurz und klar schildern.			
Mir macht es nichts aus, andere um etwas zu bitten.			
Ich empfinde innere Unabhängigkeit, wenn ich Position beziehe.			
Ich kann die Sichtweise von anderen nachvollziehen, ohne deshalb selbst ins Wanken zu geraten.			
Ich habe Freude am Konflikt und gehe ihm nicht aus dem Weg.			

	Stimme nicht zu	**Stimme teilweise zu**	**Stimme voll und ganz zu**
Summe pro Spalte	Multiplizieren Sie die Anzahl der Kreuze mit eins:	Multiplizieren Sie die Anzahl der Kreuze mit zwei:	Multiplizieren Sie die Anzahl der Kreuze mit drei:
Addieren Sie die Summen pro Spalte zu Ihrem Gesamtergebnis für diese Kompetenz:			

Wo stehen Sie? – Deep Dive

- Beschreiben Sie anhand von drei Beispielen, wie Sie Ihre Position schon durchgesetzt haben. Wie sind Sie genau vorgegangen? Was hat letztlich dazu geführt, dass Sie sich durchsetzen konnten?
- Welche Eigenschaften haben Sie, die Ihre Durchsetzungsstärke fördern?
- Was tun Sie, um Akzeptanz für Ihre Position zu erzielen?
- Wie reagieren Sie, wenn Ihre Sichtweise angegriffen wird?
- Wie bereiten Sie Ihre Argumentation vor?
- In welche Richtung hat die Waage mehr Gewicht: Durchsetzen aufgrund von Druck und persönlicher Machtposition oder Durchsetzen aufgrund von Wertschätzung und Argumentationsstärke?

Wie kann ich mich verbessern?

On the job

- Suchen Sie sich heute mindestens zwei Situationen, in denen Sie sich durchsetzen, indem Sie freundlich formulieren, was genau Sie möchten. Notieren Sie vorab kurz und knackig, was genau Ihre Bitte ist und bringen Sie den Punkt in der Situation an. Sie können Ihren Standpunkt unterstreichen, indem Sie in einfachen Sätzen sprechen. Vermeiden Sie Schachtelsätze. Wiederholen Sie Ihre Bitte mehrfach, wenn Sie noch keine Zustimmung des anderen haben.
- Holen Sie sich Feedback von mindestens zwei Kolleginnen oder Kollegen ein, wie diese Ihre Fähigkeit bewerten, ausdauernd und hartnäckig die eigene Position zu vertreten.
- Fokussieren Sie sich heute darauf, besonders wertschätzend mit den Rückmeldungen und Einwänden der anderen umzugehen. Das können Sie z. B. erreichen, indem Sie Ihr Gegenüber dafür loben, sich Gedanken zu Ihrem Thema gemacht zu haben.
- Wenn Sie wissen, dass eine Situation bevorsteht, in der Sie sich durchsetzen wollen, notieren Sie sich vorab Ihre genauen Formulierungen. Sprechen Sie Ihren Text für sich selbst laut vor. Filmen Sie sich dabei und analysieren Sie beim Abspielen des Videos im Nachhinein Ihre Wortwahl, Ihre Körpersprache und Ihre Stimme. Welche Wirkung erzeugen Sie? Wo liegen Verbesserungspotenziale? Wiederholen Sie diese Übung, bis Sie zufrieden sind.

Off the job

- Suchen Sie sich jeden Tag mindestens eine alltägliche Sache, in der Sie sich durchsetzen, indem Sie freundlich formulieren, was Sie möchten. Legen Sie sich dafür ein Repertoire von zwei Standardformulierungen für Ihre Art, eine Bitte zu formulieren, zurecht. Schreiben Sie sie auf. Testen Sie Ihre Formulierungen z. B. bei der Frage nach dem Sitzplatz in der S-Bahn, der Auswahl des Kinofilms oder Sie bitten darum, in der Schlange im Supermarkt vorgelassen zu werden.
  - Wie gut ist es Ihnen gelungen?
  - Wie reagiert Ihr Gegenüber darauf, dass Sie sich durchgesetzt haben?
- Recherchieren Sie nach Kursen zum pferdegestützten Training. Buchen Sie einen Kurs, um sich noch besser behaupten zu können.
- Recherchieren Sie nach Trainings »Durchsetzungsfähigkeit« und melden Sie sich an. Diese bieten einen guten ersten Einstieg ins Thema.

On the job

- Trainieren Sie heute, Ihre Ansprüche auszusprechen. Überlegen Sie, worin genau Ihr Anspruch besteht. Schreiben Sie auf, was Sie sagen, wenn Sie mit etwas nicht zufrieden sind und reklamieren möchten. Beschreiben Sie, was konkret verbessert werden soll. Feilen Sie an dieser Formulierung, bis Sie sie wirklich elegant und klar finden.
- Lassen Sie zu einem aktuellen Thema andere an Ihren Gedankengängen teilhaben und reflektieren Sie gemeinsam, wie ein bestimmtes Ziel durchgesetzt werden kann. Laden Sie dafür mindestens zwei weitere Kolleginnen und Kollegen zu einem gemeinsamen Termin ein. Schildern Sie in aller Kürze Ihre Gedanken und was das Ziel ist. Geben Sie danach jedem und jeder Zeit, Ihre geäußerten Ideen zu hinterfragen, Zweifel zu äußern, Potenziale herauszuarbeiten etc. Legen Sie dann gemeinsam das Vorgehen fest, das Sie gut zu Ihrem Ziel führt.
- Reflektieren Sie, wen Sie in Sachen Durchsetzungsfähigkeit besonders gut finden. Könnte derjenige ein Vorbild für Sie sein?
  - Welche Facetten Ihres Vorbilds möchten Sie genau übernehmen?
  - Was macht derjenige, um sich durchzusetzen?
  - Wie können Sie 10 % davon ab morgen in Ihren Alltag übernehmen?
- Um sich durchzusetzen, ist manchmal ein gut formuliertes Nein notwendig. Wenn Sie Ihr Gegenüber nicht vor den Kopf stoßen möchten, erarbeiten Sie sich Ihren persönlichen, eleganten Stil, Nein zu sagen. Schreiben Sie dafür mindestens drei Formulierungen auf, um ein Anliegen freundlich abzulehnen, ohne in Rechtfertigungen zu verfallen. Testen Sie diese in der nächsten Woche aus und feilen Sie weiter. Ein Beispiel könnte sein: »Ich möchte, dass Sie sich hundertprozentig auf mich verlassen können, wenn ich eine Zusatzaufgabe annehme. Da bei mir derzeit mehr Arbeit als Zeit da ist, muss ich zu Ihrer Bitte Nein sagen.«

  Vielleicht hilft Ihnen die folgende Übersicht weiter – Sie finden sie auch in den Arbeitshilfen online.

Elf Möglichkeiten, Nein zu sagen

Nein zu sagen gehört für viele zu den schwierigsten Dingen überhaupt. Dabei ist das grundsätzlich vollkommen in Ordnung. Es gibt verschiedene Alternativen, um Nein zu sagen – je nachdem, zu wem Sie es sagen oder was Sie glaubhaft realisieren können. Sie können hier unterschiedlich klar und standhaft etwas ablehnen und gleichzeitig für sich einstehen, ohne befürchten zu müssen, dass Sie die Beziehung zum Gegenüber gefährden.

Schauen Sie doch einmal, was für Sie passt:

Grundprinzip des Nein	Beispiel-Formulierung
Anfrage überhören/auf anderer Ebene antworten	Das tut mir leid für Sie ... Das kenne ich!
Unbegründetes Nein	Nein.
Vorher überlegen	Hmmm ... nein.
Verklausuliertes Nein	Sorry ...
Begründetes Nein	Nein, weil ... Nein, ich mache etwas für ... Das mache ich aus Prinzip nicht.
Befristetes Nein	Das geht jetzt gerade nicht, vielleicht kommen Sie später wieder!?
Das Nein aufschieben	Hat diese Entscheidung noch Zeit? Kann ich mir das noch mal überlegen?
Konsequenzen erfragen	Was würden Sie tun, wenn ich jetzt Nein sage?
Alternative anbieten	Nein, aber dafür biete ich Ihnen an, ... Nein, aber dafür mache ich ...
Teillösung anbieten	Leider nein, aber einen Teil kann ich für Sie übernehmen ...
»Ja, aber« statt Nein	Mache ich gern, dann muss ich aber etwas anderes weglassen, verschieben.
Kuhhandel (Prinzip: Leistung gegen Leistung)	Ja, das erledige ich gern für Sie. Übrigens können Sie mir auch in einer Angelegenheit helfen, und zwar ...
Ankündigung des Nein	Dieses Mal noch, aber beim nächsten Mal nicht mehr.
Information (oder sonstige Bedingung) erbitten	Ja, das erledige ich gern für Sie. Ich brauche allerdings zuvor noch einige Informationen. Bitte schreiben Sie mir doch die wichtigsten Eckdaten zusammen und schicken Sie mir diese.
Delegation und Hilfe zur Selbsthilfe	Rufen Sie doch einmal bei xy an und erkundigen Sie sich nach dieser und jener Auskunft. Und schauen Sie im Internet unter ... – dort finden Sie Infos zu Ihrer Aufgabenstellung.

- Wichtig fürs Durchsetzen ist – auch im Sinne Ihres Energiemanagements –, sich bei den richtigen Personen durchzusetzen. Stellen Sie für sich die Stakeholder zusammen, die über Ihr Thema entscheiden:
  - Wer hat welchen Einfluss?
  - Und wie wohlgesonnen ist dieser Stakeholder Ihrem Anliegen gegenüber?
  - Was ist den »harten Brocken« besonders wichtig?
  - Wie können Sie diejenigen adressieren?

  Bitte Sie einen Kollegen oder Ihren Chef um Hilfe, wenn es um die Einschätzung geht. Legen Sie ein Vorgehen fest und probieren Sie aus, was wirkt und wo Sie sich noch verbessern können.
- Trainieren Sie diese Woche in mindestens zwei Situationen, sich Bedenkzeit zu erbeten, wenn Sie um einen Gefallen gebeten werden. Dabei lernen Sie, nicht sofort jedem Anliegen nachzugeben, das an Sie herangetragen wird.

Off the job

- Wenn Sie das nächste Mal mit einer Leistung im Hotel, Restaurant o. Ä. unzufrieden sind, reklamieren Sie höflich und bitten Sie um eine »Wiedergutmachung«, z. B. in Form eines Preisnachlasses oder mit einem Espresso aufs Haus o. Ä.
- Gehen Sie diesen Monat auf einen Flohmarkt und stellen Sie Ihr Durchsetzungsvermögen unter Beweis, indem Sie Ihre preisliche Forderung für einen Gegenstand Ihrer Wahl mehrmals wiederholen. Legen Sie vorher für sich selbst fest, wie lang Sie standhaft bleiben wollen – 30 Sekunden? Zwei Minuten? Bis der andere nachgibt?

On the job

- Fragen Sie in Ihrem Unternehmen nach, ob Sie einige Verhandlungen mit dem Betriebsrat, einem Lieferanten oder Kunden unterstützen können. Verfolgen Sie die Gespräche vor allem unter dem Aspekt der emotionalen Komponente von Durchsetzungsfähigkeit.
  - Was können Sie aus den Gesprächen hinsichtlich Formulierungen und Habitus lernen?
  - Was davon könnte Ihnen guttun?

  Übernehmen Sie es.
- Bitten Sie Ihren Vorgesetzten um eine Aufgabenerweiterung Ihrer aktuellen Tätigkeit, in der Ihre Durchsetzungsfähigkeit besonders gefordert wird. Bitten Sie z. B. um die Mitarbeit in einem Projektteam, in dem alle anderen erfahrener und/oder besser im Thema sind als Sie. Reflektieren Sie regelmäßig mit Ihrem Vorgesetzten oder einer Person Ihres Vertrauens, wie Sie in diesem Umfeld Ihren Sichtweisen Gewicht verleihen können.
- Trainieren Sie weiterhin die emotionale Komponente von Durchsetzungsfähigkeit. Holen Sie sich Feedback von mindestens drei Kolleginnen oder Kollegen ein, ob

Ihre Sprache eher lebhaft, faktenorientiert oder nüchtern ist. Ergänzen Sie ggf. Ihre üblichen Formulierungen durch Bilder und Adjektive.

Off the job

- Besuchen Sie in Ihrer Stadt öffentliche Diskussionszirkel – diskutieren Sie mit! Zur Not tut es auch die Gemeinderatssitzung, die Sitzung in Ihrem Verein etc.
- Lehnen Sie diese Woche die Bitte eines guten Freundes ab. Notieren Sie sich, wie genau Sie Ihre Ablehnung formulieren möchten, und sprechen Sie sie laut vor sich hin. Wenden Sie exakt diese Formulierung an. Reflektieren Sie, wie gut Sie diese Situation aushalten können.

Meine persönlichen Anmerkungen:

Wo finde ich noch mehr darüber?

Berckhan, B. (2016): Sanfte Selbstbehauptung. Die 5 besten Strategien, sich souverän durchzusetzen. 10. Aufl., München.

Cialdini, R. (2017): Die Psychologie des Überzeugens. Wie Sie sich selbst und Ihren Mitmenschen auf die Schliche kommen. 8. Aufl., Bern.

Dölz, S./Seegert, B. (2021): Stark und präsent auf leise Art. Freiburg.

Hadfield, S./Hasson, G. (2013): Freundlich, aber bestimmt. Wie Sie sich beruflich und privat durchsetzen. München.

Kauffmann, C./Dölz , S. (2022): Sich durchsetzen. Freiburg.

5.15 Eigeninitiative

Was ist das?

Als »Eigeninitiative« bezeichnet man das aktive Bemühen, Ereignisse in Richtung auf gesetzte Ziele zu beeinflussen. Menschen mit Eigeninitiative nehmen die Dinge eher selbst in die Hand, als Ereignisse passiv abzuwarten.

Woran erkenne ich diese Kompetenz?

Ein Mensch, der über die Kompetenz »Eigeninitiative« verfügt,

- sieht von sich aus, was getan werden muss, und ist bereit, dies selbst in Angriff zu nehmen,

- nimmt die Unternehmensbelange sehr wichtig und trägt engagiert dafür Sorge, vorgegebene Ziele zu erreichen,
- entwickelt sein Aufgabengebiet aktiv weiter,
- greift neue Entwicklungen von sich aus auf und prüft sie auf Umsetzbarkeit,
- arbeitet auch bei Projekten außerhalb seines Aufgabengebiets sehr engagiert mit,
- hat das Bedürfnis zu gestalten,
- macht (viele sinnvolle) Verbesserungsvorschläge.

Zu viel des Guten:
- beteiligt andere nicht ausreichend oder angemessen.

Wo stehe ich? – Quick Check

	Stimme nicht zu	**Stimme teilweise zu**	**Stimme voll und ganz zu**
Mir kommen häufig Ideen, zu Dingen, die man verbessern kann.			
Ich könnte eine ganze Reihe Themen nennen, die ich initiiert habe.			
Neue Ideen greife ich auf und treibe sie voran oder schlage sie in unserem Team vor.			
Ich engagiere mich gern für neue Themen und übernehme für die Umsetzung Verantwortung.			
Ich nehme die Dinge gern selbst in die Hand. Mir muss keiner hinterherlaufen und mich antreiben.			
Den Spielraum in meiner beruflichen Aufgabe kenne ich sehr gut und nutze ihn.			
Ich vertraue darauf, dass ich mein Schicksal in meine Hände nehmen kann.			
Summe pro Spalte	Multiplizieren Sie die Anzahl der Kreuze mit eins:	Multiplizieren Sie die Anzahl der Kreuze mit zwei:	Multiplizieren Sie die Anzahl der Kreuze mit drei:
Addieren Sie die Summen pro Spalte zu Ihrem Gesamtergebnis für diese Kompetenz:			

Wo stehen Sie? – Deep Dive
- Welche drei Initiativen gehen auf Sie zurück? Wo haben Sie »Fußstapfen« hinterlassen?
- Welche Verbesserungsmöglichkeiten sehen Sie in Ihrem unmittelbaren beruflichen Umfeld? Was davon werden Sie sofort aufgreifen und vorantreiben?

- Mit welchen Widerständen mussten Sie sich schon auseinandersetzen? Welche Widerstände waren das genau? Und was haben Sie getan, um sie zu überwinden?
- Mit welchen Initiativen sind Sie auch schon einmal gegen den Strom geschwommen?
- Woher kennen Sie den Handlungsspielraum, den Ihre aktuelle Aufgabe bietet? Wie nutzen Sie ihn?
- Was genau sind Ihre beruflichen Ziele? Was tun Sie täglich dafür, um diesen näher zu kommen?

Wie kann ich mich verbessern?

On the job

- Besprechen Sie mit Ihrem Vorgesetzten, welche zusätzliche kleine Aufgabe Sie übernehmen könnten.
- Klären Sie mit Ihrem Vorgesetzten Ihren Handlungsspielraum und seine Erwartungshaltung zum Thema Eigeninitiative.
- Machen Sie sich eine Liste, auf der Sie all die Dinge notieren, die verbesserungswürdig sind. Denken Sie dabei vor allem an das, was Sie selbst direkt in die Hand nehmen können, z.B. Erstellen/Aktualisieren von Abteilungspräsentationen, Verbesserung von Formularen etc. Priorisieren Sie die Liste und bearbeiten Sie über einen Zeitraum von drei Monaten jeden Monat eines der Themen.
- Beteiligen Sie sich heute ganz bewusst an einer Diskussion und bringen Sie Ihre Sichtweise und Ihre Ideen ein.

Off the job

- Ergreifen Sie in Ihrem privaten Umfeld immer wieder für kleinere Dinge die Initiative, z.B. eine kleine Gruppe zu einem Kinobesuch zusammentrommeln, Freunde zum gemeinsamen Grillabend einladen etc.

On the job

- Wer könnte ein Vorbild zum Thema Eigeninitiative sein? Was genau möchten Sie von diesem Vorbild übernehmen?
- Reflektieren Sie zusammen mit einem neutralen Dritten Ihre Einflussmöglichkeiten auf das Ergebnis Ihrer Arbeit und Ihr Ansehen im Unternehmen.
- Wenn Sie selbst Führungskraft sind, fordern Sie z.B. in einem Kreativworkshop eine Sammlung von Verbesserungsvorschlägen ein. Wer macht was bis wann? Welche Aufgabe wollen Sie übernehmen?
- Visualisieren Sie Ihre beruflichen Ziele für dieses Jahr. Was genau wollen Sie täglich dafür tun, um diesen näherzukommen?
- Machen Sie sich eine Liste mit sinnvollen Prozessverbesserungen. Denken Sie dabei im ersten Schritt an die Verbesserungen, die in Ihrer Organisationseinheit angesiedelt sind. Schlagen Sie im nächsten Teammeeting die erste Prozessverbesserung vor und kümmern Sie sich auch um die Bearbeitung.

Off the job

- Initiieren Sie etwas Neues. Laden Sie Menschen ein, mit Ihnen gemeinsam etwas zu unternehmen – einen Ausflug, ein Picknick, einen Ausstellungsbesuch – und führen Sie hinterher eine ausführliche Diskussion über das Erlebte.
- Ergreifen Sie die Initiative und unterstützen Sie ein Thema, das Ihnen wichtig ist: Starten Sie eine Online-Petition. Initiieren Sie ein Crowdfunding. Sprechen Sie die Person Ihres Herzens an.

On the job

- Starten Sie eine Initiative in Ihrem beruflichen Umfeld und begeistern Sie andere dafür: Planen Sie zum Beispiel eine Veranstaltung mit Spendenaktion für einen guten Zweck, ein Firmen-Fußballturnier, eine Kunstausstellung mit Werken von Mitarbeitern etc. Kümmern Sie sich auch um die Organisation und die Durchführung.
- Nutzen Sie einen Persönlichkeitstest wie z. B. BIP, BigFive oder Insights, um noch mehr über Ihre Persönlichkeit und Ihre Motivatoren zu erfahren und sich Aufgaben zu suchen, die zu diesen Motivatoren passen.
- Arbeiten Sie mit einem Coach, um Ihrer Eigeninitiative noch einen stärkeren Schub zu geben.
- Suchen Sie sich Unterstützer, mit denen Sie den Ausbau Ihrer Kompetenz »Eigeninitiative« besprechen können. Klären Sie mit ihnen, wie genau sie Sie unterstützen können – das kann auch in einem firmeninternen Working-out-loud-Zirkel sein.

Off the job

- Welche »verrückten Ideen« haben Sie? Nehmen Sie eine davon endlich in die Hand. Das kann der Suaheli-Sprachkurs sein oder eine Reise mit dem VW-Bus durch Patagonien (es kann auch erst mal Italien sein), die Selbstständigkeit nebenher zu Ihrer aktuellen beruflichen Tätigkeit etc.

Meine persönlichen Anmerkungen:

____

____

____

Wo finde ich noch mehr darüber?

Covey, S. (2013): The 7 habits of highly effective people. New York.

Förster, A./Kreuz, P. (2015): Macht, was ihr liebt! 66 ½ Anstiftungen, das zu tun, was im Leben wirklich zählt. München.

Wiegel, J./Frese, M. (2018): Das Konzept Eigeninitiative. Proaktivität fördern, Unternehmenskultur prägen, Innovationskraft steigern. Frankfurt/New York.

5.16 Einsatzfreude

Was ist das?

Einsatzfreude ist die Fähigkeit, durch eigenen Antrieb Tätigkeiten auszuführen bzw. Verantwortlichkeiten, weil sie mit den persönlichen Interessen und Neigungen übereinstimmen.

Woran erkenne ich diese Kompetenz?

Ein Mensch, der über die Kompetenz »Einsatzfreude« verfügt,

- hat Spaß an der Arbeit,
- erledigt die Arbeit rasch und gründlich,
- packt Arbeit an und braucht niemanden, der ihn antreibt,
- ist in der Lage, sich auch bei Rückschlägen wieder neu zu motivieren,
- sieht seine Arbeit als Herausforderung,
- engagiert sich nicht nur während der Arbeitszeit für seine Aufgaben,
- treibt Themen auch ohne Aussicht auf Anerkennung von außen voran.

Zu viel des Guten:

- ist unter Umständen nicht der beste Teamplayer und fokussiert zu sehr auf die eigenen Interessen.

Wo stehe ich? – Quick Check

	Stimme nicht zu	**Stimme teilweise zu**	**Stimme voll und ganz zu**
Ich habe eine grundlegend positive Einstellung zur Arbeit.			
Eine Zusatzaufgabe übernehme ich gern, auch wenn ich eigentlich schon genug zu tun habe.			
Wenn ich meine übliche Arbeitszeit mal überschreite, macht mir das nichts aus.			
Mir kommen immer wieder Ideen für weitere Aufgaben und ich bringe sie ins Team ein.			
Auch wenn Anerkennung von außen ausbleibt, kann ich bei einer Sache am Ball bleiben.			
Ich kann mich nach Rückschlägen gut neu motivieren.			
Auch bei Aufgaben, die mir nicht so viel Spaß machen, finde ich einen Weg, mich dafür zu motivieren.			

	Stimme nicht zu	Stimme teilweise zu	Stimme voll und ganz zu
Summe pro Spalte	Multiplizieren Sie die Anzahl der Kreuze mit eins:	Multiplizieren Sie die Anzahl der Kreuze mit zwei:	Multiplizieren Sie die Anzahl der Kreuze mit drei:
Addieren Sie die Summen pro Spalte zu Ihrem Gesamtergebnis für diese Kompetenz:			

Wo stehen Sie? – Deep Dive

- Was sind Ihre inneren Hauptantreiber? Warum gehen Sie genau dieser beruflichen Tätigkeit nach?
- Was treibt Sie in Ihrem Privatleben an? Welche Initiativen gibt es dort?
- In welchen Situationen konnten Sie Ihre Selbstmotivation schon unter Beweis stellen?
- Welche Aufgaben machen Ihnen besonders viel Spaß? Welche nicht (die Sie trotzdem gut bearbeiten)? Was treibt Sie da an?
- Wie können Sie sich selbst motivieren, selbst wenn eine Aufgabe auf den ersten Blick nicht besonders attraktiv erscheint?
- Welche Themen haben Sie aktiv aufgegriffen und ohne Anreiz von außen weitergetrieben?
- Welche Themen haben Sie zuletzt verbessert, damit sie für alle zügiger erledigt werden können?

Wie kann ich mich verbessern?

On the job

- Welche Aufgaben stehen heute für Sie an? Schreiben Sie sich zunächst auf, welche Aufgabe bzw. welches Teilziel Sie in den nächsten 30 Minuten erreichen wollen. Dann arbeiten Sie konzentriert in der vorgesehenen Zeit auf das Ziel hin. Belohnen Sie sich selbst für das erste erledigte To-do. Dann planen Sie das Teilziel für die nächsten 30 Minuten usw. Wichtig ist, dass Sie zu Beginn genau aufschreiben, wie Ihr Ziel lautet. Fangen Sie mit der ersten Aufgabe sofort an.
- Schreiben Sie auf, in welchen Situationen Sie es geschafft haben, sich selbst zu motivieren.
  - Wie genau haben Sie das geschafft?
  - Was war anders?
  - Was davon können Sie auch in anderen Situationen anwenden?

  Notieren Sie sich diese Dinge als Ihre persönlichen Motivationstipps für sich selbst.
- Manchmal hilft die Motivation von außen. Suchen Sie sich in Ihrem beruflichen Umfeld jemanden, der Ihnen etwas Anschub geben kann. Wie könnte Sie derjenige

unterstützen? Sprechen Sie mit demjenigen über Ihre Situation und vereinbaren Sie, dass Sie im entscheidenden Moment um Hilfe bitten dürfen.

- Überwinden Sie sich heute, eine besonders lästige Aufgabe zu erledigen. Überlegen Sie sich davor, wozu das Erledigen der Aufgabe gut ist. Überzeugen Sie einen Kollegen, Sie zu unterstützen. Genießen Sie zusammen Ihr gemeinsames Arbeitsergebnis.

Off the job

- Testen Sie, was Ihnen am meisten hilft, sich selbst noch etwas mehr zu motivieren. Testen Sie positive Selbstgespräche, Belohnung durch eine schöne Freizeitaktivität – vielleicht kann Musik Sie zusätzlich pushen?
- Schließen Sie einen (schriftlichen) Vertrag mit sich selbst, welche Aufgaben Sie demnächst motivierter erledigen wollen. Schreiben Sie für jede Aufgabe auf, worin der jeweilige Sinn besteht (z. B. die Steuererklärung machen, weil ich Geld zurückbekommen möchte; Sport treiben, weil ich auch in zehn Jahren noch gesund sein möchte etc.). Fangen Sie heute noch mit der ersten Aufgabe an.

On the job

- Küren Sie jeden Morgen diese Woche die »lästigste Aufgabe des Tages«. Teilen Sie einem Kollegen mit, worin diese besteht, wie das Ergebnis aussieht und wie sie erledigt werden könnte, damit sie doch etwas Spaß macht. Erledigen Sie diese Aufgabe zuerst, bevor Sie irgendetwas anderes tun.
- Stellen Sie sich vor, wie es sein wird, wenn Sie eine Aufgabe erfolgreich ins Ziel gebracht haben. Wie werden Sie sich dabei fühlen? Welchen Gesichtsausdruck werden Sie haben? Bringen Sie Ihre Gedanken zu Papier. Beschreiben Sie möglichst detailliert.
- Bitten Sie Kollegen um Feedback, für wie effizient derjenige Sie mit Blick auf eine ungeliebte Tätigkeit hält. Manche Tätigkeiten werden nervig, weil man sie einfach zu häufig auf dem Tisch hat. Besprechen Sie mit dem Kollegen, worin eine Prozessverbesserung bestehen könnte, damit die Aufgabe weniger lästig ist.
- Lesen Sie Biografien von Erfindern und Unternehmern oder suchen Sie sich ein prominentes Vorbild, das in Ihren Augen die pure Selbstmotivation ausstrahlt. Fragen Sie sich in weniger kraftvollen Momenten, was derjenige tun würde. Tun Sie es.

Off the job

- Bringen Sie jeden Tag kleine Aufgaben in Ihren Alltag, die Ihnen besonders Spaß machen – am besten gleich morgens, dann haben Sie für den Rest des Tages schon das gute Gefühl, etwas für sich getan zu haben.

On the job

- Arbeiten Sie am Thema Motivation zusammen mit einem Coach oder einem Mentor.

- Recherchieren Sie im Internet nach Videos, die sich mit dem Thema Motivation beschäftigen. Notieren Sie ein bis zwei Erkenntnisse, die Sie ab morgen in Ihren Alltag einfließen lassen wollen.
- Schreiben Sie eine Liste mit all den Dingen, die Sie an einer Aufgabe motivieren. Nun bewerten Sie, inwiefern diese Dinge, in Ihrer aktuellen Aufgabe enthalten sind. Was können Sie tun, um noch mehr der motivierenden Aufgaben in Ihren Arbeitsalltag zu bringen? Oder: Vielleicht ist es Zeit für einen Wechsel?
- Notieren Sie in einer Phase, in der Sie sich antriebslos fühlen, Satz für Satz ganz genau Ihre Gedanken. Lesen Sie diese mit etwas zeitlichem Abstand. Was davon ist wahr?

Off the job

- Visualisieren Sie die Dinge, die Sie erreichen wollen. Konzentrieren Sie sich dabei nicht auf eine »schöne« Darstellung, sondern darauf, die Dinge in Ihrem Sinne darzustellen. Üben Sie sich in der Visualisierung von Sachverhalten.
- Testen Sie »Sozialkontrolle«: Erzählen Sie möglichst vielen von einem bestimmten Vorhaben und lassen Sie sich bewusst durch die anderen immer wieder auf Ihr Vorhaben ansprechen. Sie können auch die Erinnerungsfunktion in Ihrem elektronischen Bürokalender oder einer App nutzen.

Meine persönlichen Anmerkungen:

____

____

____

Wo finde ich noch mehr darüber?

Birkenbihl, V. (2019): Finde deinen Fixstern. Die eigenen Lebensziele erkennen und erreichen. München.

Frädrich, S. (2014): Günter, der innere Schweinehund: Ein tierisches Motivationsbuch. Offenbach.

Lundin, S./Blanchard, K./Paul, H./Christensen, J. (2015): Fish!™: Ein ungewöhnliches Motivationsbuch. München.

5.17 Empathie

Was ist das?

Empathie ist die Fähigkeit, sich in die Situation anderer hineinzuversetzen sowie die Gefühle und Motive anderer nachzuempfinden, sie zuzulassen und klar abgegrenzt von denen des Gegenübers wahrzunehmen.

Woran erkenne ich diese Kompetenz?

Ein Mensch, der über die Kompetenz »Empathie« verfügt,

- versetzt sich in die Sichtweise anderer und verdeutlicht das diesen auch,
- besitzt keine Scheu im Umgang mit den eigenen Emotionen oder denen anderer,
- ist in der Lage, Rücksicht auf die emotionalen Reaktionen seiner Mitmenschen zu nehmen,
- ist aufmerksam gegenüber nonverbalen Äußerungen,
- zeigt Interesse an anderen, deren Bedürfnissen und Motiven,
- merkt, wenn es nützlich ist, andere reden zu lassen.

Zu viel des Guten:

- kann sich gegenüber anderen nicht immer abgrenzen.

Wo stehe ich? – Quick Check

	Stimme nicht zu	**Stimme teilweise zu**	**Stimme voll und ganz zu**
Andere haben mir schon bestätigt, dass ich ein guter Zuhörer bin.			
Ich kann mich gut in andere hineinversetzen.			
Häufig erkenne ich, was der andere jetzt braucht.			
Anderen Menschen begegne ich vorurteilsfrei, auch wenn ich schon einiges über sie gehört habe.			
Ich interessiere mich ehrlich dafür, wie es dem anderen geht.			
Mit heftigen Gefühlsausbrüchen anderer umzugehen macht mir nichts aus.			
Ich spüre, welche Reaktion ich bei anderen auslöse.			
Summe pro Spalte	Multiplizieren Sie die Anzahl der Kreuze mit eins:	Multiplizieren Sie die Anzahl der Kreuze mit zwei:	Multiplizieren Sie die Anzahl der Kreuze mit drei:
Addieren Sie die Summen pro Spalte zu Ihrem Gesamtergebnis für diese Kompetenz:			

Wo stehen Sie? – Deep Dive

- Wie gut können Sie Ihre eigenen Gefühle benennen? Geben Sie dafür ein Beispiel.
- In welchen Situationen haben Sie sich besonders empathisch gezeigt? Wie genau hat sich das geäußert?
- Wo liegen Sie auf einer Skala von 0 bis 10 mit der Überschrift »Ausprägung meiner Empathie«? 0 bedeutet »gar nicht empathisch« und 10 bedeutet »sehr empa-

thisch«. Was macht den genannten Wert aus? Was wäre bei der nächsthöheren Stufe anders?
- Wie gehen Sie vor, um einen neuen Kollegen, Mitarbeiter, Vorgesetzten, Kunden etc. wirklich kennenzulernen?

Wie kann ich mich verbessern?

On the job

- Bitten Sie bei Ihrem Vorgesetzten oder Personaler um einen Persönlichkeitstest, der Empathie/emotionale Intelligenz/Einfühlungsvermögen misst. Bearbeiten Sie das Feedback mit einer Vertrauensperson. Welche drei Dinge wollen Sie nun ausprobieren?
- Konzentrieren Sie sich heute auf aktives Zuhören bei allen, die Ihnen beruflich begegnen. Paraphrasieren Sie, was Sie verstanden haben, und geben Sie eine Einschätzung, wo derjenige emotional steht. Lassen Sie sich von Ihrem Gesprächspartner bestätigen oder widerlegen. Wie gut war Ihre Trefferquote?
- Reflektieren Sie das nächste Mal nach einer Situation, in der Sie emotional reagiert haben:
  - Was war das für ein Gefühl?
  - Was war der Auslöser?
  - Wie habe ich meine Gefühle nach außen gezeigt?
  - Was hätte mir in diesem Moment geholfen?
- Fehlen Ihnen die richtigen Worte, um Mitgefühl oder Begeisterung auszudrücken? Dann erarbeiten Sie sich einen Spickzettel mit den berührendsten Formulierungen, die Sie bei anderen gehört haben, und verwenden Sie diese im geeigneten Moment.

Off the job

- Achten Sie heute im privaten Umfeld besonders auf die Körpersprache Ihres Gegenübers. Welche Vermutung haben Sie? Trauen Sie sich, die Körpersprache des anderen zu spiegeln. Was ist jetzt anders?
- Wenn Sie das nächste Mal am Flughafen oder Bahnhof sind, nehmen Sie sich etwas mehr Zeit im Ankunftsbereich. Beobachten Sie, mit welchen Worten, welcher Gestik oder Mimik sich Menschen begrüßen und was das über die Beziehung aussagen könnte.
- Buchen Sie ein Gruppendynamik-Training und lernen Sie sich selbst und Ihr Verhalten in einer Gruppe noch besser kennen.

On the job

- Haben Sie Schwierigkeiten, eigene Emotionen zuzulassen und zu benennen? Prüfen Sie Ihre Glaubenssätze, z. B. »Ich muss meine Emotionen im Beruf im Griff haben« am besten in einem Business-Coaching oder Mentoring.

- Suchen Sie sich im beruflichen Umfeld Vorbilder, die in Ihren Augen empathisch sind. Verbringen Sie mehr Zeit mit diesen Menschen und reflektieren Sie für sich, was genau diese Menschen anders machen und was Sie lernen können.
- Holen Sie sich Feedback zu Ihrer Empathie von den drei Personen ein, mit denen die Zusammenarbeit eher holprig verläuft.
- Wir alle hören verschiedene Aspekte einer Nachricht (vgl. Schulz von Thun, 2019 zu »vier Seiten einer Nachricht«). Wie gut hören Sie z. B. die Beziehungsaspekte?
- Vergewissern Sie sich diese Woche besonders bei Ihren Kollegen, ob Sie deren emotionale Reaktionen richtig interpretieren. Fragen Sie Ihre Kollegen, ob Sie richtig lagen.

Off the job
- Geben Sie heute anderen die Möglichkeit, Sie von Ihrer empathischen Seite kennenzulernen. Investieren Sie heute zwei Minuten für einen netten Plausch mit Nachbarn im Treppenhaus, für ein Kompliment für den Kassierer im Supermarkt o. Ä.
- Filme und Serien leben von starker Emotionalität. Nehmen Sie für die nächste Folge Zettel und Stift und notieren Sie, welche Wortwahl und Stimmlage verwendet wird, um emotionale Botschaften auszudrücken. Was davon – ggf. in modifizierter Form – können Sie für sich verwenden?

On the job
- Suchen Sie regelmäßig das Gespräch mit Ihrem Vorgesetzten/Ihren Mitarbeitern und besprechen Sie, wie Sie aktuell zueinanderstehen. Trauen Sie sich! Überlegen Sie sich im Vorfeld, wie genau Sie danach fragen möchten!
- Schreiben Sie für einen unerfahrenen Kollegen Ihre fünf besten Fragen für ein »vertieftes Kennenlernen« auf. Welche wären das? Mit welchen Fragen erzeugen Sie Tiefgang in einem Gespräch?
- Lernen Sie jede Woche mindestens zwei weitere Kollegen oder Kolleginnen Ihrer Organisation kennen. Wählen Sie aus dem Mitarbeiterverzeichnis beliebig aus und gehen Sie auf diejenigen zu.

Off the job
- Nehmen Sie sich vor, Ihre empathische Seite zu verstärken, indem Sie mit jemandem, mit dem das Zusammensein eher anstrengend ist, heute ganz bewusst eine gute Zeit verbringen. Das können zehn Minuten sein oder der ganze Tag. Je nachdem, wie intensiv Sie üben möchten.

Meine persönlichen Anmerkungen:

Wo finde ich noch mehr darüber?

Bartens, W. (2017): Empathie. Die Macht des Mitgefühls. Weshalb einfühlsame Menschen gesund und glücklich sind. München.

Goleman, D. (2007): EQ. Emotionale Intelligenz. 19. Aufl., München.

Hein, M. (2018): Empathie. Ich weiß, was du fühlst. Offenbach.

Moser, J. M. (2019): Empathie lernen – Die Kunst, sich in andere Menschen einzufühlen. Wien.

5.18 Entscheidungsfähigkeit

Was ist das?

Die Kompetenz »Entscheidungsfähigkeit« umfasst die Bereitschaft, Entscheidungen zu treffen, Beurteilungen hinsichtlich Alternativen abzugeben, Maßnahmen zu ergreifen und Verantwortung zu übernehmen. Grundsätzlich unterscheidet man die Qualität der Entscheidungsfindung und die Entscheidungsgeschwindigkeit.

Woran erkenne ich diese Kompetenz?

Ein Mensch, der über die Kompetenz »Entscheidungsfähigkeit« verfügt,

- ist entschlussfreudig und schiebt Entscheidungen nicht unnötig auf,
- berücksichtigt bei seinen Entscheidungen aktuelle Prioritäten und künftige Entwicklungen sowie die Auswirkungen von Entscheidungen,
- begründet seine Entscheidungen mit Fakten, schafft Transparenz,
- nutzt seinen Entscheidungsspielraum sinnvoll aus,
- bezieht Betroffene in Entscheidungsprozesse ein,
- nutzt seine Erfahrung beim Abwägen von Alternativen,
- entscheidet auch ohne allerletzte Sicherheit.

Zu viel des Guten:

- trifft Entscheidungen zu schnell und plant nicht ausreichend Zeit ein, um sich mit den Auswirkungen der Entscheidungen auseinanderzusetzen.

Wo stehe ich? – Quick Check

	Stimme nicht zu	**Stimme teilweise zu**	**Stimme voll und ganz zu**
Wenn ich zurückblicke, waren die meisten meiner Entscheidungen auch mittelfristig gute Entscheidungen.			
Ich kenne meinen Entscheidungsspielraum und weiß ihn zu nutzen.			
Mir hilft es gerade bei komplexen Themen, meine Gedanken mit anderen zu teilen und dann eine Entscheidung zu treffen.			
Entscheidungen zu treffen bereitet mir keine Mühe.			
Ich kann auch mit eingeschränkter Informationslage mit gutem Gewissen entscheiden.			
Ich lasse mich auch bei großem Zeitdruck nicht zu einer vorschnellen Entscheidung hinreißen.			
Bevor ich eine Entscheidung treffe, wäge ich andere Alternativen ab.			
Summe pro Spalte	Multiplizieren Sie die Anzahl der Kreuze mit eins:	Multiplizieren Sie die Anzahl der Kreuze mit zwei:	Multiplizieren Sie die Anzahl der Kreuze mit drei:
Addieren Sie die Summen pro Spalte zu Ihrem Gesamtergebnis für diese Kompetenz:			

Wo stehen Sie? – Deep Dive

- Beschreiben Sie anhand eines Beispiels, wie Sie Entscheidungen treffen.
- Welche Ihrer Entscheidungen haben sich im Nachhinein als falsch erwiesen? Würden Sie ggf. im Entscheidungsprozess heute anders vorgehen?
- Wie beziehen Sie andere in Ihren Entscheidungsprozess mit ein?
- Wie gehen Sie in Ihrer Entscheidungsfindung vor, wenn es sich nicht um ein sachliches, sondern um ein emotionales Thema handelt?
- Was tun Sie, um verschiedene Alternativen im Entscheidungsprozess beleuchten zu können?
- Wie hat sich Ihre Art, Entscheidungen zu treffen, über die Jahre verändert?

Wie kann ich mich verbessern?

On the job

- Gestalten Sie für sich eine Übersicht, welche Ihrer Entscheidungen
  a) schnell getroffen werden können und

b) bei welcher Art von Entscheidungen Zeit zum Nachdenken und Analysieren notwendig ist.

- Eignen Sie sich mindestens zwei Methoden der Entscheidungsfindung an.
- Beschäftigen Sie sich heute 30 Minuten mit Entscheidungstheorie. Was leiten Sie daraus für Ihren Alltag ab?
- Trainieren Sie diesen Monat Ihre Entscheidungsgeschwindigkeit, z. B. indem Sie sich in der Kantine schnell für ein Menü entscheiden, nicht lange überlegen, ob Sie mit Kollegen abends noch ausgehen etc.

Off the job

- Verschaffen Sie sich in einem Seminar einen Überblick über das Thema, ggf. auch speziell zu Entscheidungen unter Unsicherheit.
- Schnelles Entscheiden bei Themen mit geringer Tragweite können Sie auch privat trainieren: beim Kelleraufräumen innerhalb von 30 Sekunden entscheiden, ob ein Gegenstand bleibt oder nicht. Im Restaurant innerhalb von einer Minute entscheiden, was Sie essen etc.

On the job

- Führen Sie ein kleines Interview mit drei Führungskräften. Welche sind die fünf wichtigsten Erfahrungen zum Thema Entscheidungsgeschwindigkeit und Entscheidungsqualität?
- Beziehen Sie diese Woche bei Ihren Entscheidungen andere mit ein. Inwiefern hilft es Ihnen, andere mitdenken zu lassen?
- Wenn Sie wissen, dass in Kürze wichtige Entscheidungen anstehen, kategorisieren Sie diese für sich und setzen Sie sich Deadlines. Welche ist die wichtigste Entscheidung? Beginnen Sie sofort, die nötigen Informationen zu sammeln und ggf. andere mit einzubeziehen, um die wichtigste Entscheidung zügig fällen zu können.
- Erarbeiten Sie sich einen Standard, wie Sie Entscheidungen kommunizieren wollen. Trainieren Sie diese Woche vor allem diesen Kommunikationsaspekt.
- Wenn Sie Ihre Entscheidungsqualität verbessern möchten, nehmen Sie sich vor, vor jeder Entscheidung noch *eine* zusätzliche Information zu erfragen oder noch eine weitere Alternative zu berücksichtigen.

Off the job

- Suchen Sie sich in Ihrem privaten Umfeld Personen, die Berufen mit einer besonderen Entscheidungskompetenz nachgehen. Erfragen Sie z. B., wie Feuerwehrleute Entscheidungen treffen oder wie ein Richter Informationen sammelt, um ein Urteil fällen zu können, oder wie ein Pilot zum Thema Entscheidungsfindung trainiert wird.

On the job

- Erarbeiten Sie ein Trainingskonzept zum Thema Entscheidungsfähigkeit. Besprechen Sie dieses mit einem professionellen Trainer und bieten Sie unternehmensintern einen Vortrag oder ein Training zum Thema Entscheidungsfähigkeit an, z. B. für Ihren Führungsnachwuchs.
- Erarbeiten Sie eine Handlungsempfehlung, wie Entscheidungsvorlagen für die Geschäftsführung aufgebaut sein sollen, wie Optionen geprüft werden und welche Darstellungsformen Sie für ähnliche Themen heranziehen.
- Melden Sie sich als Projektmitglied oder -leiter für eine Taskforce, in der es darum geht, zügig Komplexität zu erfassen und Entscheidungen unter Unsicherheit zu treffen.

Off the job

- Ziehen Sie Bilanz zu den großen Entscheidungen, die Sie in Ihrem Privatleben getroffen haben. Können Sie bestimmte Themenfelder ausmachen, in denen Sie gute oder weniger gute Entscheidungen getroffen haben? Was bedeutet das für die Zukunft?
- Wenn Entscheidungsfähigkeit nicht nur für Sie, sondern auch bei Kolleginnen und Kollegen verbessert werden kann, überzeugen Sie sie von einer gemeinsamen Maßnahme: Ein gemeinsames Outdoor- oder Flugsimulatortraining o. Ä. kann helfen, die Entscheidungsprozesse, die im Team stattfinden, zu unterstützen.

Meine persönlichen Anmerkungen:

Wo finde ich noch mehr darüber?

Gigerenzer, G. (2014): Risiko. Wie man die richtigen Entscheidungen trifft. München.

Moestl, B. (2015): Das Shaolin-Prinzip: Die Kraft in dir verändert alles. Mit der Klarheit des Denkens richtige Entscheidungen treffen und umsetzen. München.

Storch, M. (2012): Das Geheimnis kluger Entscheidungen. Von Bauchgefühlen und Körpersignalen. 3. Aufl., München.

Walz, H. (2013): Einfach genial entscheiden. Die 50 wichtigsten Erkenntnisse für Ihren Erfolg. Freiburg.

5.19 Feedbackfähigkeit

Was ist das?

Feedbackfähigkeit ist einerseits die Fähigkeit, Feedback anderer anzunehmen und zu nutzen. Andererseits ist es die Fähigkeit, anderen wertschätzend Feedback zu veränderbarem Verhalten zu geben.

Woran erkenne ich diese Kompetenz?

Ein Mensch, der über die Kompetenz »Feedbackfähigkeit« verfügt,

- kann kritisches Feedback anderer annehmen, ohne es persönlich zu nehmen oder sich verteidigen zu wollen,
- nutzt Feedback, um daraus zu lernen,
- erkennt den Lösungs- und Unterstützungscharakter,
- kennt die eigenen Stärken und Schwächen und kann entsprechendes Feedback einordnen,
- kann Feedback zum Verhalten anderer in Verbindung mit einem konkreten Verbesserungsvorschlag äußern,
- kann abschätzen, wie viel Feedback der andere verträgt, und dosiert seine Rückmeldung.

Zu viel des Guten:

- erwartet Feedback auch für Selbstverständliches und fühlt sich nicht wertgeschätzt, wenn nicht fortlaufendes Feedback gegeben wird.

Wo stehe ich? – Quick Check

	Stimme nicht zu	Stimme teilweise zu	Stimme voll und ganz zu
Auch kritisches Feedback kann ich sehr gut annehmen. Ich kann eigentlich nur daraus lernen.			
Menschen haben unterschiedliche Sichtweisen – was der eine an mir gut findet, kann ein anderer an mir kritisieren.			
Ich fühle mich durch kritisches Feedback nicht angegriffen.			
Wenn ich Feedback bekomme, berücksichtige ich, dass die Rückmeldung des Feedbackgebers aus seiner subjektiven Perspektive erfolgt.			
Feedback gegenüber anderen kann ich wertschätzend und unterstützend zum Ausdruck bringen.			

	Stimme nicht zu	Stimme teilweise zu	Stimme voll und ganz zu
Wenn ich eine kritische Rückmeldung gebe, dann kritisiere ich einen ganz spezifischen Aspekt, nicht die gesamte Person.			
Eine zeitnahe und präzise Rückmeldung finde ich sehr wichtig, sonst verpufft die Rückmeldung.			
Summe pro Spalte	Multiplizieren Sie die Anzahl der Kreuze mit eins:	Multiplizieren Sie die Anzahl der Kreuze mit zwei:	Multiplizieren Sie die Anzahl der Kreuze mit drei:
Addieren Sie die Summen pro Spalte zu Ihrem Gesamtergebnis für diese Kompetenz:			

Wo stehen Sie? – Deep Dive

- Welches war das Feedback, das Sie am weitesten gebracht hat?
- Wie signalisieren Sie anderen, dass Sie für Rückmeldungen offen sind?
- Wie häufig und in welchen Situationen fragen Sie nach Feedback?
- Hatten Sie schon einmal die Situation, dass ein Feedback das Verhältnis zwischen Ihnen und einer anderen Person nachhaltig verändert hat? Wie? Was genau ist passiert?
- Wann geben Sie Feedback? Wie formulieren Sie Ihr Feedback?

Wie kann ich mich verbessern?

On the job

- Beschäftigen Sie sich mit den Grundregeln des Feedbackgebens und -nehmens.
- Schreiben Sie für sich den genauen Wortlaut auf, wie Sie Verbesserungen ansprechen wollen.
- Nehmen Sie sich heute vor, direkt nach einer Besprechung, Präsentation o.Ä. einen der Beteiligten um Feedback zu bitten. Überlegen Sie sich im Vorfeld, mit welcher Formulierung Sie nach dem Feedback fragen wollen.
- Überbrücken Sie den Impuls, sich zu verteidigen oder innerlich in eine Blockadehaltung zu gehen, indem Sie das Feedback des anderen notieren, Verständnisfragen stellen und um konkrete Verbesserungsvorschläge bitten. Lesen Sie mit etwas zeitlichem Abstand Ihre Notizen und entscheiden Sie dann, welchen Teil des Feedbacks Sie annehmen und welchen nicht.

Off the job

- Bitten Sie einen Freund oder Bekannten, Ihnen seine Perspektive zu einem Feedback zu geben, das Sie häufiger beruflich erhalten. Wie deckungsgleich/unterschiedlich sind die Sichtweisen?

On the job

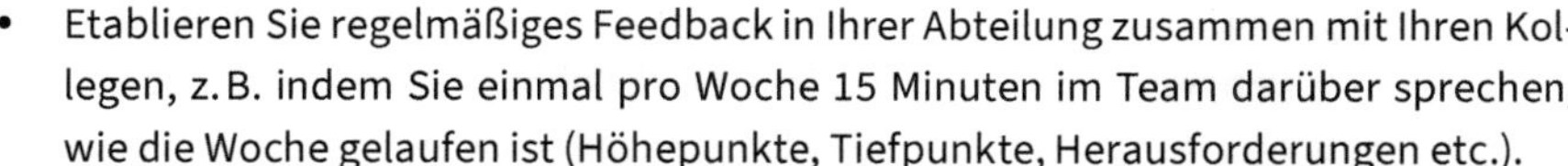

- Etablieren Sie regelmäßiges Feedback in Ihrer Abteilung zusammen mit Ihren Kollegen, z. B. indem Sie einmal pro Woche 15 Minuten im Team darüber sprechen, wie die Woche gelaufen ist (Höhepunkte, Tiefpunkte, Herausforderungen etc.).
- Bitten Sie Ihre HR-Abteilung um ein 360°-Feedback. Ein 360°-Feedback ist ein sogenanntes Multirater-Verfahren, wobei »360°« für den Kreiswinkel steht. Es handelt sich um eine »Rundum-Rückmeldung« von Menschen, die in vor- oder nachgelagerten Arbeitsschritten – meist auf gleicher Ebene – tätig sind, also Mitarbeiterinnen und Mitarbeiter sowie die eigene Führungskraft. Vergleichen Sie Fremd- und Selbstbild und leiten Sie für sich ein bis zwei konkrete Maßnahmen ab.
- Alternativ nehmen Sie sich ein- bis zweimal im Jahr Zeit und bitten Sie Kollegen, Ihre Vorgesetzte, Kunden etc. in einem längeren Gespräch um eine ehrliche Rückmeldung. Kündigen Sie im Vorfeld an, worüber Sie sprechen möchten und welche *eine* Sache Sie unbedingt beibehalten oder verändern sollten.
- Planen Sie in Ihrem Terminkalender täglich 15 Minuten ein, um Ihr Verhalten des heutigen Tages zu reflektieren. Wie gut haben Sie an Ihren Entwicklungsfeldern gearbeitet und wie intensiv haben Sie Ihre Stärken eingebracht? Wie lautet das Feedback an Sie selbst?
- Suchen Sie sich einen Mentor, der in Ihren Augen hervorragend mit Feedback umgehen kann, und trainieren Sie Ihre Feedbackfähigkeit.

Off the job

- Fragen Sie heute Ihren Partner bzw. Ihre Partnerin nach Feedback.

On the job

- Bitten Sie Ihren größten Kritiker um ein umfangreiches Feedback, bedanken Sie sich und melden Sie zurück, was genau Sie als Nächstes verbessern möchten.
- Praktizieren Sie einmal im Jahr im Team die Methode »heißer Stuhl«. Dabei setzt sich immer ein Teammitglied in die Mitte eines Stuhlkreises und erhält reihum Feedback von den Kollegen. Bitten Sie eine neutrale Person von intern oder extern um die Moderation, wenn Sie diese Methode das erste Mal verwenden.
- Etablieren Sie weitere Feedbackinstrumente in Ihrer Organisation, z. B. eine regelmäßige Kundenzufriedenheitsanalyse, ein Echtzeit-Dashboard mit den wichtigsten KPIs etc. Wichtig ist jeweils eine ernsthafte Auseinandersetzung mit den Ergebnissen.
- Nehmen Sie sich sog. »Fuckup nights« zum Vorbild und initiieren Sie eine Veranstaltungsreihe, in denen Vertreter aus dem Unternehmen von ihren größten Pannen und Learnings erzählen.

Off the job

- Nehmen Sie an einem Event teil, in dem Gruppendynamik eine große Rolle spielt, z. B. ein Überlebenstraining, ein Flugsimulatortraining etc. Lernen Sie, mit promp-

tem Feedback umzugehen, und prüfen Sie, wie Sie in solchen Situationen Rückmeldung geben.
- Trauen Sie sich, einer Person des öffentlichen Lebens Feedback zu geben. Das kann der Bürgermeister sein, ein Sportler oder ein Künstler.

Meine persönlichen Anmerkungen:

Wo finde ich noch mehr darüber?

Fengler, J. (2017): Feedback geben: Strategien und Übungen. Weinheim/Basel.

Götz, D./Reinhard, E. (2017): Führung: Feedback auf Augenhöhe. Wie Sie Ihre Mitarbeiter erreichen und klare Ansagen mit Wertschätzung verbinden. Wiesbaden.

Maxeiner, T. (2022): Danke für nix!: Souverän mit Kritik, Lob und Frechheiten umgehen: Souverän mit Kritik, Lob und Frechheiten umgehen. Das ultimative Feedback-Buch. München.

Rosenberg, M. (2016): Gewaltfreie Kommunikation. Eine Sprache des Lebens. 12. Aufl., Paderborn.

von Kanitz, A. (2020): Feedbackgespräche. Freiburg.

Werther, S. (2020): Feedback in Zeiten der Agilität: Digitale Instrumente und analoge Methoden. Freiburg.

5.20 Ganzheitliches Denken und Handeln

Was ist das?

»Ganzheitliches Denken und Handeln« ist die Fähigkeit und Bereitschaft, Themen unter Berücksichtigung ihrer Komplexität zu betrachten und zu einem ausgewogenen Urteil zu kommen. Unterschiedliche relevante Einflussfaktoren und deren Zusammenhänge werden dabei berücksichtigt.

Woran erkenne ich diese Kompetenz?

Ein Mensch, der über die Kompetenz »ganzheitliches Denken und Handeln« verfügt,

- betrachtet Themen aus der 360°-Perspektive,
- bezieht dabei kurz-/langfristige sowie direkte/indirekte Einflussgrößen (und deren Wechselwirkung) mit ein,
- kann umfangreiche Sachverhalte für sich strukturieren und in übergeordnete Zusammenhänge bringen,

- bezieht die Sichtweise anderer in die eigenen Überlegungen mit ein,
- kann widersprüchliche Ziele gleichzeitig optimieren mit der Zielsetzung, ein Gesamtoptimum für alle Beteiligten zu realisieren,
- integriert die fachliche Perspektive der eigenen Organisationseinheit.

Zu viel des Guten:

- schränkt die eigene Handlungsfähigkeit ein, weil er selten das Gefühl hat, an alles gedacht zu haben.

Wo stehe ich? – Quick Check

	Stimme nicht zu	Stimme teilweise zu	Stimme voll und ganz zu
Meine Arbeitsmethoden hinterfrage ich immer wieder, wenn ich merke, dass sie nicht ausreichen, um Aufgaben zu lösen.			
Ich habe schon mehrmals abteilungsübergreifende Prozessverbesserungen angestoßen.			
Mir bereitet es keine Schwierigkeiten, viele verschiedene Aspekte eines Themas zu erfassen.			
Ich habe eine gute Methode, um komplexe Themen zu strukturieren.			
Wechselwirkungen und Zusammenhänge kann ich zügig erfassen.			
Zielkonflikte kann ich gut und für andere nachvollziehbar auflösen.			
Trotz der Vernetztheit vieler Themen bleibe ich handlungsfähig.			
Summe pro Spalte	Multiplizieren Sie die Anzahl der Kreuze mit eins:	Multiplizieren Sie die Anzahl der Kreuze mit zwei:	Multiplizieren Sie die Anzahl der Kreuze mit drei:
Addieren Sie die Summen pro Spalte zu Ihrem Gesamtergebnis für diese Kompetenz:			

Wo stehen Sie? – Deep Dive

- Wo sehen Sie Möglichkeiten, unternehmensweite Verbesserungen durchzuführen? Welche Auswirkungen haben Ihre Ideen auf verschiedene Bereiche der Organisation?
- Wie gehen Sie mit Zielkonflikten um?

- Beschreiben Sie anhand von zwei Beispielen, wie Sie komplexe Fragestellungen bearbeiten.
- Wie integrieren Sie die Sichtweisen anderer in Ihre Überlegungen?
- Wie gehen Sie vor, um sich von einem Sachverhalt ein ganzheitliches Bild zu machen?

Wie kann ich mich verbessern?

On the job

- Erarbeiten Sie sich eine Übersicht mit den wesentlichen Schnittstellen zu Ihrer Tätigkeit und prüfen Sie bei der Bearbeitung von Themen, ob Sie an alle Auswirkungen auf die Schnittstellen gedacht haben.
- Recherchieren Sie zu den Methoden FMEA (Fehlermöglichkeits- und -einflussanalyse) und zur Balanced Scorecard. Was können Sie davon in Ihrer Arbeit anwenden?
- Ganzheitliches Denken verstärkt sich, je mehr Sie kennenlernen oder sehen. Nehmen Sie sich jedes Jahr vor, mindestens fünf Tage in einem oder mehreren anderen Fachbereichen zu verbringen, um die Arbeit dort kennenzulernen.
- Visualisieren Sie Ihre Themenstellungen und besprechen Sie sie mit verschiedenen Kollegen und Kolleginnen, um andere Perspektiven zu erhalten. Üben Sie sich in der Visualisierung.

Off the job

- Schauen Sie über den Tellerrand, indem Sie z. B. Tageszeitungen anderer Länder zu Weltereignissen lesen. Welche Perspektive hat die Mongolei auf den Dieselskandal? Was denkt man in Indonesien über Fridays for Future?
- Nehmen Sie einen beliebigen Gegenstand und verfolgen Sie seinen Weg auf der Zeitlinie zurück: Wie kam der Gegenstand in Ihre Hand, was war alles nötig, dass Sie ihn jetzt vor sich haben? Welche Menschen waren daran beteiligt? Welche Technik, welche Ressourcen waren notwendig? Stürzen Sie sich in das unendliche Netz der Zusammenhänge (Schwarz, 2004, S. 15).

On the job

- Erweitern Sie Ihr Netzwerk systematisch und lernen Sie Kolleginnen Kollegen aus anderen Fachbereichen und deren Arbeit kennen. Wählen Sie z. B. einen Mitarbeiter aus dem Mitarbeiterverzeichnis aus und verabreden Sie sich zum Mittagessen. Bringen Sie in Erfahrung, woran derjenige arbeitet, warum das für das Unternehmen wichtig ist und wie dies auch Ihre Arbeit bereichern kann.
- Eignen Sie sich mindestens zwei Kreativitätsmethoden an und trainieren Sie sie jede Woche.
- Wenn Sie vor allem am Erkennen und Ableiten zeitlicher Abhängigkeiten arbeiten wollen, kann Projektmanagement eine gute Methode sein.

- Lesen Sie jeden Monat mindestens einen Artikel zu Ihrem Themengebiet und einen fachfremden.
- Wechseln Sie heute die Perspektive, versetzen Sie sich bewusst in andere Personen und betrachten Sie die Themenstellung dann aus deren Augen.

Off the job

- Wählen Sie einmal im Monat eine Freizeitaktivität speziell um Ihre Perspektive zu erweitern. Das kann ein Besuch im Technikmuseum sein oder ein Kulturfestival indigener Völker, der Besuch eines Trommelkreises oder ein Vortrag über Opossumzucht.

On the job

- Erweitern Sie Ihre Perspektive, indem Sie sich stärker mit anderen Kulturkreisen und Aufgaben beschäftigen. Besprechen Sie mit Ihrem Vorgesetzten, inwiefern Sie zeitweise an einem anderen Standort Ihres Unternehmens arbeiten könnten.
- Erstellen Sie zusammen mit einem Coach oder Mentor eine Selbstanalyse darüber, welche Dinge heute Ihre Sichtweise beeinflussen, z. B. Studium, Erziehung, Familie, Lebensumstände. Stellen Sie sich vor, dieses Profil hätte ein Bewerber – was würden Sie demjenigen empfehlen, um die eigenen Sichtweisen zu erweitern?
- Recherchieren Sie, welche abteilungsübergreifenden Projekte es gerade in Ihrem Unternehmen gibt. Erklären Sie sich bereit, in diesem Projekt mitzuarbeiten, oder melden Sie sich sogar als Projektleiter.
- Besuchen Sie Veranstaltungen von Business Schools, um über aktuelle Trends informiert zu sein und diese zu diskutieren.

Off the job

- Erlernen Sie für private Zwecke die Arbeit mit einem »Beziehungsbrett«. Mit dem Beziehungsbrett können Sie mit kleinen Bausteinchen Beziehungen zwischen Personen visualisieren. Dabei erkennen Sie Wechselwirkungen, Konflikte, aber auch Ressourcen, die Ihnen vielleicht noch nicht klar waren.

Meine persönlichen Anmerkungen:

Wo finde ich noch mehr darüber?

Dobelli, R. (2021): Die Kunst des klugen Handelns: Neuausgabe: komplett überarbeitet, mit großem Workbook-Teil. München.

Dörner, D. (2012): Die Logik des Misslingens. Strategisches Denken in komplexen Situationen. 11. Aufl., Hamburg.

Gomez, P./Probst, G. (1999): Die Praxis des ganzheitlichen Problemlösens. Vernetzt denken. Unternehmerisch handeln. Persönlich überzeugen. Bern.

König, E./Volmer, G. (2016): Einführung in das systemische Denken und Handeln. Weinheim.

Schwarz, A. A. (2004): 77 philosophische Spiele für Herz und Verstand. Stuttgart.

5.21 Gelassenheit

Was ist das?

Die Kompetenz »Gelassenheit« ist die Fähigkeit, auch in schwierigen Situationen Ruhe zu bewahren, klar zu denken und das innere Gleichgewicht zu behalten.

Woran erkenne ich diese Kompetenz?

Ein Mensch, der über die Kompetenz »Gelassenheit« verfügt,

- behält den Überblick – auch unter Druck und in unübersichtlichen Situationen,
- zeigt in hektischen Situationen keine übertriebenen Gefühle oder Gefühlsausbrüche,
- reflektiert die eigenen Einflussmöglichkeiten auf eine Sache,
- lässt sich nicht aus der Ruhe bringen,
- strahlt Ruhe und Souveränität aus,
- bleibt auch in Stresssituationen überlegt und handlungsfähig.

Zu viel des Guten:

- wirkt gleichgültig oder verliert die Sensitivität für wirklich kritische Situationen.

Wo stehe ich? – Quick Check

	Stimme nicht zu	Stimme teilweise zu	Stimme voll und ganz zu
Ich kann gut unterscheiden zwischen Situationen, auf die ich Einfluss habe, und Dingen, die sowieso passieren werden.			
Ich ärgere mich selten.			
Ich bin der Überzeugung, dass ich nicht auf alles reagieren muss, was von außen an mich herangetragen wird.			
Wenn es hektisch wird, habe ich meine Emotionen trotzdem gut im Griff.			

	Stimme nicht zu	Stimme teil-weise zu	Stimme voll und ganz zu
Ich bleibe auch in Stresssituationen mit meinen Gedanken eher bei der Lösung als beim Problem.			
Mir wird häufiger gesagt, dass ich einen gelassenen Eindruck mache.			
Ich weiß, dass ich nicht alles kontrollieren kann.			
Summe pro Spalte	Multi-plizieren Sie die Anzahl der Kreuze mit eins:	Multi-plizieren Sie die Anzahl der Kreuze mit zwei:	Multi-plizieren Sie die Anzahl der Kreuze mit drei:
Addieren Sie die Summen pro Spalte zu Ihrem Gesamtergebnis für diese Kompetenz:			

Wo stehen Sie? – Deep Dive

- Beschreiben Sie anhand von zwei Beispielen, wie Sie in Stresssituationen reagieren.
- In welchen Momenten gelingt es Ihnen gut, gelassen zu bleiben? Nennen Sie Beispiele.
- Wie wirken Sie auf andere in schwierigen Situationen? Welches Feedback bekommen Sie dazu?
- Was sind Dinge, die Sie aus der Fassung bringen? Warum genau diese?
- Wie gehen Sie in Stresssituationen mit Ihren Emotionen um?

Wie kann ich mich verbessern?

On the job

- Wenn Sie dazu neigen, sich schnell aufzuregen, legen Sie sich ein Repertoire an Maßnahmen für diese Situationen zurecht: gedanklich bis zehn zählen, alle Primzahlen rückwärts von hundert aufsagen, tief durchatmen, spazieren gehen etc. Am besten schreiben Sie ihre Favoriten auf und haben sie immer bei sich.
- Fragen Sie sich diese Woche in schwierigen Situationen, z. B. wie wichtig genau dieses Thema in einem Jahr oder in zehn Jahren sein wird. Lohnt es sich, jetzt dafür zu kämpfen?
- Verankern Sie die Gelassenheit in einem Gegenstand, z. B. in einer kleinen Buddhafigur, einem Stein o. Ä. und platzieren Sie ihn auf Ihrem Schreibtisch.
- Erzeugen Sie in einer belastenden Situation innerlich ein »Wohlfühlbild« oder ein »Bild der Stärke«, z. B. vom Fels in der Brandung. Wie fühlt sich der Stein, wenn die Wellen über ihm zusammenschlagen? Oder eine Möwe, die locker über die Wellen hinwegfliegt?

- Führen Sie ein Stress- bzw. Gelassenheitstagebuch. Notieren Sie die Situationen, die schwierig für Sie waren und analysieren Sie von Zeit zu Zeit, ob sich die Themen ähneln. Bearbeiten Sie mit einer Person Ihres Vertrauens, wie Sie diese Themen angehen könnten. Notieren Sie in Ihrem Tagebuch auch, was Ihnen trotz der herausfordernden Situation gut gelungen ist und was Sie gerne beibehalten möchten.

Off the job

- Testen Sie bewusst Ihre Gelassenheit jeden Tag, z.B. mit dem Bus, der zu spät kommt, dem Stau auf dem Weg zur Arbeit, der Frau, die sich beim Bäcker vordrängelt. All das wird passieren, auch wenn Sie sich ärgern.

On the job

- Sprechen Sie mit einer Person Ihres Vertrauens über die drei Situationen, in denen Sie Ihre Gelassenheit gezeigt haben. Was war da anders als in anderen Situationen? Was können Sie daraus lernen?
- Suchen Sie sich ein Gelassenheitsvorbild. Was genau möchten Sie übernehmen und wie machen Sie das?
- Zwingen Sie sich zu einem Perspektivwechsel, wenn Ihre Gelassenheit durch andere herausgefordert wird. Wie sieht die Welt aus dem Blickwinkel des anderen aus?
- Erarbeiten Sie sich eine kleine Liste mit wertschätzenden Reaktionen auf Einwände und Angriffe. So verschwenden Sie keine Energie damit, in hitzigen Momenten nach den richtigen Worten zu suchen.

Off the job

- Holen Sie sich von zwei guten Freunden eine Rückmeldung, wie Sie sie erleben, wenn Sie unter Druck stehen. Was denken Ihre Freunde, was Ihnen in so einer Situation helfen würde?

On the job

- Sie werden eingeladen, in einem Vortrag im Rahmen des Führungskräftenachwuchsprogramms ihr persönliches Erfolgsrezept zum Thema Gelassenheit zu formulieren. Wie könnte es lauten?
- Wir alle hören verschiedene Aspekte einer Nachricht (Schulz von Thun, 2019, zu den »vier Seiten einer Nachricht«). Prüfen Sie heute, welches »Ohr« Sie bevorzugen.
- Was sind Ihre »roten Knöpfe«? Welche Gefühle bringen sie hervor, wenn sie gedrückt werden? Wie managen Sie Ihre Gefühle?

Off the job

- Wenn Sie die Gelegenheit haben, besuchen Sie einen Elternabend in der Schule. Wie schafft es die Lehrerin, gelassen zu bleiben – bei all den Wünschen der Eltern?

- Besuchen Sie am Samstagnachmittag einen großen Supermarkt oder ein großes Einrichtungshaus und halten Sie den Trubel bewusst aus.

Meine persönlichen Anmerkungen:

____

____

____

Wo finde ich noch mehr darüber?

Altfeld, S./Karic, D. (2022): Das Einmaleins der Erholung: effektiver Stressabbau für innere Ruhe und Gelassenheit. Berlin.

Augspurger, T. (2009): Das Lotusblütenprinzip. Gelassenheit im Job durch den Abperl-Effekt. München/Freiburg.

Bush, A. D. (2017): Das kleine Buch der Ruhe und Gelassenheit. Ganz entspannt die Stürme des Alltags meistern. München.

Carnegie, D. (2018): Sorge dich nicht, lebe! Die Kunst, zu einem von Ängsten und Aufregungen befreiten Leben zu finden. 8. Aufl., Frankfurt am Main.

Walsmann, B. (2020): Gelassenheit lernen: Wie du entspannt deinen Alltag bewältigst ohne Stress und wie du mehr Zufriedenheit erlangst, glücklicher bist, positiver denken kannst und deine innere Ruhe findest. Wädenswil.

Windscheid, L. (2021): Besser fühlen: Eine Reise zur Gelassenheit. Hamburg.

5.22 Gesprächsführung

Was ist das?

Die Kompetenz »Gesprächsführung« umfasst die Fähigkeiten, ein Gespräch personen- und situationsangemessen führen zu können, den eigenen Standpunkt zu vertreten und gleichzeitig dem Gegenüber ausreichend Wertschätzung entgegenzubringen.

Woran erkenne ich diese Kompetenz?

Ein Mensch, der über die Kompetenz »Gesprächsführung« verfügt,

- ist mit seiner Aufmerksamkeit beim Gesprächspartner, z. B. durch aktives Zuhören,
- bringt die eigene Sichtweise klar zum Ausdruck,
- verfolgt einen roten Faden im Gespräch,
- balanciert Gesprächsanteile aus,
- findet eine zielgruppengerechte Sprache,
- weiß, wie man ein wertschätzendes Gespräch auf Augenhöhe führt.

Zu viel des Guten:

- beschäftigt sich zu intensiv mit Gesprächen und kommt zu selten ins Handeln.

Wo stehe ich? – Quick Check

	Stimme nicht zu	**Stimme teilweise zu**	**Stimme voll und ganz zu**
Trotz Telefon, E-Mail oder Zeitdruck bleibe ich mit meiner Aufmerksamkeit stets bei meinem Gesprächspartner.			
Ich merke, wenn ich zu viel von mir erzähle, und kann mich bremsen.			
Ich finde Formulierungen, mit denen ich meine Wertschätzung zum Ausdruck bringe.			
Ich kann meine Sichtweise wertschätzend zum Ausdruck bringen.			
Auch wenn unangenehme Themen zu besprechen sind, schaffe ich eine gute, unterstützende Atmosphäre.			
Ich kann meine Wortwahl und Stimme gut der Situation anpassen.			
Wenn ein Gespräch entgleitet, kann ich es schnell wieder in konstruktive Bahnen bringen.			
Summe pro Spalte	Multiplizieren Sie die Anzahl der Kreuze mit eins:	Multiplizieren Sie die Anzahl der Kreuze mit zwei:	Multiplizieren Sie die Anzahl der Kreuze mit drei:
Addieren Sie die Summen pro Spalte zu Ihrem Gesamtergebnis für diese Kompetenz:			

Wo stehen Sie? – Deep Dive

- Wie bereiten Sie sich auf ein Gespräch vor?
- Beschreiben Sie, wie Sie eine gute Gesprächsatmosphäre schaffen.
- Welches Feedback bekommen Sie zu Ihrem Stil, Gespräche zu führen?
- Beschreiben Sie, was für Sie ein gutes Gespräch ausmacht.
- Wie formulieren Sie Ihre Sichtweisen? Geben Sie Beispiele.

Wie kann ich mich verbessern?

On the job

- Erarbeiten Sie eine Mindmap zum Thema Gesprächsführung. Führen Sie darin alles auf, was Ihrer Meinung nach zu einer guten Gesprächsführung gehört. Bewer-

ten Sie diese Einzelaspekte auf einer Skala von 0 bis 10 (0 bedeutet, dass Sie diesen Aspekt noch gar nicht können, 10 bedeutet, dass Sie ihn schon sehr gut beherrschen). Zeigen Sie Ihre Selbsteinschätzung zwei Kolleginnen oder Kollegen und bitten Sie um deren Meinung. Wo liegen nun die wesentlichen Handlungsfelder?
- Recherchieren Sie das Modell »Vier Seiten einer Nachricht« von Schulz von Thun (2019). Fassen Sie Ihre Recherche kurz zusammen und erläutern Sie die Inhalte z. B. einem Kollegen. Notieren Sie heute in einem Gespräch/Meeting zu mindestens drei Aussagen, wie diese im Vier-Seiten-Modell von Schulz von Thun lauten würden.
- Erarbeiten Sie sich einen Handzettel mit drei verschiedenen Einstiegssätzen, um einen Gesprächsbeginn (vor allem, wenn Sie ein Anliegen haben) zu formulieren.
- Achten Sie heute besonders auf die Gesprächsanteile und balancieren Sie sie aus, indem Sie entweder Fragen an Ihr Gegenüber stellen oder sich gezielt zu Wort melden.

Off the job
- Besuchen Sie ein Seminar zur Gesprächsführung.
- Trainieren Sie wertschätzende Formulierungen, indem Sie sie diese Woche in Ihrem privaten Umfeld vermehrt verwenden.

On the job ♛♛
- Bitten Sie diese Woche jeden Tag einen Ihrer Gesprächspartner um ein Feedback. Erfragen Sie, wie der andere Sie im Gespräch erlebt hat, was gut war und wo eine Veränderung gut wäre.
- Planen Sie heute vor Ihren Gesprächen jeweils fünf Minuten Zeit ein, um sich noch einmal das Ziel des Gesprächs vor Augen zu führen. Reflektieren Sie auch, was Sie über Ihren Gesprächspartner wissen, und stellen Sie sich auf ihn ein. Schalten Sie außerdem bewusst alle Störfaktoren (Telefon, Nachrichtenton etc.) aus, bevor Sie ein Gespräch mit jemandem beginnen.
- Begleiten Sie einen Kollegen aus dem Vertrieb oder dem Einkauf bei einem schwierigen Gespräch. Notieren Sie sich Sätze, Körperhaltung etc. Was können Sie aus diesem Gespräch lernen und in Ihren Alltag integrieren? Beginnen Sie morgen damit.
- Erarbeiten Sie für sich selbst eine Liste mit Beispielsätzen, wie Sie geschickt mit Einwänden anderer umgehen können.
- Konzentrieren Sie sich heute in Gesprächen darauf, was Ihnen Ihre Intuition über die Gefühlslage des anderen sagt. Sprechen Sie denjenigen gezielt und einfühlsam darauf an.
- Nutzen Sie heute mindestens zwei Gespräche, um das Paraphrasieren zu üben – damit ist gemeint, dass Sie in einem Gespräch immer wieder zusammenfassen, was Sie denken vom anderen verstanden zu haben. Bitten Sie Ihre Gesprächspartner, Sie ggf. zu korrigieren.

Off the job

- Sprechen Sie ein unangenehmes Thema gegenüber einem Familienmitglied oder einer anderen Person aus Ihrem privaten Umfeld an.

On the job

- Sprechen Sie sich mit einem Kollegen, Ihrem Chef, einem Kunden o.Ä. aus, mit dem Sie eine unangenehme Situation hatten.
- Führen Sie Interviews zum Thema Gesprächsführung mit einem Pfarrer, einem Business Coach und einem Vertriebsleiter. Welche Elemente der Gesprächsführung können Sie für sich übernehmen?
- Trainieren Sie mit einer Vertrauensperson ganz gezielt schwierige Gespräche. Nehmen Sie ein »Übungsgespräch« auf Video auf und reflektieren Sie gemeinsam. Wiederholen Sie das Gespräch oder Gesprächssequenzen, bis sie stimmig sind.
- Finden Sie durch eine gute Gesprächsführung drei nicht berufliche Dinge über Kollegen, den Chef oder den CEO raus.

Off the job

- Bieten Sie Ihre Erfahrungen zum Thema Gesprächsführung als Mentor in einem Training für Jugendliche an.
- Schauen Sie Ihren Lieblingsfilm an und betrachten Sie einzelne Szenen unter dem Blickwinkel der Gesprächsführung. Machen Sie dies zudem mit einem Film, den Sie nicht mögen.

Meine persönlichen Anmerkungen:

____

____

____

Wo finde ich noch mehr darüber?

Rosenberg, M. (2016): Gewaltfreie Kommunikation. Eine Sprache des Lebens. 12. Aufl., Paderborn.

Schulz von Thun, F. (2019): Miteinander reden 1–4. Hamburg.

Weisbach, Ch./Sonne-Neubacher, P. (2015): Professionelle Gesprächsführung. Ein praxisnahes Lese- und Übungsbuch. 9. Aufl., München.

5.23 Informations- und Wissensweitergabe

Was ist das?

Die Kompetenz »Informations- und Wissensweitergabe« ist die Bereitschaft, relevante Informationen und Wissen zeitgerecht und verständlich (zielgruppenadäquat) weiterzugeben und damit Produktivität und Entscheidungsvoraussetzungen zu gewährleisten.

Woran erkenne ich diese Kompetenz?

Ein Mensch, der über die Kompetenz »Informations- und Wissensweitergabe« verfügt,

- erkennt die Relevanz von Informationen für andere,
- informiert die richtigen Zielgruppen,
- gibt Informationen rechtzeitig an andere weiter,
- gibt Informationen und Wissen kurz und prägnant weiter, ohne Wesentliches auszulassen,
- teilt gerne Wissen,
- entscheidet sich für die angemessenen Informationskanäle, z.B. persönlich, mündlich, E-Mail, Telefon etc.

Zu viel des Guten:

- streut zu viele Informationen, teilweise auch ohne die Vertraulichkeit zu wahren, und überprüft den Wahrheitsgehalt seiner Informationen nicht.

Wo stehe ich? – Quick Check

	Stimme nicht zu	Stimme teilweise zu	Stimme voll und ganz zu
Ich finde es wichtig, dass meine Kollegen und andere Schnittstellen rechtzeitig Informationen erhalten.			
Wenn ich Informationen bekomme, überlege ich ganz konkret, wer diese Information noch benötigt.			
Mein Wissen teile ich gerne, wenn es für andere hilfreich ist.			
Ich kann Informationen und Wissen sehr gut auf ganz wenige, präzise Hauptbotschaften reduzieren.			
Ich habe ein gutes Gespür dafür, welche Informationen für andere hilfreich sind.			
Auch wenn ich Informationen mitbekomme, die für mich nicht relevant sind, nehme ich sie auf, weil sie für andere wichtig sein könnten.			
Von Wissenstransfer können wir alle profitieren.			

	Stimme nicht zu	Stimme teilweise zu	Stimme voll und ganz zu
Summe pro Spalte	Multiplizieren Sie die Anzahl der Kreuze mit eins:	Multiplizieren Sie die Anzahl der Kreuze mit zwei:	Multiplizieren Sie die Anzahl der Kreuze mit drei:
Addieren Sie die Summen pro Spalte zu Ihrem Gesamtergebnis für diese Kompetenz:			

Wo stehen Sie? – Deep Dive

- Welche Methode nutzen Sie, um Informationen/Wissen zeitgerecht an die richtigen Personen weiterzugeben?
- Nach welchen Kriterien unterscheiden Sie, auf welche Art Sie Informationen/Wissen weitergeben? Nennen Sie Beispiele.
- Wie stellen Sie sicher, dass alle Informationsempfänger die gleichen Informationen erhalten?
- Wie stellen Sie sicher, dass (vorübergehende) Informationslücken nicht mit Gerüchten gefüllt werden?
- Wie motivieren Sie andere, ihr Wissen zu teilen?

Wie kann ich mich verbessern?

On the job

- Machen Sie sich genaue Notizen über die Informationen, die Sie weitergeben wollen. Prüfen Sie dann noch einmal die Vollständigkeit und Sinnhaftigkeit der Information. Schreiben Sie auch auf, wem Sie diese Informationen weitergeben werden.
- Erarbeiten Sie im Team eine Checkliste, anhand derer Informationen weitergegeben werden sollen. Vereinbaren Sie auch, wie Informationen an Kolleginnen und Kollegen anderer Zeitzonen, im Homeoffice etc. gehen. Legen Sie fest, für welchen Zweck bestimmte Informationskanäle zu nutzen sind.
- Recherchieren Sie heute, welche Lerntypen es gibt und wie diese Lerntypen Wissen aufnehmen.
  - Zu welchem Lerntyp gehören Sie selbst?
  - Was bedeutet das für Ihre persönliche Kompetenzentwicklung?
  - Worauf müssen Sie demnächst noch besser achten, wenn Sie auch andere Lerntypen treffen?
- Wenn Sie für den Informationstransfer bereits mit IT-Anwendungen arbeiten, nehmen Sie sich vor, jede Woche einen kleinen Post mit einer wichtigen Info/Neuerung zu platzieren.
- Trainieren Sie heute, Informationen ganz bewusst auf das Wesentliche zusammenzukürzen.

Off the job

- Testen Sie in Ihrer Familie verschiedene Medien der Informationsweitergabe, z. B. den klassischen Zettel am Kühlschrank mit Infos für die anderen Familienmitglieder oder eine gemeinsame Chat-Gruppe etc. Entscheiden Sie dann gemeinsam, was für Sie am effektivsten ist.

On the job

- Initiieren Sie eine hausinterne Messe, auf der alle Fachbereiche ihre Arbeit zu einem bestimmten Thema vorstellen.
- Organisieren Sie mit Ihren Kollegen ein monatliches »Innovation Café«, in dem jeden Monat eine andere Abteilung aktuelle Neuerungen vorstellt. Alle Mitarbeiterinnen und Mitarbeiter sind dazu eingeladen und es gibt die Möglichkeit, auch per Videokonferenz teilzunehmen.
- Etablieren Sie zusammen mit Ihren Kollegen einen täglichen kurzen Austausch zu den Dingen, die am Vortag gewesen sind und heute anstehen. Wenn es die Rahmenbedingungen erfordern (z. B. in Krisensituationen), berufen Sie mehrere Kurzbesprechungen täglich ein.
- Machen Sie ein Kommunikationskonzept zum festen Bestandteil Ihrer Projekte und legen Sie einen Verantwortlichen fest.
- Bitten Sie Ihren Vorgesetzten, einen Vertreter der Geschäftsführung regelmäßig zu Bereichsveranstaltungen einzuladen, der dann einen Einblick in aktuelle Themen gibt.

Off the job

- Ein Bild sagt mehr als tausend Worte – trainieren Sie, Kommunikation zu visualisieren. Beginnen Sie damit, Ihren aktuellen Gefühlszustand zu zeichnen, den Small Talk mit der Nachbarin zu visualisieren etc.

On the job

- Schreiben Sie ein Buch/einen Artikel über Ihre beruflichen Erfahrungen zur Informations- und Wissensweitergabe (im internationalen Kontext).
- Arbeiten Sie in einem Umfeld von hoher Komplexität und unter hohem Zeitdruck, kann es helfen, Informationen laut vor sich hin zu sprechen. Dadurch machen Sie sich selbst darauf aufmerksam, was genau gerade passiert, und sensibilisieren sich, wer diese Informationen erhalten sollte.
- Erarbeiten Sie bei sehr praktischen Themen kleine selbst gedrehte Videos, um Hilfestellungen zu bestimmten Themen geben und schnell verteilen zu können. Am besten legen Sie sich für Qualität, Dauer und Stil eine Checkliste an, damit niemand unfreiwillig zum internen Videostar wird.

Off the job

- Sprechen Sie mit Freunden und Bekannten, die im Schichtbetrieb arbeiten, wie sie Informationsweitergabe sicherstellen.

Meine persönlichen Anmerkungen:

____

____

____

Wo finde ich noch mehr darüber?

Flockenhaus, U. (2016): 30 Minuten Gute Briefings. Offenbach.

Schulz von Thun, F. (2019): Miteinander reden 1–4. Hamburg.

Weiss, A. (2016): Sketchnotes & Graphic Recording: Eine Anleitung. Heidelberg.

5.24 Innovationsfähigkeit

Was ist das?

Innovationsfähigkeit ist das Vermögen, neue, auch fantasiereiche und kreative Lösungen in arbeitsbezogenen Situationen zu erarbeiten, zu erkennen, zu bewerten und/oder zu fordern und diese Lösungen mit Blick auf die Marktsituation zur Marktreife zu bringen.

Woran erkenne ich diese Kompetenz?

Ein Mensch, der über »Innovationsfähigkeit« verfügt,

- hat viele neuartige Ideen,
- besitzt gutes Markt-Know-how,
- sucht und findet unkonventionelle Lösungen,
- geht erfolgreich neue Wege,
- zeigt Fehlertoleranz,
- besitzt Beurteilungskompetenz, ob Lösungen funktionieren können,
- regt durch seine überraschenden Einfälle andere zu Innovationen an.

Zu viel des Guten:

- lehnt Routinetätigkeiten und bewährte Vorgehensweisen ab und hält sich nicht an Standards und Routinen.

Wo stehe ich? – Quick Check

	Stimme nicht zu	Stimme teilweise zu	Stimme voll und ganz zu
Mit dem Markt setze ich mich regelmäßig intensiv auseinander, um Kunden, Wettbewerber und Ansätze für neue Produkte zu verstehen.			
Kreative Methoden zur Entwicklung neuer Ideen kenne ich gut und wende sie regelmäßig an.			
Wenn Ideen nicht funktionieren, macht mir das nichts aus. Ich kann das schnell abhaken und etwas Neues probieren.			
Mir fallen praktisch täglich Neuerungen für mein Arbeitsumfeld, aber auch für unsere Produkte ein.			
Ich weiß sehr genau, welche Schritte man gehen muss, um ein Produkt oder eine Idee zur Marktreife zu bringen.			
Ich setze mich regelmäßig mit Kundenwünschen auseinander, um Ansatzpunkte für Neuerungen zu finden.			
Mir fällt es leicht, »out of the box« zu denken und völlig neue Ideen zu generieren.			
Summe pro Spalte	Multiplizieren Sie die Anzahl der Kreuze mit eins:	Multiplizieren Sie die Anzahl der Kreuze mit zwei:	Multiplizieren Sie die Anzahl der Kreuze mit drei:
Addieren Sie die Summen pro Spalte zu Ihrem Gesamtergebnis für diese Kompetenz:			

Wo stehen Sie? – Deep Dive

- Auf welche Ihrer Innovationen sind Sie besonders stolz? Warum? Wie sind Sie bei der Entwicklung vorgegangen?
- Mit welchen Methoden erarbeiten Sie innovative Ideen?
- Wie binden Sie andere in die Erarbeitung von Innovationen ein?
- Wie stellen Sie regelmäßige Neuerungen in Ihrer Arbeit sicher?
- Welche Ideen waren letztlich ein Flop? Was konnten Sie dennoch daraus lernen?
- Welche Idee haben Sie schon zur Marktreife gebracht? Wie haben Sie das genau gemacht?

Wie kann ich mich verbessern?

On the job

- Erarbeiten Sie sich die Methoden Brainstorming und Six Thinking Hats. Besprechen Sie das Gelernte mit einem HR-Mitarbeiter oder einem Personalentwickler. Testen Sie die beiden Methoden zusammen mit Ihren Kolleginnen und Kollegen.
- Nutzen Sie hausinterne Jobrotation-Möglichkeiten, um neue Ideen zu generieren. Planen Sie für sich Hospitationen in anderen Fachbereichen und begleiten Sie Kollegen dort für zwei Tage.
- Führen Sie eine konkrete kleine Neuerung in Ihrer Arbeitsumgebung ein. Zum Beispiel: Wenn es keine Betriebssportgruppe gibt, gründen Sie sie. Wenn Teammeetings immer im viel zu kleinen Raum XY stattfinden, verlegen Sie sie in eine neue Umgebung. Wenn Ihr Unternehmen nicht auf Messen vertreten ist, überlegen Sie sich ein Konzept.

Off the job

- Buchen Sie ein Design-Thinking-Seminar, um sich Grundlagen in der Methode der Innovationsentwicklung anzueignen.
- Testen Sie ggf. gemeinsam mit Freunden die Zusammenarbeit in einer Working-out-loud-Gruppe und bearbeiten Sie dort ein Innovationsthema.

On the job

- Recherchieren Sie nach den Top-5-Innovationen einer anderen Branche (Produktentstehung, Dauer, Art der Markteinführung) und leiten Sie daraus Maßnahmen für Ihre Arbeit ab.
- Buchen Sie sich einmal im Monat in einen Co-Working-Space ein. Lassen Sie sich durch die Umgebung inspirieren und nutzen Sie Pausen, um mit anderen ins Gespräch zu kommen und sie z. B. ganz konkret nach einer Idee für Ihr Thema zu fragen.
- Planen Sie mit Ihren Teamkollegen oder am besten abteilungsübergreifend einmal alle zwei Monate einen Innovationsworkshop, entwickeln Sie gemeinsam neue Ideen und halten Sie diese gemeinsam nach.
- Fragen Sie Kolleginnen und Kollegen, welche früheren Ideen nicht funktioniert haben und greifen Sie eine davon auf. Prüfen Sie sie noch einmal neu, hinterfragen Sie sie, vielleicht bringen Sie sie mit aktuellen Themen in Verbindung. Kurzum, gehen Sie an die Idee noch einmal mit einem ganz anderen Ansatz heran.

Off the job

- Führen Sie drei Interviews mit Unternehmensgründern, wie sie Innovationen systematisch entwickeln und am Markt testen. Was davon können Sie für Ihre Tätigkeit lernen?

On the job

- Initiieren Sie in Ihrem Unternehmen die Einführung eines Innovation Awards. Setzen Sie eine hochkarätige Jury zusammen, motivieren Sie andere zur Teilnahme, machen Sie die Verleihung zu einer fulminanten Abendveranstaltung.
- Testen Sie ein Makers' Space/FabLab[5] und finden Sie dabei selbst weitere Ideen oder unterstützen Sie andere bei Ihren Ideen.
- Begleiten Sie die Markteinführung eines neuen Produkts in Ihrem Unternehmen.
- Gründen Sie mit Ihrer Idee ein Start-up aus Ihrer aktuellen Organisation aus.

Off the job

- Präsentieren Sie eine innovative Produktidee bei »Die Höhle der Löwen«.

Meine persönlichen Anmerkungen:

Wo finde ich noch mehr darüber?

Christensen, C./Matzler, K./von der Eichen, S. (2011): The innovator's dilemma: Warum etablierte Unternehmen den Wettbewerb um bahnbrechende Innovationen verlieren. München.

Dark Horse Innovation (2016): Digital Innovation Playbook. Das unverzichtbare Arbeitsbuch für Gründer, Macher und Manager. Hamburg.

von Aerssen, B./Bucholz, C. (Hrsg.) (2018): Das große Handbuch Innovation: 555 Methoden und Instrumente für mehr Kreativität und Innovation im Unternehmen. München.

5.25 Interkulturelle Kompetenz

Was ist das?

»Interkulturelle Kompetenz« bezeichnet die Fähigkeit, mit unterschiedlichen Kulturen respektvoll, taktvoll und empathisch umzugehen und zusammenzuarbeiten. Dabei sind die Unterschiede im Wahrnehmen, Fühlen und Handeln zwischen den Kulturen bewusst. Aus unserer Sicht ist interkulturelle Kompetenz eine Clusterkompetenz, be-

5 Ein Makers' Space/Fab Lab ist eine Werkstatt zur Erstellung von Prototypen und ist mit allen erdenklichen technischen Geräten ausgestattet. Zugang haben auch Privatpersonen, die ihre Idee in die Realität umsetzen wollen. Die Abkürzung »Fab Lab« steht für »fabrication laboratory«.

stehend aus Empathie, Zuhören, Selbstreflexion, Anpassungsfähigkeit und Ambiguitätstoleranz.

5.26 Kommunikationsfähigkeit

Was ist das?
»Kommunikationsfähigkeit« umfasst, Informationen aufzunehmen, diese zielgruppengerecht, sachlich und grammatikalisch richtig sowie verständlich weiterzugeben, wobei nicht nur verbale Informationen wahrgenommen werden, sondern auch visuelle und körpersprachliche. Dazu kommt die Fähigkeit, mit mehreren Personen ein Gespräch/eine Diskussion zu führen sowie Präsentationen zu halten. Die Kompetenz »Kommunikationsfähigkeit« erstreckt sich auf die digitale und analoge Welt und ist eine Clusterkompetenz aus Informationsweitergabe, Gesprächsführung, Präsentationsfähigkeit, Empathie.

5.27 Konfliktfähigkeit

Was ist das?
Die Kompetenz »Konfliktfähigkeit« umfasst, Interessengegensätze erkennen zu können, diese aufzudecken, anzusprechen, auszuhalten und aufzulösen. Gemeint sind hierbei Interessengegensätze, in denen die Konfliktpartner emotionalisiert sind – es geht also nicht um rein sachliche Auseinandersetzungen.

Woran erkenne ich diese Kompetenz?
Ein Mensch, der über die Kompetenz »Konfliktfähigkeit« verfügt,

- erkennt drohende Konflikte in der analogen und der digitalen Welt,
- kann darauf adäquat reagieren,
- geht notwendigen Konflikten nicht aus dem Weg,
- bewältigt Konflikte konstruktiv,
- entwickelt sachliche Kriterien zur Entscheidung in Konfliktsituationen,
- vertritt den eigenen Standpunkt oder eine erforderliche Maßnahme, auch wenn Widerstände zu erwarten sind,
- kann mit den eigenen Emotionen umgehen.

Zu viel des Guten:

- macht sich unbeliebt durch übertriebene Konfliktfreude.

Wo stehe ich? – Quick Check

	Stimme nicht zu	Stimme teilweise zu	Stimme voll und ganz zu
Ich bin mir im Klaren darüber, welche Aspekte meines Kommunikationsverhaltens (verbal und nonverbal) konfliktfördernd sind und welche eher ausgleichend.			
Mir fällt es leicht die richtigen Worte zu finden, wenn ich etwas gegen den Willen anderer durchsetzen möchte.			
Ich schaffe es, Lösungen in Konflikten zu erarbeiten, in denen sich keiner als Verlierer fühlt.			
Mir gelingt es gut, verschiedene Vorstellungen schwieriger Partner zusammenzuführen.			
Ich merke auch bei überwiegend virtueller Zusammenarbeit, ob es Schwierigkeiten gibt.			
Ich kann verschiedene Sichtweisen gut akzeptieren.			
Ich kann Konflikte bewusst herbeiführen, um Themen voranzubringen.			
Summe pro Spalte	Multiplizieren Sie die Anzahl der Kreuze mit eins:	Multiplizieren Sie die Anzahl der Kreuze mit zwei:	Multiplizieren Sie die Anzahl der Kreuze mit drei:
Addieren Sie die Summen pro Spalte zu Ihrem Gesamtergebnis für diese Kompetenz:			

Wo stehen Sie? – Deep Dive

- Wie haben Sie sich im letzten größeren Konflikt verhalten? War das gut so?
- Wie gut können Sie atmosphärische Störungen wahrnehmen? Können Sie sie genau benennen und aktiv ansprechen?
- Was tun Sie, um sich in Konflikten eher auf die Gemeinsamkeiten als auf Unstimmigkeiten zu konzentrieren?
- Welches Konfliktpotenzial birgt Ihr persönliches Verhalten?
- Welchen Konflikten gehen Sie eher aus dem Weg? Warum?
- Wie behelfen Sie sich, Konflikte zu lösen, die in der virtuellen Zusammenarbeit liegen?

Wie kann ich mich verbessern?

On the job

- Legen Sie sich einen »Erste-Hilfe«-Zettel mit mindestens fünf Maßnahmen zurecht, wie Sie reagieren können, wenn Sie in einer Auseinandersetzung verbal attackiert werden.
- Hospitieren Sie in der Reklamationsbearbeitung bzw. im Customer Service. Notieren Sie Ihre Lessons Learned.
- Trainieren Sie aktives Zuhören diese Woche. Wiederholen Sie nach einem Gespräch, was Sie verstanden haben und welche Motive Sie vermuten. Holen Sie sich dazu von Ihrem Gegenüber Feedback zu Ihrer Zusammenfassung/Wahrnehmung.
- Tragen Sie aus Ihren Erfahrungen drei gute Einstiegssätze zusammen, wenn Sie ein kritisches Thema ansprechen möchten.

Off the job

- Suchen Sie nach einer emotionalen Auseinandersetzung ganz bewusst das Gespräch. Beschreiben Sie, wie es Ihnen gegangen ist und was vermutlich Ihr Anteil an der Auseinandersetzung war (Ich-Botschaften). Beziehen Sie Ihren Gesprächspartner in eine gemeinsame Lösung mit ein. Fragen Sie ihn nach seiner Sichtweise zum Gesprächsverlauf.
- Buchen Sie für den Gesamtüberblick über das Thema ein Training.

On the job

- Holen Sie sich drei Feedbacks von ehemaligen Konfliktpartnern ein. Welches alternative Verhalten Ihrerseits wäre in den Augen der anderen hilfreich gewesen?
  Mit dem folgenden Arbeitsblatt, das Sie auch in den Arbeitshilfen online finden, können Sie einfach Feedback einholen.

Rückmeldung zu Konfliktverhalten

Dieser Fragebogen soll Ihnen dabei helfen, einen Eindruck von Ihrem Konfliktverhalten zu erhalten. Hierbei geht es um eine Einschätzung durch Personen, mit denen Sie in Ihrem Alltag zu tun haben.

Machen Sie doch einmal eine Selbsteinschätzung. Um ein möglichst vollständiges Bild zu bekommen, bitten wir Sie, den beiliegenden Fragebogen zu kopieren und an je einen oder mehrere Vertreter folgender Personenkreise zu verteilen:

- Familie
- Freunde, Bekannte und Kollegen
- Mitarbeiter
- Vorgesetzte

Nachdem Sie die Fragebögen zurückbekommen haben, können Sie anhand der Fremdeinschätzung sehr gut feststellen, welchen Konfliktstil Sie persönlich am ehesten realisieren. Vielleicht gibt es aber auch Unterschiede in der Konfliktbewältigung zwischen Arbeits- und Privatleben? Mit dieser Übung kommen Sie sich selbst besser auf die Spur. Jetzt geht's los:

Herzlichen Dank für Ihre Bereitschaft, meine Bemühungen in Sachen Konfliktbewältigung zu unterstützen. Meine Bitte an Sie ist es, mein Verhalten in Konfliktsituationen einzuschätzen. Um die Einschätzung ein wenig zu erleichtern, hier fünf Konfliktstile mit Erläuterungen zur Auswahl:

Vermeiden

Dieser Konfliktstil zeichnet sich dadurch aus, dass die entsprechende Person wahrgenommene Konflikte nicht zur Sprache bringt und damit den Konflikten aus dem Weg geht.

Nachgeben

Eine Person mit »nachgebendem Konfliktstil« spricht Konflikte an und bringt eigene Interessen ein. Im Laufe des Prozesses lässt sie sich jedoch überzeugen und räumt dem Standpunkt der Gegenseite Vorrang ein.

Kompromiss

Die kompromissorientierte Person versucht, Konflikte zu lösen, indem sie selbst Zugeständnisse macht. Sie ist bereit, sich »in der Mitte zu treffen« und auf die hundertprozentige Erfüllung ihrer Wünsche zu verzichten. In gleichem Maße fordert sie aber ein Entgegenkommen des Gegenübers.

Integrieren

Eine integrationsorientierte Person arbeitet mit der Gegenpartei so lange an einem Problem, bis eine Lösung gefunden wird, die für beide hundertprozentig zufriedenstellend ist. Das bedeutet, dass die Lösung im Gespräch neu entwickelt wird und ursprüngliche Ziele möglicherweise völlig neu geordnet werden.

Durchsetzen

Den eigenen Interessen wird Vorrang eingeräumt, entsprechend sollen diese durchgesetzt werden, auch gegen den Willen des anderen und möglicherweise auf seine Kosten.

Zur Beurteilung des Konfliktverhaltens steht Ihnen eine Tabelle zur Verfügung, in die Sie die Anteile der verschiedenen Konfliktstile in Form von Prozentwerten eintragen können. Hierbei sollten Sie insgesamt 100 Prozent verteilen. Die zu beurteilende Person kann sich durch bis zu fünf dieser Konfliktstile auszeichnen. Bitte verteilen Sie die 100 Prozent so auf die fünf Konfliktstile, dass sie die Häufigkeit bzw. das Ausmaß repräsentieren, in dem die Person das entsprechende Verhalten aufweist.

Rückmeldung zum Konfliktverhalten		
Das Verhalten der Person zeichnet sich zu ______ Prozent durch **Durchsetzen** aus.		Das Verhalten der Person zeichnet sich zu ______ Prozent durch **Integrieren** aus.
	Das Verhalten der Person ist zu ______ Prozent **kompromissorientiert.**	
Das Verhalten der Person zeichnet sich zu ______ Prozent durch **Vermeiden** aus.		Das Verhalten der Person zeichnet sich zu ______ Prozent durch **Nachgeben** aus.

Zum Schluss bitte ich Sie zu kennzeichnen, in welchem Verhältnis Sie zu mir stehen.
- Ich bin ein Familienangehöriger.
- Ich gehöre zum Freundes und Bekanntenkreis.
- Ich bin ein Arbeitskollege/eine Arbeitskollegin.
- Ich bin ein Mitarbeiter/eine Mitarbeiterin.
- Ich bin ihr/sein/e Vorgesetzte/r.

- Reflektieren Sie die letzten zwei beruflichen Konflikte. Finden Sie heraus, worin die Ähnlichkeiten in diesen Situationen bestehen und besprechen Sie diese z.B. mit einem Coach.
- Sollten Sie in Konfliktsituationen schnell sehr emotional werden, identifizieren Sie mithilfe einer Person Ihres Vertrauens Ihre »roten Knöpfe« und erarbeiten Sie ein persönliches Frühwarnsystem.
- Sprechen Sie ein kritisches Thema gesichtswahrend für den/die anderen ganz gezielt an. Bereiten Sie sich im Vorfeld vor.
- Trainieren Sie, Nein zu sagen. Legen Sie sich dafür einen Handzettel an mit den drei besten Formulierungen für Ihr wertschätzendes Nein. Schauen Sie auch noch einmal ins Kapitel »Durchsetzungsfähigkeit« zu den »Elf Möglichkeiten, Nein zu sagen«.

Off the job
- Nehmen Sie sich heute vor, ganz bewusst auf Bewertungen oder Belehrungen anderer zu verzichten – bewerten Sie sich auch nicht selbst!

On the job
- Melden Sie sich für ein Projekt, in dem einer oder mehrere Ihrer potenziellen Konfliktpartner ebenfalls arbeiten.
- Suchen Sie das Gespräch mit jemandem, mit dem Sie einen »alten« Konflikt haben. Sprechen Sie sich aus.
- Falls Sie in einem gewerkschaftlich organisierten Unternehmen oder einem Unternehmen mit Betriebsrat arbeiten, suchen Sie nach Möglichkeiten, in einem Verhandlungsteam mitzuarbeiten.
- Gehen Sie bewusst auf Konfrontationskurs und sagen Sie »Nein« zu etwas, was dem anderen wichtig ist. Schauen Sie dazu noch einmal ins Kapitel »Durchsetzungsfähigkeit« zu den »Elf Möglichkeiten, Nein zu sagen«.
  - Wie fühlt es sich für Sie an?
  - Wie geht es Ihrem Gegenüber?
  - Wie geht es Ihnen, wenn Sie wissen, wie sich das Gegenüber fühlt?
- Wenn Konfliktlösung Ihre Passion geworden ist, lassen Sie sich zum Mediator ausbilden und bieten Sie Ihre Fähigkeiten im Unternehmen an.

Off the job

- Lassen Sie sich zum Mediator ausbilden und bieten Sie ihre Fähigkeiten in Kindergärten und Schulen an.
- Besuchen Sie eine Gemeinderatssitzung zur Budgetverteilung.
- Engagieren Sie sich z. B. als Verwaltungsbeirat einer Wohnungseigentümergemeinschaft oder als Elternbeirat. Wie gut gelingt es Ihnen, unterschiedliche Vorstellungen zusammenzuführen?

Meine persönlichen Anmerkungen:

Wo finde ich noch mehr darüber?

Birkenbihl, Vera F. (2019): Kommunikationstraining. Zwischenmenschliche Beziehungen erfolgreich gestalten. 40. Aufl., München.

Hugo-Becker, A.; Becker, H. (1992): Psychologisches Konfliktmanagement. 4. Aufl., München.

Rosenberg, M. (2016): Gewaltfreie Kommunikation. Eine Sprache des Lebens. Paderborn.

5.28 Konzeptionelle Fähigkeit

Was ist das?

Die »konzeptionelle Fähigkeit« umfasst, Themenstellungen ganzheitlich und mit allen Zusammenhängen und Wechselwirkungen zu durchdringen und darauf aufbauend Lösungen zu erarbeiten.

Woran erkenne ich diese Kompetenz?

Ein Mensch, der über »konzeptionelle Kompetenz« verfügt,

- kann einen Sachverhalt bezogen auf den Fokus des Konzepts ganzheitlich darstellen,
- verwendet zur Erarbeitung von Lösungen vielfältige Quellen und relevantes Wissen,
- baut ein Konzept systematisch auf,
- erarbeitet, wenn nötig, Szenarien zur Umsetzung,
- stellt Wechselwirkungen, Chancen und Risiken dar.

Zu viel des Guten:

- investiert viel Zeit in die Konzeption, anstatt erste Teile des Konzepts im Sinne von »fail fast« zur Umsetzung zu bringen und dann evidenzbasiert und iterativ weiterzuentwickeln, verliert dadurch an Geschwindigkeit.

Wo stehe ich? – Quick Check

	Stimme nicht zu	**Stimme teilweise zu**	**Stimme voll und ganz zu**
Ich weiß, wie man systematisch bei einer Konzepterstellung vorgeht.			
Für schlüssige Konzepte habe ich schon oft positive Rückmeldungen erhalten.			
Sachverhalte in Ihrer Breite und Tiefe darzustellen, bereitet mir keine Schwierigkeiten.			
Ich kann eine Idee gut in Szenarien darstellen.			
Neues Wissen in einem Konzept zu berücksichtigen ist für mich selbstverständlich.			
Ich bin offen, Veränderungen in das Konzept einzuarbeiten.			
Ein gutes Konzept denkt immer auch an die Umsetzung und beinhaltet konkrete Handlungsanweisungen.			
Summe pro Spalte	Multiplizieren Sie die Anzahl der Kreuze mit eins:	Multiplizieren Sie die Anzahl der Kreuze mit zwei:	Multiplizieren Sie die Anzahl der Kreuze mit drei:
Addieren Sie die Summen pro Spalte zu Ihrem Gesamtergebnis für diese Kompetenz:			

Wo stehen Sie? – Deep Dive

- Welches war Ihr bisher bestes Konzept? Was genau war daran gut?
- Wie gehen Sie bei der Erarbeitung eines Konzepts vor?
- Was würden Sie anderen für die Erarbeitung eines Konzepts empfehlen?
- Wie nehmen Sie neue Aspekte auf?
- Wie stellen Sie sicher, mit dem Konzept flexibel auf Änderungen reagieren zu können?
- Wie erarbeiten Sie konkrete Handlungsempfehlungen?

Wie kann ich mich verbessern?

On the job

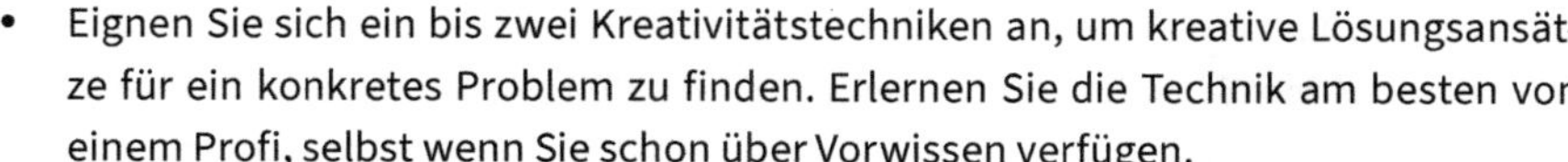

- Eignen Sie sich ein bis zwei Kreativitätstechniken an, um kreative Lösungsansätze für ein konkretes Problem zu finden. Erlernen Sie die Technik am besten von einem Profi, selbst wenn Sie schon über Vorwissen verfügen.

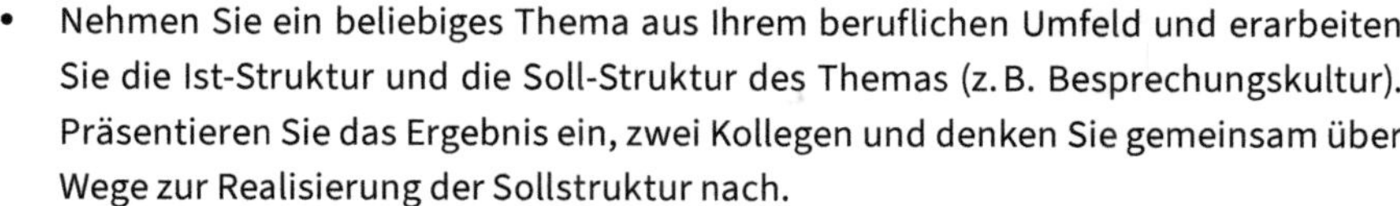

- Nehmen Sie ein beliebiges Thema aus Ihrem beruflichen Umfeld und erarbeiten Sie die Ist-Struktur und die Soll-Struktur des Themas (z. B. Besprechungskultur). Präsentieren Sie das Ergebnis ein, zwei Kollegen und denken Sie gemeinsam über Wege zur Realisierung der Sollstruktur nach.
- Sprechen Sie mit einem Kollegen, der stark in der Strukturierung von Themen ist, wie er bei der Erarbeitung von Strukturen vorgeht.
- Erarbeiten Sie für ein kleineres, neues Thema ein Konzept und nutzen Sie es als persönliches Musterbeispiel, um weitere Konzepte auf diese Art zu erstellen.

Off the job

- Trainieren Sie auch private Anliegen, z. B. Hausbau, der nächste Urlaub, Pläne für das nächste Jahr etc., mit konzeptionellen Techniken zu beleuchten.

On the job

- Hospitieren Sie im Strategiebereich Ihres Unternehmens und nutzen Sie die Gelegenheit, um das Vorgehen der Kollegen für Konzeptentwicklung zu verstehen.
- Melden Sie sich für eine Projektgruppe zu einem neuen Thema, z. B. für die erste hausinterne Messe, für eine Großveranstaltung etc. Erarbeiten Sie in diesem Rahmen mit Ihren Kollegen ein Konzept.
- Erarbeiten Sie, welche Mindeststandards ein Konzept bei Ihnen im Haus erfüllen müssen. Unterscheiden Sie zwischen internen, externen Konzepten, Tischvorlagen, banktauglichen Konzepten etc.

Off the job

- Erarbeiten Sie ein Konzept für ein privates Thema, z. B. für den Verein.

On the job

- Bieten Sie ein Training für interne Mitarbeiter zum Thema Konzepterstellung an. Das kann auch für den Nachwuchs sein, z. B. Azubis, Trainees, Jobstarter. Was wären aus Ihrer Sicht die drei wichtigsten Punkte dieses Trainings?
- Erarbeiten Sie für Ihre Abteilung einen Standard, wie Konzepte aussehen sollen. Verproben Sie diesen Standard zusammen mit Kollegen und entwickeln Sie ihn weiter.
- Melden Sie sich für Großprojekte im Haus, z. B. neuer Standort, neue Strategie etc.

Off the job

- Erarbeiten Sie ein Crowdfunding-Konzept für eine Initiative eines Vereins, Ihr Ehrenamt o.Ä.
- Denken Sie groß bei der Erarbeitung von Konzepten. Wie wären Sie bei einem Konzept für den neuen Flughafen Berlin vorgegangen? Wie sähe Ihr Konzept zur Modernisierung der Deutschen Bahn aus?

Meine persönlichen Anmerkungen:

Wo finde ich noch mehr darüber?

Katja Ischebeck: Erfolgreiche Konzepte: Eine Praxisanleitung in 6 Schritten. Offenbach

Kettl-Römer, B./Natusch, C. (2015): Überzeugende Konzepte. Strukturiert und effektiv von der Idee bis zur Präsentation. Göttingen.

Klug, S. (2013): Konzepte ausarbeiten: Tools und Techniken für Pläne, Berichte, Bücher und Projekte. Business Village GmbH, Göttingen.

5.29 Krisen managen

Was ist das?

Krisen zu managen beschreibt die Fähigkeit, mit außergewöhnlichen, unerwarteten und schwierigen Situationen systematisch umgehen zu können.

Woran erkenne ich diese Kompetenz?

Ein Mensch, der über die Kompetenz verfügt, Krisen zu managen,

- kann schnell, entschlossen und verantwortungsbewusst entscheiden, was in einer schwierigen Situation, hilfreich sein kann;
- koordiniert Personen und Aufgaben, sodass ein geordnetes Bearbeiten der Krisensituation erfolgen kann;
- kennt z.B. im Alarmierungsfall die notwendigen Informationssysteme und innerbetrieblichen Regelungen;
- hört auch in einer schwierigen Situation Beteiligten genau zu, verarbeitet die Informationen, versteht Wechselwirkungen und passt ggf. Maßnahmen an;

- kommuniziert und informiert auch unter Stress klar und verständlich mit Schnittstellen im Unternehmen und ggf. Externen; wägt dabei ab, wer wann worüber zu informieren ist;
- zeigt auch bei länger anhaltenden Krisensituationen Handlungsfähigkeit und Durchhaltevermögen.

Zu viel des Guten:

- trifft im Alleingang Entscheidungen auf Basis der eigenen Überzeugung, obwohl es bewährte Lösungen gibt,
- wird in Krisensituationen kühl und gleichgültig,
- sieht häufig Bedrohungen und macht sich oft Sorgen.

Wo stehe ich? – Quick Check

	Stimme nicht zu	**Stimme teilweise zu**	**Stimme voll und ganz zu**
Ich kann schnell Entscheidungen treffen, auch wenn mir nicht alle Informationen vorliegen.			
Ich stelle mich in Krisensituationen auf die Emotionen anderer ein und agiere entsprechend.			
Ich bleibe auch in stressigen Momenten ruhig und handle kontrolliert und professionell.			
Ich kann mögliche Risiken von Entscheidungen abschätzen und in meine Überlegungen einbeziehen.			
Ich kann in akuten Krisensituationen schnell verstehen, wer die zu informierenden Personen sind und welche Informationen sie benötigen.			
Ich kann mein Vorgehen und den Ressourceneinsatz kurzfristig anpassen, wenn neue Informationen vorliegen.			
Ich nehme in Krisensituationen auch Risiken in Kauf und übernehme Verantwortung für mein Handeln.			
Summe pro Spalte	Multiplizieren Sie die Anzahl der Kreuze mit eins:	Multiplizieren Sie die Anzahl der Kreuze mit zwei:	Multiplizieren Sie die Anzahl der Kreuze mit drei:
Addieren Sie die Summen pro Spalte zu Ihrem Gesamtergebnis für diese Kompetenz:			

Wo stehen Sie? – Deep Dive

- Wie schaffen Sie es, auch in einer Notfallsituation ruhig zu bleiben und besonnen zu handeln?
- In welcher Situation hatten Sie schon einmal die innere Überzeugung, dass ihr Handeln richtig ist, und sind – trotz Kritik von außen – dieser Überzeugung gefolgt?
- Wie reagieren Sie auf die unterschiedlichen Bedürfnisse von Teammitglieder, Schnittstellen und Stakeholdern in einer Krisensituation?
- Beschreiben Sie anhand eines Beispiels, wie Sie in einer akuten und unvorhergesehenen Situation ihr Vorgehen angepasst haben, weil Sie neue Informationen bekommen haben.
- Wie treffen Sie in Krisensituationen Entscheidungen?
- Wie intensiv haben Sie sich schon mit Krisenvermeidung beschäftigt? Kennen Sie die Abläufe in Ihrem Unternehmen im Fall einer akuten Krise?
- Was ist ihr bevorzugter Kommunikationsstil in einer Situation, in der es um schnelle Informationen und Entscheidungen geht?

Wie kann ich mich verbessern?

On the job

- Informieren Sie sich über die unternehmensinternen Abläufe im Krisenfall (z.B. lokaler/überregionaler Blackout, Feueralarm, Cyber-Angriff etc.). Erarbeiten Sie daraus ggf. Handlungsanweisungen für Ihre Abteilung und wie nach der Notfallsituation ein Normalbetrieb wieder hergestellt werden kann.
- Beobachten Sie sich selbst das nächste Mal in einer wirklich kontroversen Diskussion. Wie reagieren Sie (non)-verbal. Wird Ihr Ton lauter? Die Wortwahl schärfer? Haben Sie das Bedürfnis am liebsten Aufspringen zu wollen? Erkennen Sie Ihre Reaktionen und entwickeln Sie ggf. ein alternatives Verhalten.
- Melden Sie sich in Ihrem Unternehmen als Brandschutz- oder Ersthelfer. In der dazugehörigen Weiterbildung lernen Sie viel über Ihr Verhalten und das nötige Verhalten gegenüber anderen, in Notfallsituationen.

Off the job

- Engagieren Sie sich bei einer privaten oder öffentlich-rechtlichen Einrichtung im Zivil- und Katastrophenschutz.
- Recherchieren Sie die Art und Weise, wie sich Unternehmenssprecher in Krisensituationen gegenüber der Öffentlichkeit äußern. Was können Sie davon lernen?

On the job

- Falls Sie Führungskraft oder Projektleiter sind, holen Sie sich Feedback von Ihrem Team ein, inwiefern Sie in der Kommunikation klar und verständnisvoll zugleich sind. Insbesondere in Situationen, die spannungsgeladener sind. Adressieren Sie

das Problem verständlich für andere? Fühlen Sie die Gesprächspartner emotional ernst genommen? Ist klar, was jetzt zu tun ist?
- Bewerben Sie sich für den Krisenstab Ihres Unternehmens oder wechseln Sie für eine Zeit in die Unternehmenssicherheit.
- Probieren Sie bei einigen kleineren Entscheidungen, diese zu treffen, auch wenn Ihnen nicht alle Informationen vorliegen. Überprüfen Sie nach einer Weile, ob das Ergebnis gut war. Reflektieren Sie, wie viel Informationen Sie benötigen, um gute Entscheidungen zu treffen.
- Verbalisieren Sie Ihren Standpunkt in einer kontroversen Diskussion, in der andere eine gegenteilige Meinung zu Ihrer haben. Formulieren Sie adressatengerecht Ihre Perspektive. Falls Sie sich nicht überwinden konnten, reflektieren Sie, was für die Zukunft dafür notwendig ist.

Off the job
- Machen Sie ein Training zum Crew-Ressource-Management und lernen Sie dabei gute Krisenkommunikation, Abstimmung im Team unter Stress und den Umgang mit schwierigen Situationen kennen.
- Melden Sie sich als Ordner bei einem Fußballspiel, einem Konzert, einem Festival oder Ähnlichem. Reflektieren Sie im Nachhinein, was für Sie potentielle Stressauslöser sind und wie Sie diesen begegnen könnten.

On the job

- Trainieren Sie Ihre Fähigkeit, Situationen schnell und auf den Punkt zu analysieren. Reflektieren Sie für eine Zeit lang bewusst, welche Fragen Sie stellen, wenn jemand mit einer Problemstellung zu Ihnen kommt. Sind es die richtigen Fragen gewesen? Notieren Sie sich Ihre Top-3-Fragen, die Ihnen schnell einen Überblick über das Problem verschaffen.
- Erkunden Sie, wo im Unternehmen häufig unerwartete schwere Konflikte oder Krisen auftauchen (z. B. Reklamationsabteilung, Kundendienst, Call Center usw.), machen Sie dort eine Hospitanz und werten Sie Ihre Erfahrungen aus.
- Führen Sie Gespräche mit Mitarbeitern aus Veränderungsprozessen und befragen möglichst detailliert nach deren Erleben zum Schaffen eines »sense of urgency« nach Kotter. (Wie wurde die Dringlichkeit der Problems geschildert? Was hat dies bewirkt? Hat Sie das zu Handlung motiviert? usw.)
- Bieten Sie Kurse zum Krisenmanagement/Business Continuity Management an.

Off the Job
- Wenn Sie aktiv im Sport sind, engagieren Sie sich als Schiedsrichter z. B. in einer Nachwuchsmannschaft und begleiten Sie sie in allen kleineren und größeren Krisen.
- Absolvieren Sie eine Weiterbildung zum Thema Deeskalation.

- Lesen Sie Berichte und Fachbücher, wie Krisen gemanagt wurden (z. B. Kuba-Krise, Bankenkrise etc.). Werten Sie die Literatur aus, was versprechen Ihnen die Autoren? Gegebenenfalls können Sie Rückblickend auch Ihr eigenes Erleben zu der Krise reflektieren?

Meine persönlichen Anmerkungen:

____

____

____

Wo finde ich noch mehr darüber?

Dörner, D. (2012): Die Logik des Misslingens. Strategisches Denken in komplexen Situationen. 11. Aufl., Hamburg.

Eichner, K. (2021): 30 Minuten. Krisenkommunikation. Offenbach.

Bleiber, R. (2021): Erfolgreiches Krisenmanagement: Prävention, Unternehmensstrategien, Wege aus der Krise. Freiburg.

5.30 Kundenorientierung

Was ist das?

Kundenorientierung bedeutet, sich auf die Bedürfnisse und Erwartungen des internen oder externen Kunden zu fokussieren, zu erkennen, was der Kunde möchte und wie dies erreicht werden kann. Gleichzeitig beinhaltet diese Kompetenz auch die Fähigkeit, Kundenbedürfnisse und die Bedürfnisse des eigenen Unternehmens so auszusteuern und bestenfalls in Einklang zu bringen, dass sich eine belastbare Kundenbeziehung entwickelt.

Woran erkenne ich diese Kompetenz?

Menschen, die über die Kompetenz »Kundenorientierung« verfügen,

- erfassen Informationen über den Kunden systematisch,
- kennen die Bedürfnisse des Kunden und stellen sie in den Mittelpunkt,
- gestalten Prozesse unter Berücksichtigung der Kundenperspektive,
- bauen den Kontakt zum Kunden systematisch auf,
- wägen Kundenwünsche und Unternehmensziele ab.

Zu viel des Guten:

- macht sich zum Sklaven des Kunden und verliert dadurch die starke Position eines gleichberechtigten Geschäftspartners.

Wo stehen Sie? – Quick Check

	Stimme nicht zu	Stimme teilweise zu	Stimme voll und ganz zu
Ich kann meine internen und externen Kunden klar benennen.			
Die aktuellen wesentlichen Erwartungen meiner Kunden kann ich klar benennen.			
In regelmäßigen Kundengesprächen erfrage ich ganz gezielt die aktuellen Präferenzen.			
Als Erstes denke ich an den Kunden.			
Bei Rückmeldungen von Kunden prüfe ich sofort, ob sie zu einer Prozessverbesserung führen.			
Ich habe einen Weg gefunden, Kundenwünsche konstruktiv abzulehnen.			
Ich habe es geschafft, langfristige und tragfähige Kundenbeziehungen aufzubauen.			
Summe pro Spalte	Multiplizieren Sie die Anzahl der Kreuze mit eins:	Multiplizieren Sie die Anzahl der Kreuze mit zwei:	Multiplizieren Sie die Anzahl der Kreuze mit drei:
Addieren Sie die Summen pro Spalte zu Ihrem Gesamtergebnis für diese Kompetenz:			

Wo stehen Sie? – Deep Dive

- Was bedeutet Kundenorientierung für Sie im Alltag?
- Wie sieht die Präferenzstruktur Ihres Kunden aus?
- Wann haben Sie zuletzt eine Prozessverbesserung im Sinne Ihres Kunden erarbeitet? War der Kunde in die Prozessverbesserung eingebunden?
- Welches Repertoire haben Sie, Kundenwünsche diplomatisch abzulehnen?
- Wo hat Kundenorientierung ihre Grenzen?
- Welcher Kunde hat den größten Einfluss auf Ihren Teamerfolg?
- Was ist Ihr persönliches Erfolgsrezept, um tragfähige und vertrauensvolle Kundenbeziehungen aufzubauen?

Wie kann ich mich verbessern?

On the job

- Begleiten Sie verschiedene Vertriebsmitarbeiter Ihres Unternehmens bei deren Kundenbesuchen. Nehmen Sie sich das mehrmals im Jahr vor.
- Lernen Sie den Alltag Ihrer Kunden kennen, indem Sie mit den Kunden sprechen oder Sie begleiten. Welche Präferenzen hat der Kunde?

- Fokussieren Sie sich diese Woche jeden Tag darauf, in zwei Situationen (Gespräche, Telefonate, Meetings), besonders kundenorientiert zu sein.
- Recherchieren Sie, was Sie über Ihren Kunden wissen – als Rollenträger und als Mensch. Beginnen Sie darauf aufbauend Ihr nächstes Gespräch mit dem Kunden.
- Recherchieren Sie nach Leitlinien im Umgang mit dem Kunden in Ihrem Unternehmen.

Off the job

- Beobachten und reflektieren Sie im Alltag das Verhalten von Servicepersonal und Kunde, z. B. im Restaurant, im Zug, im Flugzeug.
  - Wie hätten Sie sich in dieser Situation an Stelle des Servicepersonals verhalten?
  - Was genau hätten Sie gesagt oder getan?
  - Was können Sie davon auf Ihren Alltag im Unternehmen übertragen?
- Machen Sie darüber hinaus kleinere Exkursionen zu Orten, an denen es in dieser Hinsicht etwas zu erleben gibt, z. B. indem Sie in einem erstklassigen Hotel oder Restaurant einen ungewöhnlichen Wunsch äußern (z. B. Ketchup im Sternerestaurant). Notieren Sie sich, wodurch sich die Kundenorientierung dann auszeichnet. Welche Wortwahl wird z. B. genutzt? Was können Sie ggf. mit Modifikation übernehmen?

On the job

- Erfragen Sie regelmäßig und systematisch durch Umfragen oder persönliche Gespräche, was Ihre Kunden beschäftigt und wo Sie sie unterstützen könnten.
- Messen Sie, wie lange Ihr Kunde auf eine Antwort für sein Anliegen warten muss. Auf welche Zielzeit können Sie dies im nächsten Schritt verbessern?
- Nehmen Sie Ihre gesendeten E-Mails der letzten Woche und prüfen Sie sie unter dem Aspekt Kundenorientierung. Welche konkreten Verbesserungsansätze gibt es?
- Bitten Sie mindestens fünf Kunden, Kollegen etc. gezielt um individuelles Feedback zu Ihrer Kundenorientierung sowie um konkrete Handlungsempfehlungen, z. B. indem Sie direkt in Ihrer E-Mail Signatur einen Hinweis auf erwünschtes Feedback oder einen Onlinelink vermerken.
- Investieren Sie 30 Minuten, um die Grundzüge von Total Quality Management zu verstehen. Investieren Sie noch einmal 30 Minuten, um die wesentlichen Punkte für Sie zusammenzufassen und zwei konkrete Ableitungen für Ihre tägliche Arbeit zu treffen.

Off the job

- Nehmen Sie sich gezielt vor, heute ein Anliegen eines Kollegen, Freundes, Partners freundlich abzulehnen.

On the job

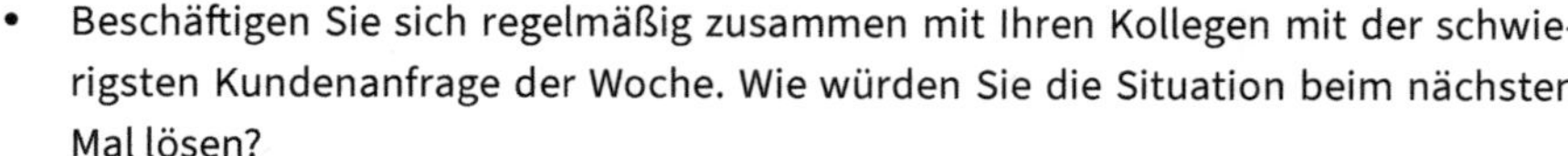

- Beschäftigen Sie sich regelmäßig zusammen mit Ihren Kollegen mit der schwierigsten Kundenanfrage der Woche. Wie würden Sie die Situation beim nächsten Mal lösen?
- Tauschen Sie sich regelmäßig im Team zu Kundenanfragen und Kundenwünschen aus. Wie können Sie Ihr Produkt oder Ihre Dienstleistung noch attraktiver für den Kunden machen?
- Analysieren Sie Ihre Prozesse in Richtung Kunde. Ist der Kundenfokus gewährleistet?
- Beziehen Sie, wenn möglich, Kunden in die Überarbeitung von Prozessen mit ein.
- Erarbeiten Sie Leitlinien im Umgang mit dem Kunden in Ihrem Unternehmen. Fragen Sie dabei auch Ihren Kunden, welche er vermisst.

On the job

- Reflektieren Sie, welche Prozesse in Ihrem privaten Umfeld für Sie als Kunden kundenorientierter gestaltet sein könnten. Berücksichtigen Sie z. B. die Services Ihres Elektrizitäts-, Telefon- oder Internetanbieters, im Versandhandel etc. Wie könnten Sie es schaffen, diesen kritischen Blick auch auf die beruflichen Prozesse anzuwenden?

Meine persönlichen Anmerkungen:

Wo finde ich noch mehr darüber?

Gündling, C. (2018): Letzter Aufruf Kundenorientierung. Vom Sinn zum Gewinn – warum in einer digitalisierten Welt nur echte Kundenorientierung zu Gewinn führen wird. Wiesbaden.

Dehr, G./Biermann, Th. (1996): Kurswechsel Richtung Kunde. Die Praxis der Kundenorientierung. Frankfurt.

Zanetti, D. (2006): Vom Know-how zum Do-how. Ein Buch für Macher. Berlin.

5.31 Leadership

Die Kompetenz »Leadership« umfasst die Fähigkeiten, Verantwortung für Menschen und unternehmerischen Erfolg zu übernehmen und dafür einer Gruppe von Menschen eine Vision zu geben, mit der sie sich identifizieren können; ihre Entwicklung so zu unterstützen, dass Sie ihren bestmöglichen Beitrag zur Erreichung der Vision leisten und dabei selbst Werte vorzuleben, die dazu beitragen. Leadership ist in unserer Auffassung eine Clusterkompetenz aus Empathie, Präsentationsfähigkeit, Selbstreflexion, Zuhören, Gesprächsführung, Personalentwicklung, Informationsweitergabe, Entscheidungsfähigkeit, Begeisterungsfähigkeit, Lernbereitschaft und Ambiguitätstoleranz.

5.32 Lernfähigkeit

Was ist das?

Lernfähigkeit ist das Vermögen und die Bereitschaft, sich Neues durch formelles und informelles Lernen anwendungsorientiert anzueignen – mit einem Zeitaufwand, der zum Schwierigkeitsgrad der Materie in einem angemessenen Verhältnis steht.

Woran erkenne ich diese Kompetenz?

Ein Mensch, der über die Kompetenz »Lernfähigkeit« verfügt,

- hält sein Wissen und Können ständig auf dem neuesten Stand,
- ist bereit und in der Lage, Neues rasch dazuzulernen,
- nimmt gerne neue Herausforderungen an, die der Weiterentwicklung dienen,
- ist für Neuerungen aufgeschlossen,
- interessiert sich auch für angrenzende Fachbereiche,
- bildet sich auch in der Freizeit weiter,
- arbeitet sich rasch in neue Aufgaben ein,
- probiert neue, virtuelle Lernformate aus.

Zu viel des Guten:

- kommt zu wenig ins Handeln.

Wo stehe ich? – Quick Check

	Stimme nicht zu	Stimme teilweise zu	Stimme voll und ganz zu
Private Zeit in meiner Weiterentwicklung zu investieren ist für mich selbstverständlich.			
Es gibt so viele spannende Dinge, dass ich mir nicht vorstellen kann, nichts mehr dazulernen zu können.			

	Stimme nicht zu	Stimme teilweise zu	Stimme voll und ganz zu
Wenn ich etwas nicht verstehe, dann frage ich gerne etwas intensiver nach.			
Ich brauche keinen Chef, der mich zur Weiterbildung schickt, ich nehme das gern selbst in die Hand.			
Ich nutze auch neue, digitale Lernformate.			
Ich schnuppere gern in die Themen von anderen Abteilungen rein, weil andere Wissensgebiete eine Bereicherung sind.			
Neuem gegenüber reagiere ich eher aufgeschlossen und neugierig.			
Summe pro Spalte	Multiplizieren Sie die Anzahl der Kreuze mit eins:	Multiplizieren Sie die Anzahl der Kreuze mit zwei:	Multiplizieren Sie die Anzahl der Kreuze mit drei:
Addieren Sie die Summen pro Spalte zu Ihrem Gesamtergebnis für diese Kompetenz:			

Wo stehen Sie? – Deep Dive

- Was war die schwierigste Lernaufgabe für Sie?
- Auf welche Art, lernen Sie am liebsten Neues hinzu?
- Welches Themengebiet haben Sie sich zuletzt angeeignet und wie?
- Woher kommen für Sie relevante Lernimpulse?
- Wenn eine Lösung für ein Problem nicht funktioniert, wie machen Sie dann weiter?
- In welchem fachfremden Themengebiet konnten Sie Ihr bestehendes Wissen schon erfolgreich einsetzen?

Wie kann ich mich verbessern?

On the job

- Recherchieren Sie heute, welche Lerntypen es gibt und wie diese Lerntypen Wissen aufnehmen.
  - Zu welchem Lerntyp gehören Sie selbst?
  - Was bedeutet das für Ihre persönliche Kompetenzentwicklung?

  Präsentieren Sie Ihre Recherche über Lerntypen im Teammeeting.
- Legen Sie zu Beginn dieser Woche ein Thema fest, über das Sie schon lange etwas lernen wollten. Investieren Sie jeden Tag zehn Minuten Lernzeit – auf keinen Fall mehr. Stellen Sie sich einen Timer und konzentrieren Sie sich in der vorgegebenen Zeit auf das ausgewählte Thema. Notieren Sie sich, was Sie gelernt haben.

- Vereinbaren Sie mit Ihrem Vorgesetzten, dass Sie Kollegen anderer Fachbereiche jeweils für einen Tag begleiten können, um andere Disziplinen kennenzulernen.
- Testen Sie die nächsten drei Monate jeden Monat ein anderes Lernformat, z. B. LinkedIn Learning, Seminare, Kollegen begleiten bei ihrer Arbeit, ein Thema erarbeiten durch Fachliteratur, Wissensapps, MOOC etc. Welches Format passt am besten zu Ihnen?

Off the job

- Erschließen Sie sich diesen Monat ein Themengebiet, von dem Sie bisher nur wenig oder sogar nichts wissen z. B. Aquaristik, Edelsteine, Zwölftonmusik etc.
- Besuchen Sie heute zwei Vorlesungen an der Universität: eine Vorlesung zu Ihrem Fachgebiet und die zweite Vorlesung zu einem völlig fremden Themengebiet.

On the job

- Lernen Sie, indem Sie ins Extrem gehen. Wenn Sie Schwierigkeiten haben, Nein zu sagen, lehnen Sie heute kategorisch alles ab. Wenn Sie Ihre Fähigkeit zur Informationsweitergabe verbessern möchten, teilen Sie heute Wesentliches jedem mit, der Ihnen über den Weg läuft.
- Initiieren Sie eine firmeninterne Wissensquiz-Challenge mit Fragen gezielt zu Ihrem Unternehmen – für das Erstellen des Quiz gibt es verschiedene Apps.
- Bieten Sie sich unternehmensintern als Trainer für Ihr Fachgebiet an.
- Suchen Sie sich einen Mentor zu einem Fach- oder Verhaltensthema, der Sie intensiv unterstützen kann.
- Wählen Sie aus dem Mitarbeiterverzeichnis eine beliebige Person aus und verabreden Sie sich zu einem gemeinsamen Kaffee/Mittagessen. Tauschen Sie sich aus, woran Sie gerade arbeiten.

Off the job

- Nehmen Sie an einer Gerichtsverhandlung, einer Gemeinderatssitzung, o. Ä. teil. Welches Verhalten von anderen hat Facetten, die für Ihr Repertoire eine Bereicherung sind?

On the job

- Melden Sie sich als Referent für ein völlig fachfremdes Thema auf einer Fachtagung an.
- Wählen Sie ein Thema aus Ihrem Umfeld aus, das Sie überhaupt nicht interessiert. Eignen Sie sich über einen bestimmten Zeitraum alles dazu an, was Sie finden können, und werden Sie zum Experten in diesem Thema.
- Etablieren Sie abteilungsübergreifend eine kollegiale Fallberatung im Haus.

- Initiieren Sie Jobrotation. Suchen Sie eine Tätigkeit intern, die Sie gerne machen möchten und übergeben Sie für diese Zeit Ihren Job an einen anderen.

Off the job

- Testen Sie jeden Monat eine Verhaltensweise, die Ihnen sehr schwerfällt, z. B. im Restaurant von einem Fremden ihr Essen auswählen lassen, obwohl Sie ein eher »heikler« Esser sind; einen Tag Jogginghose tragen, obwohl Sie denken, dass das der Selbstaufgabe gleichkommt etc.
- Trauen Sie sich auch, Persönlichkeiten des öffentlichen Lebens zu kontaktieren, wenn diese eine bestimmte Verhaltensweise zeigen, in der Sie besser werden wollen. Fragen Sie nach Tipps.

Meine persönlichen Anmerkungen:

Wo finde ich noch mehr darüber?

Birkenbihl, V. (2018): Trotzdem lernen: Lernen lernen. 9. Aufl., München.

Carey, B. (2015): Neues Lernen: Warum Faulheit und Ablenkung dabei helfen. 2. Aufl., Reinbek bei Hamburg.

Schäfer, J. (2011): Genie oder Spinner. Sind wir offen für Neues? Köln.

5.33 Leistungsfähigkeit

Was ist das?

Leistungsfähigkeit ist das Vermögen und die Bereitschaft, für sich selbst, für unterstellte Mitarbeiter und für das Unternehmen als Ganzes hohe Ziele verbunden mit überdurchschnittlicher Leistung anzustreben.

Woran erkenne ich diese Kompetenz?

Ein Mensch, der über die Kompetenz »Leistungsfähigkeit« verfügt,

- setzt hohe Ziele für sich und andere,
- zeigt hohen Einsatz bei der Realisierung seiner Ziele,
- gibt sich nicht mit durchschnittlichen Leistungen zufrieden,
- betrachtet neue Aufgaben als Entwicklungschance,
- hält Terminzusagen ein,
- spricht begeistert von seinen Aufgaben,

- nimmt die Unternehmensbelange sehr wichtig und trägt engagiert dafür Sorge, vorgegebene Ziele zu erreichen.

Zu viel des Guten:
- wirkt schnell angestrengt, wenn andere nicht die gleiche Leistungsorientierung zeigen. Berücksichtigt zu wenig eigene Ruhephasen und die von anderen.

Wo stehe ich? – Quick Check

	Stimme nicht zu	Stimme teilweise zu	Stimme voll und ganz zu
Herausfordernde Aufgaben motivieren mich ungemein.			
Ich gebe mich selten mit weniger als 100 % zufrieden.			
Lange Arbeitszeiten machen mir nichts aus, wenn ich mich für eine Aufgabe engagiere, die mir Spaß macht.			
Von anderen erwarte ich, dass sie sich anstrengen und Überdurchschnittliches leisten.			
Mir ist es sehr wichtig, kontinuierlich Ergebnisse zu liefern.			
Mich nervt es, wenn andere nicht alles geben.			
Ich bin der festen Überzeugung, dass man mit jeder Aufgabe dazulernt.			
Summe pro Spalte	Multiplizieren Sie die Anzahl der Kreuze mit eins:	Multiplizieren Sie die Anzahl der Kreuze mit zwei:	Multiplizieren Sie die Anzahl der Kreuze mit drei:
Addieren Sie die Summen pro Spalte zu Ihrem Gesamtergebnis für diese Kompetenz:			

Wo stehen Sie? – Deep Dive
- Was sind – beruflich gesehen – Ihre größten vollbrachten Leistungen?
- Was muss eine Aufgabe beinhalten, damit Sie sich überdurchschnittlich engagieren?
- Wie gehen Sie mit Ihrer Erwartungshaltung zum Thema Leistungsbereitschaft gegenüber anderen um?
- Wie sorgen Sie dafür, dass Sie immer ausreichend Energie haben, um Ihre hohen Leistungsstandards zu erreichen?

- Wie gehen Sie damit um, wenn die Rahmenbedingungen Ihre volle Leistungsfähigkeit beeinträchtigen?

Wie kann ich mich verbessern?

On the job

- Analysieren Sie Ihr berufliches Umfeld. Sind an Ihrem Arbeitsplatz alle Voraussetzungen erfüllt, um leistungsorientiert und konzentriert arbeiten zu können? Notieren Sie alle Störfaktoren und schalten Sie diese aus.
- Blicken Sie auf Ihr Berufsleben bzw. auf Ihre Studien- oder Ausbildungszeit zurück: Welche Aufgaben waren es, die Sie am meisten motiviert haben? Wie ist das heute?
- Sprechen Sie mit Teamkollegen, an welchem Thema sie gemeinsam arbeiten könnten, um ein noch besseres Arbeitsergebnis zu erreichen. Sprechen Sie auch darüber, was ein gutes und was ein exzellentes Arbeitsergebnis in diesem Fall wäre.
- Schreiben Sie eine Liste mit all den Dingen, die Sie an einer Aufgabe motivieren. Nun bewerten Sie, inwiefern diese Dinge in Ihrer aktuellen Aufgabe enthalten sind. Was können Sie tun, um noch mehr motivierende Aufgaben in Ihren Arbeitsalltag zu bringen? Oder: Vielleicht ist es Zeit für einen Wechsel?

Off the job

- Wählen Sie eine Person des öffentlichen Lebens, die für Engagement und Leistungsbereitschaft steht. Nehmen Sie sich heute vor, Sie hätten 50 % der Leistungsbereitschaft dieser anderen Person.
  - Was packen Sie als Nächstes an?
  - Womit geben Sie sich zufrieden?
  - Welche Quengeleien sparen Sie sich heute?

On the job

- Investieren Sie heute in eine anstehende Aufgabe 15 Minuten mehr und optimieren Sie das Arbeitsergebnis in dieser Zeit.
- Investieren Sie 30 Minuten, um die Grundzüge von Business Excellence zu verstehen. Investieren Sie noch einmal 30 Minuten, um die wesentlichen Punkte für Sie zusammenzufassen und zwei konkrete Dinge für Ihre tägliche Arbeit abzuleiten. Wiederholen Sie dies jeden Monat.
- Wer ist für Sie Vorbild zum Thema Leistungsbereitschaft? Was genau möchten Sie von diesem Vorbild übernehmen?
- Schreiben Sie eine Liste mit Ihren Werten. Prüfen Sie, ob Sie diese in Ihrem Beruf leben.
  - Wenn Ihnen Freizeit wichtig ist, warum melden Sie sich dann für jede Zusatzaufgabe?
  - Wenn Ihnen Familie wichtig ist, warum haben Sie einen Beruf mit wöchentlichen Dienstreisen?

Wenn Sie Ihre Werte noch nicht klar benennen können, arbeiten Sie z. B. mit einem Coach daran.

Off the job

- Identifizieren Sie die Dinge, die Sie privat von einer gesteigerten Leistungsbereitschaft abhalten. Welche Ablenkungen gibt es? Was sind geeignete Gegenmaßnahmen?

♕♕♕ **On the job**

- Überzeugen Sie Ihren Vorgesetzten, eine Business-Excellence-Initiative für Ihre Organisationseinheit zu starten. In welchen Feldern können Sie sich noch verbessern und wie?
- Stecken Sie heute jemanden mit Ihrer Leistungsbereitschaft an. Wer könnte Ihre positive Energie gebrauchen?
- Unterstützen Sie andere z. B. in einem internen Mentorenprogramm.

Off the job

- Suchen Sie sich eine kleine sportliche Herausforderung. Gehen Sie diese sofort an. Wenn Sie sich allein schwer aufraffen können, suchen Sie sich Gleichgesinnte, z. B. indem Sie im Internet einen Aufruf starten oder sich im örtlichen Sportverein anmelden.
- Steigern Sie auch Ihre geistige Leistungsfähigkeit, indem Sie Ihrem Gehirn immer wieder neue Impulse geben. Lernen Sie zu jonglieren, Schach zu spielen oder beginnen Sie, ein Instrument zu spielen.

Meine persönlichen Anmerkungen:

____

____

____

Wo finde ich noch mehr darüber?

Birkenbihl, V. (2019): Finde deinen Fixstern. Die eigenen Lebensziele erkennen und erreichen. München.

Collins, J. (2003): Der Weg zu den Besten. Die sieben Management-Prinzipien für dauerhaften Unternehmenserfolg. Frankfurt/New York.

Länger, A. (2018): Gesund und leistungsfähig im Job: Die besten Strategien und Übungen für den Arbeitsalltag. Freiburg.

Sinek, S. (2009): Start with why: how great leaders inspire everyone to take action. New York.

5.34 Mitarbeiterentwicklung

Was ist das?

Die Kompetenz »Mitarbeiterentwicklung« ist die Fähigkeit, Stärken von Mitarbeitern zu erkennen, sie stärkenorientiert einzusetzen, Entwicklungsmöglichkeiten zu identifizieren und anzubieten. Dazu gehört auch, im Austausch mit den Mitarbeitern zu ihrer Entwicklung zu sein, etwas über ihre Sichtweisen und Karrierewünsche zu erfahren und diese zu berücksichtigen.

Woran erkenne ich diese Kompetenz?

Ein Mensch, der über die Kompetenz »Mitarbeiterentwicklung« verfügt,

- kennt die Stärken und Schwächen der Mitarbeiterinnen und Mitarbeiter und urteilt nicht nur aufgrund von Einzelsituationen,
- hat ein klares Bild zum Anspruch an die Fähigkeiten der Mitarbeiter und legt diesen offen,
- hat bereits mehrere Talente entwickelt und für neue Jobs in der Organisation positioniert,
- setzt sich auch außerhalb des Entwicklungsgesprächs mit der Entwicklung der Mitarbeiter auseinander,
- ist an den Interessen und am Umfeld des Mitarbeiters interessiert,
- überlegt sich konkrete Maßnahmen für die Entwicklung,
- holt sich Feedback aus der Organisation über die Leistung.

Zu viel des Guten:

- überschätzt den Willen (oder die Fähigkeit) anderer zur persönlichen Weiterentwicklung oder wirkt in dieser Hinsicht »übergriffig«.

Wo stehe ich? – Quick Check

	Stimme nicht zu	Stimme teilweise zu	Stimme voll und ganz zu
Die persönliche Weiterentwicklung meiner Mitarbeiter liegt mir am Herzen.			
Professionalität bedeutet auch, Mitarbeiter für die gesamte Organisation zu entwickeln und nicht nur für den eigenen Bereich.			
Ich überlege mir für jeden Mitarbeiter, was ein sinnvoller nächster Entwicklungsschritt auf der Basis seiner Stärken ist.			
Entwicklungsfelder kann ich konstruktiv rückmelden und konkrete Entwicklungsmaßnahmen benennen.			

	Stimme nicht zu	**Stimme teilweise zu**	**Stimme voll und ganz zu**
Ich führe regelmäßig Entwicklungsgespräche mit meinen Mitarbeitern.			
Ich kenne von jedem Mitarbeiter den persönlichen Karrierewunsch.			
Meine Mitarbeiter haben mir rückgemeldet, dass sie die regelmäßigen Gespräche zu ihrer Entwicklung schätzen.			
Summe pro Spalte	Multiplizieren Sie die Anzahl der Kreuze mit eins:	Multiplizieren Sie die Anzahl der Kreuze mit zwei:	Multiplizieren Sie die Anzahl der Kreuze mit drei:
Addieren Sie die Summen pro Spalte zu Ihrem Gesamtergebnis für diese Kompetenz:			

Wo stehen Sie? – Deep Dive

- Was bedeutet für Sie Mitarbeiterentwicklung und was ist Ihre Sichtweise zur Form, wie diese stattfindet?
- Wie viele Talente haben Sie bisher identifiziert, entwickelt und der Organisation zur Verfügung gestellt?
- Wie häufig sprechen Sie mit Ihren Mitarbeiterinnen und Mitarbeitern über ihre Entwicklung?
- Beschreiben Sie, woran Sie Stärken und Entwicklungsfelder erkennen und wie Sie diese rückmelden.
- Welche internen Entwicklungsinstrumente nutzen Sie für Ihre Mitarbeiter bereits?

Wie kann ich mich verbessern?

On the job

- Stärken und Entwicklungsfelder können Sie nur identifizieren, wenn Sie Ihre Mitarbeiterinnen und Mitarbeiter immer wieder in gemeinsamen Situationen erleben. Geben Sie sich einen Rhythmus, wie häufig Sie »direct reports«, also Mitarbeiter, die an Sie berichten, in Terminen erleben wollen.
- Wiederholen Sie für sich die Regeln des Feedbackgebens und -nehmens und hängen Sie sie gut sichtbar an Ihrem Arbeitsplatz auf.
- Reflektieren Sie mit Ihrem Mitarbeiter nach gemeinsam erlebten Situationen die individuelle Sichtweise auf die Situation:
  - Was lief gut?
  - Was könnte noch besser werden?

- Entwickeln Sie einen gemeinsamen Plan, wie die Karriereziele des Mitarbeiters erreicht werden können und welche Kompetenzen und Skills dafür entwickelt werden sollen.
- Verschaffen Sie sich einen Überblick über vorhandene Personalentwicklungsinstrumente und -prozesse in Ihrem Unternehmen.

Off the job

- Schätzen Sie die Stärken Ihrer Kinder ein und wie Sie diese noch besser einsetzen können.
- Besprechen Sie im Verein, wer nächstes Jahr aufgrund seiner Stärken welche Projekte übernehmen könnte.

On the job

- Falls noch nicht vorhanden: Erarbeiten Sie eine Übersicht mit den entsprechenden Arbeitspaketen pro Entwicklungsstufe (z. B. Junior Controller – Controller – Senior Controller) und den nötigen persönlichen Eigenschaften, die dafür erfüllt sein müssen.
- Erarbeiten Sie eine Übersicht zu den Weiterentwicklungsmaßnahmen –sie sollten ein echtes »Strecken« für die Person bedeuten, z. B. durch eine zusätzliche Rolle in einer Taskforce, als Ansprechpartner für internationale Themen oder für interne Hospitationen in anderen Bereichen oder als Verantwortlicher für Azubis in Ihrer Organisationseinheit etc.
- Reflektieren Sie mit jedem Ihrer »direct reports« 30 Minuten pro Quartal die Hoch- und Tiefpunkte der letzten drei Monate. Reflektieren Sie insbesondere Ihre gemeinsame Zusammenarbeit.
- Holen Sie sich mindestens zweimal im Jahr systematisches Feedback von anderen zu Ihren Mitarbeiterinnen und Mitarbeitern ein.
- Sollten Sie das Thema Mitarbeiterentwicklung aus Angst um die eigene Position vernachlässigen, reflektieren Sie Ihre Sichtweise in einem Coaching.

Off the job

- Reflektieren Sie, warum Ihre Schwiegereltern in ihren Berufen besonders erfolgreich gewesen sein könnten. Was wären alternative Berufe gewesen, in denen sie ihre Stärke besonders gut hätten einsetzen können?

On the job

- Melden Sie sich als Projektleiter für ein aktuelles Thema und rekrutieren Sie ein sehr heterogenes Team mit verschiedenen Nationalitäten, Interessen, Sprachen etc.
- Schreiben Sie auf, was Sie in Sachen Mitarbeiterentwicklung von Ihrem Vorbild lernen können und wie Sie das umsetzen möchten.

- Initiieren Sie regelmäßige Peergroup-Treffen, um sich mit Kollegen zum Thema Mitarbeiterentwicklung auszutauschen.
- Stellen Sie sich als Mentor für den Führungsnachwuchs zur Verfügung.
- Melden Sie sich als Beobachter für unternehmensinterne Assessment-Center.

Off the job
- Übernehmen Sie die Patenschaft für ein (Waisen-)Kind oder einen Jugendlichen und kümmern Sie sich aktiv um die gesellschaftliche, politische oder weltanschauliche Entwicklung und Sozialisation.
- Engagieren Sie sich bei der Integration ausländischer Mitbürgerinnen und Mitbürger – bringen Sie ihnen die Gegebenheiten der Kultur und Besonderheiten des Landes nahe.

Meine persönlichen Anmerkungen:

Wo finde ich noch mehr darüber?

Haberleiter, E./Deistler, E./Ungvari, R. (2015): Führen, fördern, coachen. So entwickeln Sie die Potentiale Ihrer Mitarbeiter. 2. Aufl., München.

Hofert, S. (2018): Das agile Mindset. Mitarbeiter entwickeln, Zukunft der Arbeit gestalten. Wiesbaden.

Kaye, B./Winkle Guilioni, J. (2012): Help them grow or watch them go. Kalifornien.

5.35 Moderationsfähigkeit

Was ist das?

Die Kompetenz »Moderationsfähigkeit« umfasst, mit einem bestimmten methodischen Vorgehen eine Gruppe zum gemeinsamen Ziel zu führen und dabei möglichst viele Gruppenmitglieder zu beteiligen.

Woran erkenne ich diese Kompetenz?

Ein Mensch, der über die Kompetenz »Moderationsfähigkeit« verfügt,
- legt Ziele für die Moderation fest bzw. erarbeitet sie mit der Gruppe,
- kennt die Aufgaben und die Rolle eines Moderators,
- kennt den Moderationszyklus und wendet ihn an,

- setzt visuelle Hilfsmittel ein,
- steuert die Teilnehmer im Arbeitsprozess durch geeignete Fragetechniken,
- kann auch schwierige Gruppensituationen bewältigen.

Zu viel des Guten:

- moderiert auch in Situationen, in denen Einzelentscheidungen indiziert sind.

Wo stehe ich? – Quick Check

	Stimme nicht zu	Stimme teilweise zu	Stimme voll und ganz zu
Wenn ich kurzfristig eine Situation moderieren muss, weiß ich meistens sofort, was ein guter nächster Schritt ist.			
Eine optisch ansprechende Flipchart zu gestalten, ist für mich grundlegend bei meiner Moderationsarbeit.			
Wenn ich kurzfristig eine Situation moderieren muss, macht mir das nichts aus.			
Ich habe bereits eine Vielfalt an Workshopmethoden ausprobiert und parat.			
Mit schwierigen Workshopteilnehmern kann ich souverän umgehen.			
Bei der Vorbereitung einer Moderation für einen Workshop kann ich schnell auf ein breites Repertoire an Methoden zurückgreifen.			
Für meine Moderationen habe ich schon häufig gutes Feedback erhalten.			
Summe pro Spalte	Multiplizieren Sie die Anzahl der Kreuze mit eins:	Multiplizieren Sie die Anzahl der Kreuze mit zwei:	Multiplizieren Sie die Anzahl der Kreuze mit drei:
Addieren Sie die Summen pro Spalte zu Ihrem Gesamtergebnis für diese Kompetenz:			

Wo stehen Sie? – Deep Dive

- Wie gehen Sie bei der Auftragsklärung für eine Moderation vor?
- Anhand welcher Kriterien gestalten Sie das Moderationsdrehbuch?
- Welche schwierigen Workshopteilnehmer hatten Sie selbst schon in einem Workshop? Wie sind Sie damit umgegangen?

- In welchen Moderationen haben Sie das vereinbarte Ziel nicht erreicht? Wie sind Sie damit umgegangen?
- Welche Moderationsmethoden nutzen Sie wofür?

Wie kann ich mich verbessern?

On the job

- Begleiten Sie einen erfahrenen Moderator bei der Vorbereitung, Durchführung und Nachbereitung. Notieren Sie sich für jede Phase Ihre zwei wesentlichen Lernerfahrungen.
- Wenden Sie diese Woche zwei Moderationsmethoden (z. B. Kartenabfrage, Einpunktabfrage etc.) an.
- Erarbeiten Sie sich persönliche Checklisten zur Vorbereitung und Durchführung von Moderationen.
- Reflektieren Sie für sich, welche Rollen ein Moderator übernehmen muss und in welcher Ausprägung Sie diese Rolle schon bewältigen. Was benötigen Sie, um in Ihren Entwicklungsbereichen einen nächsten Schritt machen zu können?

Off the job

- Erlernen Sie die Grundlagen in einem Moderationstraining.
- Trainieren Sie die Auftragsklärung diese Woche bei mindestens drei privaten Anliegen.

On the job

- Melden Sie sich für kleinere Moderationsaufgaben z. B. in einem regelmäßig wiederkehrenden Meeting. Lassen Sie sich von einem erfahrenen Kollegen bei der Vorbereitung, Durchführung, Nachbereitung unterstützen und/oder begleiten. Holen Sie sich zwei detaillierte Feedbacks nach der Durchführung ein.
- Nutzen Sie die Gelegenheit und moderieren Sie einen Tagesworkshop. Holen Sie sich am nächsten Tag ausführliche Feedbacks der Teilnehmer ein.
- Üben Sie Möglichkeiten der Visualisierung von vorzubereitenden Flipcharts für Workshops. Legen Sie sich ein Repertoire von zehn häufig genutzten Symbolen zurecht. Trainieren Sie das Schreiben an Flipcharts.
- Notieren Sie sich die drei häufigsten Teilnehmertypen, die Moderationen stören. Was sind jeweils gute Herangehensweisen, um mit diesen Typen umzugehen?

Off the job

- Hängen Sie gelegentlich Flipcharts in Ihre Wohnung, um das Visualisieren und Schreiben zu trainieren. Die Themen können beliebig sein, ein Brainstorming für den nächsten Urlaub, Ideensammlungen für die nächste Vereinssitzung etc. Probieren Sie, was Ihnen gut gelingt und was noch verbessert werden muss. Üben Sie sich in der Visualisierung von Sachverhalten.

On the job

- Üben Sie Möglichkeiten der spontanen Visualisierung in Besprechungen und Workshops.
- Wenn Sie bereits eine gute Methode und Struktur beherrschen, fokussieren Sie sich auf die Gruppendynamik: wie man eine Gruppe aktiviert, ausgleichend auf sie einwirkt, mit Störungen umgeht, aufkeimende Konflikte anspricht etc. Schreiben Sie Ihre persönliche Erfahrungsliste.
- Erweitern Sie Ihre Moderationserfahrung, indem Sie Erfahrungen mit dem Teambuilding sammeln. Bieten Sie Ihre Unterstützung im Team oder im HR-Bereich an.
- Geben Sie Ihr Wissen an andere weiter, z. B. indem Sie ein internes Training anbieten.

Off the job

- Nutzen Sie auch im privaten Umfeld Möglichkeiten zur Moderation, z. B. in Familienangelegenheiten, im Verein etc.

Meine persönlichen Anmerkungen:

Wo finde ich noch mehr darüber?

Myhsok/Jäger (2008): Moderieren in Gruppen &Teams. Handbuch für Moderation. Paderborn.

Rachow, A./Sauer, J. (2015): Der Flipchart-Coach. Profi-Tipps zum Visualisieren und Präsentieren am Flipchart. Bonn.

Von Kanitz, A. (2018): Crashkurs professionell Moderieren. 2. Aufl., Freiburg.

5.36 Networking

Was ist das?

Networking ist die Fähigkeit, zu anderen leicht Kontakt zu finden und von ihnen akzeptiert zu werden sowie bestehende Kontakte zu pflegen und durch aktives Bemühen enge Beziehungen auf- und ausbauen. Dahinter verbirgt sich ein ehrliches Interesse am Kommunikationspartner und diese fühlen sich dabei wohl, weil ihre Gefühle und Bedürfnisse beachtet werden.

Woran erkenne ich diese Kompetenz?

Ein Mensch, der über die Kompetenz »Networking« verfügt,

- kann persönliche Netzwerke aufbauen und managen,
- geht von sich aus auf andere zu, auch wenn kein direkter Arbeitskontakt besteht,
- kommt schnell mit ganz verschiedenen Menschen in Kontakt,
- zeigt kollegiale Wertschätzung und Achtung,
- hat eine gute Beziehung zu seinen Geschäftspartnern,
- interessiert sich für den Alltag und die Themen anderer,
- kann sich gut auf die Bedürfnisse seiner Gesprächspartner einstellen.

Zu viel des Guten:

- Investiert zu viel Zeit, andere kennenzulernen und den Kontakt zu pflegen und bringt dabei zu wenig Sachziele voran.

Wo stehe ich? – Quick Check

	Stimme nicht zu	**Stimme teilweise zu**	**Stimme voll und ganz zu**
Auf fremde Menschen zuzugehen bereitet mir überhaupt keine Schwierigkeiten.			
Getreu dem Motto »Jeder Jeck ist anders« kann ich mich gut auf sehr verschiedene Persönlichkeiten einlassen.			
Wenn ich zu Konferenzen oder Fachtagungen gehe, ist mir der Kontakt zu anderen genauso wichtig, wie das Tagungsprogramm.			
Mir bereitet es keine Mühe, meinem Gegenüber auch persönliche Dinge anzuvertrauen.			
Zeit mit Netzwerkpflege zu verbringen gibt mir mehr Energie, als sie mich kostet.			
In einem geschäftlichen Meeting stört es mich überhaupt nicht, wenn wir nicht gleich zum Thema kommen, sondern ein paar Minuten für Socializing verwenden.			
Durch meine Art schaffe ich es immer wieder, auch belastbare und tragfähige Beziehungen zu anderen zu entwickeln.			
Summe pro Spalte	Multiplizieren Sie die Anzahl der Kreuze mit eins:	Multiplizieren Sie die Anzahl der Kreuze mit zwei:	Multiplizieren Sie die Anzahl der Kreuze mit drei:

	Stimme nicht zu	Stimme teilweise zu	Stimme voll und ganz zu
Addieren Sie die Summen pro Spalte zu Ihrem Gesamtergebnis für diese Kompetenz:			

Wo stehen Sie? – Deep Dive

- Wie sind Sie beim Aufbau Ihres Netzwerks vorgegangen?
- Welche Ihrer Eigenschaften fördern den schnellen Kontakt zu anderen?
- Welche Beispiele können Sie nennen, in denen Sie organisationsübergreifend Vernetzung initiiert haben? Bei welchem Thema/Projekt war dies der Fall?
- Beschreiben Sie anhand eines Beispiels, wie Sie die Kontaktaufnahme und das Entstehen einer tragfähigen Beziehung gesteuert haben.
- Wie viel Zeit investieren Sie pro Tag/Woche für Ihr Beziehungsmanagement?
- Was ist der erste Eindruck, den Sie anderen vermitteln? Welches Feedback haben Sie dazu bekommen?
- Auf wen in Ihrem Netzwerk können Sie zählen?

Wie kann ich mich verbessern?

On the job

- Überlegen Sie sich zwei bis drei positive Einstiegssätze, wenn Sie jemand Neues kennenlernen. Wie möchten Sie denjenigen ansprechen, was möchten Sie von sich erzählen? Verinnerlichen Sie diesen »Beipackzettel«.
- Nehmen Sie sich für die nächste Fachtagung vor, mindestens drei neue Kontakte zu knüpfen und sich in den Pausen nicht immer mit denselben Gesprächspartnern auszutauschen.
- Suchen Sie sich mindestens fünf Interviewpartner in Ihrer Organisation und besprechen Sie gemeinsam den Stellenwert von Netzwerken in Ihrem Unternehmen. Welche Top-10-Personen haben derzeit den größten Einfluss und welche Interessen verfolgen Sie?
- Nehmen Sie sich heute vor, eine Begegnung bewusst auf der persönlichen Ebene zu beginnen, bevor Sie in das Sachthema einsteigen.
- Reflektieren Sie, wie Sie auf andere wirken wollen.
  - Was ist Ihnen wichtig?
  - Welchen Eindruck könnten die heutigen Gesprächspartner von Ihnen bekommen haben?
- Wenn Sie ein tragfähiges Netzwerk aufbauen wollen, gehört der regelmäßige Austausch mit anderen dazu. Machen Sie sich einen Plan, welche fünf bis zehn Kontakte Sie regelmäßig sehen möchten und zu welchen Gelegenheiten. Betrachten Sie diese Termine (auch wenn Sie zum Mittagessen oder Kaffeetrinken stattfinden) als vollwertige Geschäftstermine und tragen Sie sie in Ihren Bürokalender ein.

Off the job

- Kontrollieren Sie bei der Kontaktaufnahme mit Personen außerhalb des beruflichen Kontexts Ihre persönliche Stimmung dem Gesprächspartner gegenüber, Ihre Körperhaltung und Ihre Aufmerksamkeit.

On the job

- Bevor Sie neue Ideen in die Breite kommunizieren oder testen, gehen Sie Klinken putzen und holen Sie sich die Meinung der obersten Führungskräfte Ihrer Organisation ein. Ist Ihr Thema gerade mehrheitsfähig?
- Machen Sie eine Bestandsaufnahme zu Ihrem Netzwerk:
  - Wer ist Teil Ihres Netzwerks?
  - Wie sollten Sie Ihr Netzwerk weiterentwickeln?
  - Wer sollte noch dazu gehören?
  - Welche Kontakte können Sie getrost vernachlässigen?
  - Wer gehört zu Ihrem persönlichen Inner Circle?
- Wenn Sie ein tragfähiges Netzwerk aufbauen wollen, gehört neben der Regelmäßigkeit auch der Tiefgang im gemeinsamen Austausch dazu. Zu welchem Thema möchten Sie sich mit Ihrem Gesprächspartner austauschen und welche Informationen können Sie ihm dazu geben (wenn er möchte)?
- Nutzen Sie die Teilnahme an einem Working-out-loud-Programm, um neue Menschen kennenzulernen.
- Wenn Sie auf einer Fachtagung jede Menge neue Gesprächspartner kennengelernt haben, stellen Sie die Vernetzung im Anschluss sicher, indem Sie Ihre Gesprächspartner über ein Online-Netzwerk kontaktieren oder – wenn Sie die Visitenkarte haben – eine nette E-Mail ins Büro schicken und sich für das Gespräch bedanken. Am besten vereinbaren Sie gleich ein Telefonat oder Treffen, um den Gedankenaustausch wieder aufzunehmen und zu vertiefen.

Off the job

- Überprüfen Sie auch Ihr privates Netzwerk. Wer gibt Ihnen Kraft? Wer ist ein Energieräuber?
- Gehen Sie beim Aufbau Ihres Netzwerks in Vorleistung, ohne unmittelbar Dankbarkeit zu erwarten. Geben Sie einem anderen z. B. einen Tipp für einen guten Artikel, wenn Sie wissen, dass derjenige sich für das Thema interessiert; bieten Sie Unterstützung in Ihrem Verein an etc.

On the job

- Initiieren Sie Netzwerktreffen und bringen Sie andere Menschen zusammen. Unterstützen Sie weniger gut vernetzte Kolleginnen und Kollegen und geben Sie ihnen eine Plattform.
- Wenn Sie schon ein Profi im Beziehungsmanagement sind, unterstützen Sie andere, die sich schwerer tun, und bieten Sie Ihre Fähigkeit in unternehmensinternen oder -externen Mentorenprogrammen an.

- Erklären Sie Ihrem Mentee die formellen und informellen Kanäle Ihrer Organisation.
- Initiieren Sie regelmäßig Projekte, bei denen die fachbereichsübergreifende Zusammenarbeit im Fokus steht. Sorgen Sie dafür, dass diese in den entsprechenden unternehmensinternen Gremien als crossfunktionale Projekte vorgestellt werden und die Teammitglieder eine Bühne bekommen.
- Machen Sie es sich zum Ziel, einen bestimmten Menschen, den Sie bisher nur vom Sehen kennen und der fachlich eine Bereicherung sein könnte, persönlich kennenzulernen. Das kann auch eine Person des öffentlichen Lebens sein.

Off the job

- Wenn Sie eine Person des öffentlichen Lebens interessant finden und für beide Seiten ein Nutzen im Kennenlernen bestehen könnte, schreiben Sie denjenigen an, schildern Sie Ihr Anliegen und verabreden Sie sich.

Meine persönlichen Anmerkungen:

____

____

____

Wo finde ich mehr darüber?

Ferrazzi, Keith (2020): Geh nie alleine essen! – Und andere Geheimnisse rund um Networking und Erfolg. Neuauflage. Kulmbach.

Fogg, J. (2014): Der beste Networker der Welt. Innsbruck.

Haas, M. (2016): Crashkurs Networking: In 7 Schritten zu starken Netzwerken. München.

Scheddin, M. (2013): Erfolgsstrategie Networking. Business-Kontakte knüpfen, pflegen, ein eigenes Netzwerk aufbauen. Nürnberg.

5.37 Präsentationsfähigkeit

Was ist das?

Die Kompetenz »Präsentationsfähigkeit« umfasst, komplexe Sachverhalte treffend, anschaulich und adressatengerecht vermitteln zu können – unter Verwendung plastischer Bilder/Vergleiche sowie optischer und akustischer Hilfsmittel. Hierbei sind nicht nur Präsentationen mit PowerPoint gemeint, sondern auch Vorträge und Reden.

Woran erkenne ich diese Kompetenz?

Ein Mensch, der über die Kompetenz »Präsentationsfähigkeit« verfügt,

- drückt sich klar, unkompliziert und in der Substanz qualifiziert aus,
- kann sich an verschiedene Zielgruppen hinsichtlich Darstellung, Sprache und Beispielen anpassen,
- hält Kontakt zu den Zuhörerinnen und Zuhörern,
- findet für die eigene Präsentation eine gute Struktur,
- kann frei sprechen,
- arbeitet das Wesentliche klar heraus.

Zu viel des Guten:

- legt zu viel Wert auf Äußerlichkeiten einer Präsentation und ist in den Inhalten zu wenig faktenbasiert.

Wo stehe ich? – Quick Check

	Stimme nicht zu	**Stimme teilweise zu**	**Stimme voll und ganz zu**
Schwierige Sachverhalte grafisch darzustellen und zu präsentieren fällt mir leicht.			
Ich kann mich in Präsentationen gut auf die wenigen wirklich wichtigen Punkte beschränken.			
Auch wenn es Unterbrechungen in einer Präsentation gibt, kann ich mit diesen gut umgehen.			
Ich bin eigentlich nie unsicher oder nervös vor Präsentationen.			
In meiner Vorbereitung spielt die Fokussierung auf die Zielgruppe eine wesentliche Rolle.			
Auf herausfordernde Fragen in meiner Präsentation bin ich gut vorbereitet.			
Bevor ich eine wichtige Präsentation halte, trainiere ich sie vor dem Spiegel oder Freunden mit Bitte um Feedback.			
Summe pro Spalte	Multiplizieren Sie die Anzahl der Kreuze mit eins:	Multiplizieren Sie die Anzahl der Kreuze mit zwei:	Multiplizieren Sie die Anzahl der Kreuze mit drei:
Addieren Sie die Summen pro Spalte zu Ihrem Gesamtergebnis für diese Kompetenz:			

Wo stehen Sie? – Deep Dive

- Welche Ihrer Präsentationen fanden Sie selbst gelungen? Und Sie haben dies auch durch entsprechendes Feedback bestätigt bekommen?
- Wie gehen Sie bei der Vorbereitung für eine Präsentation hinsichtlich Struktur, Darstellung und Inhalt vor? Halten Sie sie z. B. vorab vor dem Spiegel?
- Was genau tun Sie, um komplizierte Sachverhalte übersichtlich zu vermitteln?
- Was war das beste, was das kritischste Feedback, das Sie zu Ihrem Präsentationsstil bekommen haben?
- Was könnte sich ein Dritter von Ihrem Präsentationsstil abschauen?

Wie kann ich mich verbessern?

On the job

- Nehmen Sie sich vor, in jedem zweiten Teammeeting eine kurze Präsentation zu einem Ihrer aktuellen Themen zu halten (das kann auch nur eine Folie sein). Bitten Sie Ihre Kolleginnen und Kollegen jeweils um Feedback.
- Erarbeiten Sie sich Ihre eigene Präsentationscheckliste und schreiben Sie alle Arbeitsschritte auf, die Sie für die perfekte Präsentation brauchen.
- Legen Sie sich einen Ordner guter Slides an und sammeln Sie die besten Darstellungen, die Ihnen unterkommen.

Off the job

- Erlernen Sie die Grundlagen guter Präsentationsfähigkeit in einem Training zu Präsentationstechniken.
- Halten Sie auf der nächsten Familien- oder Vereinsfeier eine Rede von drei Minuten. Reizen Sie die Redezeit aus, sprechen Sie frei, ohne Merkzettel.
- Sehen Sie sich YouTube-Aufzeichnungen von Reden aus dem deutschen Bundestag oder von den US-Präsidentschaftswahlen an.
  - Welche Elemente gelungener Reden wollen Sie für sich demnächst nutzen?
  - Wie gehen die Redner mit Zwischenrufen um?

On the job

- Präsentieren Sie mindestens zweimal pro Jahr in einem Gremium, das hierarchisch über Ihnen steht. Reflektieren Sie die Situation im Nachgang mit einer Person Ihres Vertrauens.
- Testen Sie die Hauptbotschaft einer wichtigen Präsentation, indem Sie einem Kollegen in zwei Minuten erklären, worum es geht.
- Nehmen Sie an einer Produktpräsentation Ihres Unternehmens teil oder bei der Lieferantenauswahl für ein bestimmtes Produkt oder eine bestimmte Dienstleistung (Sales Pitch) und notieren Sie sich, was genau Sie überzeugt: Sprache, Stimme, Argumente, Sätze etc.
- Recherchieren Sie zum Thema »Power Posing«. Vor Ihrer nächsten Präsentation üben Sie zwei Minuten eine dieser Posen.

- Achten Sie heute in einer Präsentation besonders auf die Reaktionen der Zuhörer und Zuhörerinnen und passen Sie kurzfristig Ihren Stil an (Lautstärke, Wortwahl, direkte Ansprache durch Fragen etc.)
- Schreiben Sie für sich einen »Beipackzettel«, wie Sie mit unerwünschten Unterbrechungen umgehen möchten.

Off the job

- Trainieren Sie dreimal pro Jahr in einem Toastmaster Club Ihrer Stadt. Lassen Sie sich während der Präsentation filmen und setzen Sie sich mit Ihrer Leistung auseinander.

On the job

- Vertreten Sie Ihr Unternehmen auf einer Fachtagung oder Messe und melden Sie sich, ggf. zusammen mit einem Kollegen, als Referent.
- Bieten Sie sich als Inhouse-Trainer zum Thema Präsentationsfähigkeit in Ihrem Unternehmen an.
  - Was sind die fünf wichtigsten Punkte, die Sie vermitteln würden?
  - Woran würden Sie bei anderen erkennen, ob diese vorhanden sind?
- Setzen Sie sich mit den Grundregeln des Storytellings auseinander. Bitten Sie Ihren Vorgesetzten, diese Grundregeln im nächsten Teammeeting präsentieren zu dürfen. Bereiten Sie Ihre nächste Präsentation nach allen Regeln des Storytellings vor.

Off the job

- Werden Sie Speaker bei einer Rednernacht z. B. von Gedankentanken, TED Talk, Pecha Kucha o. Ä.
- Halten Sie eine zehnminütige Rede zu einem aktuellen, kontroversen Thema an der Speaker's Corner in London. No excuses! Die Speaker's Corner finden Sie hier: Hyde Park, London W2 2EU.

Meine persönlichen Anmerkungen:

____

____

____

Wo finde ich noch mehr darüber?

Fuchs, W. (2018): Crashkurs Storytelling. Grundlagen und Umsetzung. Freiburg.

Lauff, W. (2019): Perfekt schreiben, reden, moderieren, präsentieren: Die Toolbox mit 100 Anleitungen für alle beruflichen Herausforderungen. Stuttgart.

Seifert, J. (2011): Visualisieren. Präsentieren. Moderieren. Offenbach.

5.38 Problemlösungsfähigkeit

Was ist das?

Die Kompetenz »Problemlösungsfähigkeit« umfasst, Probleme erkennen zu können, Wirkungszusammenhänge zu erfassen, Gründe für die Abweichung vom Soll-Zustand zu erarbeiten und geeignete Lösungen allein oder zusammen mit anderen zu entwickeln.

Woran erkenne ich diese Kompetenz?

Ein Mensch, der über die Kompetenz »Problemlösungsfähigkeit« verfügt,

- betrachtet ein Problemfeld ausgewogen und bezieht dabei kurz-/langfristige sowie direkte/indirekte Einflussgrößen (und deren Wechselwirkung) mit ein,
- arbeitet mögliche Abweichungsgründe vom Ziel-/Soll-Zustand klar heraus,
- erarbeitet Lösungsvorschläge,
- wägt zwischen kurz- und langfristigen Auswirkungen von Entscheidungen ab,
- bezieht bei Bedarf andere Personen konstruktiv in die Problemlösung mit ein.

Zu viel des Guten:

- hinterfragt zu wenig die genaue Problemstellung und springt sofort auf mögliche Lösungen.

Wo stehe ich? – Quick Check

	Stimme nicht zu	**Stimme teilweise zu**	**Stimme voll und ganz zu**
Ich sehe eher Lösungen als Probleme.			
Wenn ich Lösungen erarbeite, berücksichtige ich Auswirkungen auf andere Schnittstellen.			
Häufig frage ich andere nach ihren Erfahrungswerten.			
Ich glaube daran, dass ich durch meine Kraft etwas verändern kann.			
Manchmal lässt sich die beste Lösung nicht umsetzen, deshalb erarbeite ich Alternativen.			
Wechselwirkungen mit anderen Themen berücksichtige ich.			
Ich sehe mir immer auch branchenfremde Probleme und deren Lösungen an.			

	Stimme nicht zu	Stimme teilweise zu	Stimme voll und ganz zu
Summe pro Spalte	Multiplizieren Sie die Anzahl der Kreuze mit eins:	Multiplizieren Sie die Anzahl der Kreuze mit zwei:	Multiplizieren Sie die Anzahl der Kreuze mit drei:
Addieren Sie die Summen pro Spalte zu Ihrem Gesamtergebnis für diese Kompetenz:			

Wo stehen Sie? – Deep Dive

- Was war das letzte größere Problem, das Sie lösen mussten? Wie sind Sie dabei vorgegangen?
- Welche Lösung hat sich schon einmal als unbrauchbar erwiesen? Was haben Sie daraus gelernt?
- Wie gehen Sie mit Rückschlägen bei der Lösungsfindung um?
- Wie gehen Sie damit um, wenn eine Lösung faktisch gut ist, aber z. B. aus politischen Gründen nicht umgesetzt werden kann?
- Wie berücksichtigen Sie die Zukunftsfähigkeit Ihrer Lösungen?
- Wie beziehen Sie andere mit ein?
- Wie schaffen Sie es, andere aus der Problemorientierung in eine Lösungsorientierung zu bringen?

Wie kann ich mich verbessern?

On the job

- Erlernen Sie mindestens zwei Analysemethoden (z. B. Ishikawa, PDCA etc.). Bitten Sie Ihren Vorgesetzten, im nächsten Teammeeting erläutern zu dürfen, wie diese Methoden funktionieren. Testen Sie sie diesen Monat an mindestens drei Sachverhalten.
- Erlernen Sie mindestens zwei Kreativitätstechniken (z. B. Walt-Disney-Methode, 6-3-5-Methode etc.). Erarbeiten Sie eine Mindmap, in der Sie alle Verbindungen zwischen den gelernten Methoden aufzeigen. Präsentieren Sie sie zwei Kollegen und holen Sie sich Feedback ein.
- Nehmen Sie sich jeden Tag eine beliebige Problemstellung und formulieren Sie schriftlich in einem Satz den erwünschten Zielzustand.

Off the job

- Besuchen Sie ein Seminar zum Thema Problemlösungskompetenz. Häufig werden solche Seminare in Verbindung mit Kreativitätstechniken oder Techniken zur Entscheidungsfindung angeboten.

- Bitten Sie einen Freund, Partner oder die Familie, Sie immer wieder darauf hinzuweisen, wenn Sie eher in Problemen denken als in Lösungen.
- Visualisieren Sie ein persönliches Problem, indem Sie den erwünschten Zielzustand darstellen.

On the job

- Erarbeiten Sie neben der nächstbesten Lösung noch mindestens zwei weitere Lösungsansätze und definieren Sie zusammen mit Kollegen und Kolleginnen Kriterien, anhand derer die Lösungen bewertet werden.
- Zerlegen Sie die Problemstellung in ihre Einzelteile und visualisieren Sie diese. Gehen Sie den unangenehmsten/schwierigsten Teil an der Problemstellung zuerst an.
- Sammeln Sie zu einer aktuellen Problemstellung Informationen. Erstellen Sie basierend auf dieser Erfahrung für sich eine Liste möglicher Informationsquellen. Finden Sie mindestens zwei neue Informationsquellen, die Sie bisher noch nicht genutzt haben.
- Etablieren Sie regelmäßige Treffen mit Kolleginnen und Kollegen verschiedener Fachrichtungen. Jeder hat die Möglichkeit, eine Problemstellung und Lösungsansätze einzubringen und gemeinsam mit den anderen ganz neue Lösungen zu erarbeiten.

Off the job

- Stellen Sie ein Problem in ein entsprechendes Internetforum ein und testen Sie dieses Medium, ob es für Sie nützlich ist, um Themen zu bearbeiten.
- Lösen Sie jeden Monat eine Fallstudie aus einem fremden Themengebiet. Fallstudien finden Sie im Internet.

On the job

- Veranstalten Sie einen »Best Solution Event«, in dem Vertreterinnen und Vertreter verschiedener Bereiche – ggf. auch Ihre Geschäftspartner – aktuelle Problemlösungen präsentieren.
- Installieren Sie einen Innovations- bzw. Kreativitätsraum, in den man sich zum Nachdenken zurückziehen kann. Achten Sie auf die entsprechende kreativitätsfördernde Ausstattung des Raums.
- Etablieren Sie in Ihrer Organisation einen Prozess, um allen Lessons Learned zur Verfügung zu stellen.
- Schreiben Sie für sich eine »Todesanzeige« zu einer Lösung, die nicht funktioniert hat.

Off the job

- Besuchen Sie eine Working-out-loud-Gruppe in Ihrer Stadt.

Meine persönlichen Anmerkungen:

Wo finde ich noch mehr darüber?

Fischer, J./Pfeffel, F. (2014): Systematische Problemlösung in Unternehmen. Ein Ansatz zur strukturierten Analyse und Lösungsentwicklung. 2. Aufl., Wiesbaden.

Knapp, J. (2016): Sprint. Wie man in nur fünf Tagen neue Ideen testet und Probleme löst. München.

Tietze, K.-O. (2012): Kollegiale Beratung. Problemlösungen gemeinsam entwickeln. 5. Aufl., Reinbek bei Hamburg.

5.39 Resilienz

Was ist das?

Resilienz bedeutet Widerstandsfähigkeit. Dahinter verbirgt sich die Fähigkeit, mit Belastungen und Krisen gut umzugehen.

Woran erkenne ich diese Kompetenz?

Ein Mensch, der über die Kompetenz »Resilienz« verfügt,

- erhält sein Leistungsniveau auch unter Druck über eine längere Zeit aufrecht,
- gibt auch bei Rückschlägen, Widerständen und Schwierigkeiten nicht auf,
- bewahrt auch in kritischen Situationen Ruhe und Übersicht,
- arbeitet auch bei Störungen konzentriert und effizient,
- kennt die eigenen Ressourcen.

Zu viel des Guten:

- hat kein Empfinden für echte Dinglichkeit bzw. Risiko,
- neigt ggf. zur Selbstüberschätzung der eigenen Belastbarkeit oder ist gleichgültig.

Wo stehe ich? – Quick Check

	Stimme nicht zu	Stimme teilweise zu	Stimme voll und ganz zu
Die belastenden Faktoren in meinem Umfeld könnte ich jederzeit benennen.			
Ich habe mich schon mit Bewältigungsstrategien auseinandergesetzt.			

	Stimme nicht zu	Stimme teilweise zu	Stimme voll und ganz zu
Ich kenne meine persönlichen Ressourcen und die Dinge, die gesundheitsfördernd für mich sind.			
Dinge, die ich ohnehin nicht ändern kann, kann ich gut hinnehmen.			
Ich habe schon öfter bewiesen, dass ich aus eigener Kraft Veränderungen bewältigen kann.			
Bei Druck von außen kann ich auch über lange Zeit gleichbleibende Leistung bringen.			
Ich kann die Dinge nehmen, wie sie kommen.			
Summe pro Spalte	Multiplizieren Sie die Anzahl der Kreuze mit eins:	Multiplizieren Sie die Anzahl der Kreuze mit zwei:	Multiplizieren Sie die Anzahl der Kreuze mit drei:
Addieren Sie die Summen pro Spalte zu Ihrem Gesamtergebnis für diese Kompetenz:			

Wo stehen Sie? – Deep Dive

- Was sind Ihre bevorzugten Bewältigungsstrategien, um mit belastenden Faktoren umzugehen?
- Anhand welcher Situationen konnten Sie besonders an Ihrer Belastbarkeit arbeiten? Was hat geholfen, die Situation gut zu lösen?
- Welche persönlichen Ressourcen stehen Ihnen zur Bewältigung schwieriger Situationen zur Verfügung?
- Welche Krisen mussten Sie schon bewältigen? Was hat Sie im Rückblick stärker gemacht?
- Wie lange geben Sie sich einem Problem hin? Wie schnell suchen Sie nach Lösungen?
- Wie stark glauben Sie daran, dass Sie überwiegend aus eigener Kraft Veränderungen in Ihrem Leben herbeiführen können?
- Auf wen können Sie sich in Ihrem Umfeld in einer Krise wirklich verlassen?

Wie kann ich mich verbessern?

On the job

- Überprüfen Sie, wie tragfähig Ihr privates/berufliches Netzwerk ist. Sie können dies tun, indem Sie sich die Personen und die Intensität der Beziehung zu diesen Personen in Form eines Soziogramms[6] vor Augen führen.

6 Ein Soziogramm ist die bildhafte Darstellung von sozialen Beziehungen in einer Gruppe.

- Listen Sie auf, welche beruflichen Herausforderungen Sie schon gut gemeistert haben. Schreiben Sie morgen gleich die nächste dazu und dann die nächste und dann noch eine.
- Testen Sie an Ihrem Arbeitsplatz gezielt Bewältigungsstrategien für belastende Phasen. Ein Spaziergang in der Mittagspause, ein gutes Gespräch mit Kollegen, eine kurze Meditation an einem ruhigen Ort etc.
- Erzeugen Sie in einer belastenden Situation innerlich ein »Wohlfühlbild« oder ein »Bild der Stärke«, z. B. vom Fels in der Brandung. Wie fühlt sich der Stein, wenn die Wellen über ihm zusammenschlagen?

Off the job

- Investieren Sie nicht nur in die mentale Widerstandsfähigkeit, sondern auch in die physische. Moderater Sport ist eine gute Möglichkeit zu entspannen und den Körper widerstandsfähiger zu machen. Überprüfen Sie auch kritisch Ihr Essverhalten. Aus dem, was Sie heute essen, baut Ihr Körper in den nächsten Wochen neue Zellen – wie gut ist die Qualität des »Baumaterials«?

On the job

- Wer aus Ihrem beruflichen Umfeld könnte als Vorbild für Resilienz dienen? Was macht denjenigen Ihrer Meinung nach stark? Was können Sie sich davon abschauen?
- Holen Sie sich jeden Monat von einem Kollegen oder einer Kollegin immer wieder Feedback zu Ihrem Verhalten ein und bitten Sie dabei um eine kritische Rückmeldung. So legen Sie sich zielgerichtet ein dickeres Fell zu.
- Holen Sie sich drei Feedbacks ein, wie andere Sie in schwierigen Phasen erleben. Auf welche Stärken können Sie in den Augen der anderen vertrauen?

Off the job

- Ziehen Sie zusammen mit einer Person Ihres Vertrauens kritisch Bilanz zu Ihren Lebensbereichen (Beruf, Gesundheit, Beziehungen, Familie, Freunde, Finanzen etc.):
  - Wo gibt es heute schon viel Unterstützung und Zufriedenheit und wo ist noch etwas zu tun?
  - Was genau wollen Sie ab morgen angehen?
- Beginnen Sie ein Stressprotokoll und notieren Sie, was oder wer Sie gestresst hat. Das Schreiben unterstützt Ihre innere Distanz zum Thema und hilft ein »Röntgenbild« der Situation anzufertigen. Oft ergeben sich dadurch neue Ansatzpunkte für Lösungen.

On the job

- Bieten Sie Ihre Unterstützung zum Thema Resilienz z. B. im Kollegenkreis im Rahmen eines Mentorenprogramms an.
- Wenn Sie schon einige Zeit ein Stressprotokoll schreiben, ziehen Sie Bilanz:

- Was ist ähnlich an den Situationen, die Sie aufgeschrieben haben?
- Ging es jeweils wirklich um das offensichtliche Problem oder gab es zeitgleich Störfeuer, die mit der belastenden Situation gar nichts zu tun haben?

- Nutzen Sie die Möglichkeiten eines Coachings, um an Ihrer Resilienz zu arbeiten.
- Versuchen Sie, negative Emotionen umzudeuten, z.B. anstelle von »ich habe Angst« sagen Sie sich »ich bin vorsichtig«.

Off the job

- Nehmen Sie sich gezielt vor, eine für Sie belastende Situation aus der Vergangenheit loszulassen. Schreiben Sie auf einen Zettel, welche Situation das war, und verbrennen Sie den Zettel. Sie können das Thema auch über die mentale Übung »Päckchen packen« entsorgen.
- Wenn Ihnen der Gedanken kommt, »eigentlich könnte ich mal ...« (Spanisch lernen/mit dem Fallschirm abspringen/Wingsuit probieren/Tango tanzen) – tun Sie es! Neue Erlebnisse stärken das Selbstwertgefühl.

Meine persönlichen Anmerkungen:

Wo finde ich noch mehr darüber?

Eberle, B. (2019): Resilienz ist erlernbar. Wie Sie durch den Aufbau der inneren Stärke Stress bewältigen, widerstandsfähiger werden und Depressionen vorbeugen. München.

Heller, J. (2013): Resilienz. 7 Schlüssel für mehr innere Stärke. München.

Lanzinger, C. (2023): 100 Resilienz Tools für den Alltag | Einfach und effektiv innere Stärke, psychische Widerstandskraft und Stressresistenz trainieren.

Wellensiek, S. (2017): Handbuch Resilienztraining. Widerstandskraft und Flexibilität für Unternehmen und Mitarbeiter. 2. Aufl., Weinheim/Basel.

5.40 Selbstorganisation

Was ist das?

Selbstorganisation ist die Fähigkeit, sich selbst so zu organisieren, dass in angemessener Zeit eigene Ziele erreicht und Aufgaben trotz störender Einflussfaktoren umgesetzt werden können.

Woran erkenne ich diese Kompetenz?

Ein Mensch, der über die Kompetenz »Selbstorganisation« verfügt,

- setzt Prioritäten und erkennt, worauf es ankommt,
- plant und organisiert die einzelnen Arbeitsschritte gründlich,
- arbeitet systematisch, vorausschauend und zielorientiert,
- hält Terminvorgaben ein,
- erkennt den Bedarf an nötigen (externen) Ressourcen,
- schafft sich selbst Raum für Erholung,
- erkennt Abweichungen vom Plan rechtzeitig und leitet erforderliche Steuerungsmaßnahmen ein.

Zu viel des Guten:

- verliert die Fähigkeit zur Improvisation.

Wo stehe ich? – Quick Check

	Stimme nicht zu	**Stimme teilweise zu**	**Stimme voll und ganz zu**
Ich schaffe es meinen E-Mail-Eingang täglich zu strukturieren in »selbst tun«, »löschen«, »lege ich auf Termin« etc.			
Die richtigen Prioritäten zu setzen und sie durchzuhalten fällt mir leicht.			
Ich kann mich gut abgrenzen und auch mal Aufgaben ablehnen, selbst wenn mich ein Kollege inständig darum bittet.			
Ich bin mir klar über meine Motivatoren und weiß deshalb, was ich zu meiner Zufriedenheit brauche.			
Wenn ich eine Terminzusage mache, dann kann man sich hundertprozentig auf mich verlassen.			
Ich kann mich auch in Hochauslastungsphasen so organisieren, dass ich den Überblick behalte.			
Den Aufwand zeitlicher und personeller Ressourcen zur Bearbeitung einer Aufgabe kann ich ziemlich treffsicher vorhersagen.			
Summe pro Spalte	Multiplizieren Sie die Anzahl der Kreuze mit eins:	Multiplizieren Sie die Anzahl der Kreuze mit zwei:	Multiplizieren Sie die Anzahl der Kreuze mit drei:
Addieren Sie die Summen pro Spalte zu Ihrem Gesamtergebnis für diese Kompetenz:			

Wo stehen Sie? – Deep Dive

- Auf welche Art planen Sie Ihren Arbeitstag bzw. Ihre Arbeitswoche?
- Zeitmanagementexperten empfehlen, nur 30% der täglich zur Verfügung stehenden Zeit zu verplanen. Das entspricht bei einem 8-Stunden-Arbeitstag 2 Stunden und 40 Minuten. Wie viel Zeit Ihres Arbeitstages verplanen Sie?
- Nach welchen Kriterien setzen Sie Prioritäten?
- Wie schaffen Sie es, einen Überblick über alle laufenden Themen zu behalten?
- Was sind Ihre Schwerpunkte für die nächsten sechs bis zwölf Monate? Welche nächsten Schritte sind bei diesen Aufgaben zu unternehmen?

Wie kann ich mich verbessern?

On the job

- Für grundlegende Methoden und einen Überblick buchen Sie ein Zeit- und Selbstmanagementseminar.
- Beschäftigen Sie sich einmal intensiv mit der Ordnerstruktur Ihres E-Mail-Posteingangs.
- Fokussieren Sie sich heute darauf 50%, Ihrer E-Mails telefonisch zu beantworten.
- Beantworten Sie heute E-Mails so, dass keine Rückfrage entstehen kann. Nehmen Sie sich die Zeit (die Sie sonst später ohnehin aufwenden müssen), um alle Punkte eindeutig und abschließend zu beantworten.
- Gruppieren Sie ähnliche Aufgaben in einen Zeitblock. Täglich eine Stunde E-Mail-Block, eine Stunde Telefonblock etc.
- Priorisieren Sie Ihre Arbeitsaufgaben, z. B. anhand des Eisenhower-Schemas.

Off the job

- Planen Sie das Vorgehen, um Garage, Keller oder Dachboden aufzuräumen. Schätzen Sie auch, wie lange es dauert, bis Sie fertig sind. Wetten Sie mit Ihrem Partner, wer eine bessere Einschätzung trifft.
- Mittlerweile gibt es viele Anwendungen für Desktop oder Smartphone, die die Selbstorganisation unterstützen. Testen Sie sie.

On the job

- Überprüfen Sie, wie viel Zeit Sie in Ihrem Arbeitskalender für Termine verplant haben. Streichen Sie für nächste Woche 50% aller Termine.
- Führen Sie ein Zeit-Haushaltsbuch und schreiben Sie eine Woche lang auf, wofür Sie am Arbeitsplatz und zu Hause Zeit verbringen. Ziehen Sie Bilanz.
- Führen Sie einen Tag lang eine Strichliste, wie häufig Sie unterbrochen werden durch eingehende Textnachrichten auf dem Mobiltelefon oder das Aufleuchten des E-Mail-Posteingangs, durch Telefonklingeln oder Kollegen, die an Ihren Platz stürmen etc. Beginnen Sie, diese Störungen Stück für Stück zu verringern.
- Planen Sie diese Woche radikal: geplanter Zeitaufwand × 2 + 10% = realistischer Zeitaufwand.

- Bevor Sie heute eine Aufgabe beginnen, überlegen Sie, wie lange diese dauern darf. Stellen Sie sich einen Wecker für das Zeitbudget, das Sie sich geben. Beginnen Sie mit der Aufgabe. Akzeptieren Sie das Arbeitsergebnis, das dann vorliegt.

Off the job

- Lehnen Sie diese Woche jede private Zusatzaktivität ab. Auch wenn ein anderer es Ihnen noch so schmackhaft macht, bleiben Sie standhaft.

On the job

- Optimieren Sie den Aufwand für die Kollegen gleich mit und nehmen Sie sich pro Jahr zwei Prozesse vor, die Sie gemeinsam optimieren wollen. Idealer Unterstützer ist ein ausgebildeter Six-Sigma-Kollege.
- Sagen Sie diese Woche jeden Tag einen Termin persönlich ab.
- Zeiträuber schlechthin: jammern. Nehmen Sie sich diese Woche vor, nicht zu jammern, und stoppen Sie sich, wenn die Worte schon auf dem Weg aus Ihrem Mund sind.
- Nehmen Sie sich einen Tag alle zwei Monate Zeit, um eine Inventur Ihrer Aufgaben, Ziele und Bedürfnisse zu machen.
  - Was sind Ihre Prioritäten?
  - Wie gut sind diese mit Ihrer Aufmerksamkeit versorgt?

  Idealerweise integrieren Sie berufliche und private Belange und erhalten so ein Gesamtbild über Ihre Lebenssituation.

Off the job

- Begleiten Sie einen Tag lang eine Person aus Ihrem privaten Umfeld, die in Ihren Augen sehr gut organisiert ist. Welche Elemente der Selbstorganisation haben Sie dort kennengelernt?

Meine persönlichen Anmerkungen:

____

____

____

Wo finde ich noch mehr darüber?

Allen, D. (2011): Wie ich die Dinge geregelt kriege: Selbstmanagement für den Alltag. München.

Kapellen, R. (2022): Keine Zeit – bin im Stress: Stress verstehen, beherrschen & vermeiden – Stressmanagement Ratgeber Buch – Stress reduzieren & abbauen, Resilienz & Gelassenheit lernen, Burnout vermeiden. München.

McKeown, G. (2018): Essentialismus: Die konsequente Suche nach Weniger. Ein Minimalismus erobert die Welt. Kandern.

Scott, M. (2001): Zeitgewinn durch Selbstmanagement. So kriegen Sie Ihre Aufgaben in den Griff. Frankfurt/New York.

Torrance, J. R. (2021): Ab sofort produktiver arbeiten: 50+ einfache Hacks, mit denen Sie Ihre Aufgaben besser organisieren, Prokrastination überwinden und Ihr Zeitmanagement perfektionieren.

5.41 Selbstreflexion

Was ist das?
Selbstreflexion ist die Fähigkeit, über sich selbst nachzudenken und die eigenen Gedanken zu betrachten. Dabei werden das eigene Handeln und die gemachten Erfahrungen analysiert und kritisch hinterfragt.

Woran erkenne ich diese Kompetenz?
Ein Mensch, der über die Kompetenz »Selbstreflexion« verfügt,

- kann auf die Metaebene gehen und sich selbst aus der Perspektive eines Dritten betrachten,
- hat ein realistisches Selbstbild,
- stellt sich selbst und grundlegende Werte infrage,
- erkennt das Potenzial von Reflexion,
- kennt eigene Verhaltensmuster,
- kann eigene Verhaltensanpassungen erklären.

Zu viel des Guten:

- grübelt zu viel und ist übertrieben kritisch gegenüber dem eigenen Verhalten.

Wo stehe ich? – Quick Check

	Stimme nicht zu	Stimme teilweise zu	Stimme voll und ganz zu
Ich nehme mir täglich Zeit, um mein Verhalten zu hinterfragen.			
Für Feedback bin ich sehr offen und nutze es als Abgleich mit meinem Selbstbild.			
Ich habe eine Vorstellung davon, was ich erreichen will und welchen Weg ich schon gegangen bin.			
Ich hinterfrage meine Erfahrungen und meine Erkenntnisse.			
Zeit zum Innehalten ist für mich selbstverständlich.			

	Stimme nicht zu	Stimme teilweise zu	Stimme voll und ganz zu
Ich kann aus dem Stegreif anderen zehn gute Reflexionsfragen stellen.			
Mein Verhalten passe ich ganz bewusst an und kann erklären, wozu ich das tue.			
Summe pro Spalte	Multiplizieren Sie die Anzahl der Kreuze mit eins:	Multiplizieren Sie die Anzahl der Kreuze mit zwei:	Multiplizieren Sie die Anzahl der Kreuze mit drei:
Addieren Sie die Summen pro Spalte zu Ihrem Gesamtergebnis für diese Kompetenz:			

Wo stehen Sie? – Deep Dive

- Wie gut stimmt Ihr Selbstbild mit den Rückmeldungen anderer überein?
- Wie lernen Sie aus Erfahrungen?
- Was veranlasst Sie zu situativer Verhaltensänderung?
- Woran messen Sie, ob Ihr Verhalten in Ordnung war oder nicht?
- Wann und mit wem reflektieren Sie?

Wie kann ich mich verbessern?

On the job

- Beenden Sie jeden Arbeitstag, indem Sie eine Sache aufschreiben, die Ihnen heute besonders gut gelungen ist, und eine Sache, die Sie eigentlich noch besser können.
- Suchen Sie sich aus Ihrem beruflichen Umfeld einen Reflexionspartner und beleuchten Sie einmal im Monat, wie der letzte Monat gelaufen ist. Bitten Sie denjenigen, Ihnen kritische, offene Fragen zu stellen (Wie? Wer? Wo? Was? Wozu?).
- Stellen Sie sich vor, ein Dritter würde Ihr heutiges Verhalten in einem Termin analysieren. Was würde derjenige über Sie sagen?
- Holen Sie sich einmal pro Woche aus einer beliebigen Situation ein Feedback ein.
- Beschäftigen Sie sich mit dem Johari-Fenster. Bitten Sie Ihren Vorgesetzten, Ihre Recherche im Teammeeting präsentieren zu dürfen. Beginnen Sie, durch regelmäßige Feedbacks mehr Licht in den »blinden Fleck« zu bringen.

Off the job

- Visualisieren Sie die Ziele, die Sie in den kommenden zwölf Monaten und die Sie in den kommenden zwölf Jahren erreichen wollen.

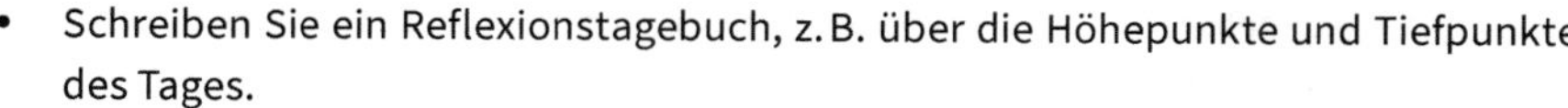

On the job

- Schreiben Sie ein Reflexionstagebuch, z.B. über die Höhepunkte und Tiefpunkte des Tages.
- Trainieren Sie mit einem Coach regelmäßige Selbst- und Teamreflexionen.
- Gestalten Sie Ihre persönliche SWOT-Analyse und besprechen Sie diese mit einem Kollegen oder Ihrem Vorgesetzten.
- Schreiben Sie auf, welche Dinge Ihnen schon einmal misslungen sind. Notieren Sie für jede Situation, was Ihre persönlichen Lessons Learned sind.
- Erstellen Sie eine Liste mit den fünf Werten, die Ihnen am wichtigsten sind im Leben. Erklären Sie sich selbst, als wären Sie ein Fremder, was Sie mit jedem einzelnen Wert verbindet und wie Sie diesen im Alltag leben.

Off the job

- Beschreiben Sie einem fiktiven Dritten, wer Sie sind, ohne Ihren Namen zu verwenden, und woher Sie kommen, ohne einen Ortsnamen zu nennen.

On the job

- Abstrahieren Sie von Ihren Einzelwahrnehmungen (z.B. »Heute habe ich der Nachbarin mit den schweren Einkauftüten nicht die Tür aufgemacht«) auf eine Gesamtperspektive: Was macht Hilfsbereitschaft aus? Wie ist es um diese bei Ihnen bestellt?
- Stellen Sie sich als Mentor in Ihrer Organisation für andere zur Verfügung und unterstützen Sie sie als Reflexionspartner.
- Wenn Sie zu denjenigen gehören, die die Selbstreflexion eher übertreiben, dann kommen Sie ins Handeln. Sagen Sie laut »Stopp« zu Ihren Gedanken und setzen Sie um, woran Sie gerade arbeiten.
- Konzipieren Sie zusammen mit Ihrem Vorgesetzten einen Stärken-Workshop für das Team.

Off the job

- Beschreiben Sie einem fiktiven Dritten, wozu es Sie gibt.

Meine persönlichen Anmerkungen:

____

____

____

Wo finde ich noch mehr darüber?

Buckingham, M./Clifton, D. (2014): Entdecken Sie Ihre Stärken jetzt! Das Gallup-Prinzip für individuelle Entwicklung und erfolgreiche Führung. Frankfurt am Main.

Sher, B./Smith, B. (2011): Ich könnte alles tun, wenn ich nur wüsste, was ich will. München.

Howard, P. J./Howard, J. M. (2008): Führen mit dem Big-Five Persönlichkeitsmodell. Frankfurt.

5.42 Sorgfalt

Was ist das?

Die Kompetenz »Sorgfalt« ist die Fähigkeit, Aufgaben vollständig auszuführen, indem sämtlichen, auch noch so kleinen Details die nötige Aufmerksamkeit geschenkt wird.

Woran erkenne ich diese Kompetenz?

Ein Mensch, der über die Kompetenz »Sorgfalt« verfügt,

- arbeitet genau und gründlich,
- vergisst keine Arbeitsschritte und berücksichtigt auch Details,
- hält die Leistungsvorgaben präzise ein,
- geht auch scheinbar nebensächlichen Hinweisen nach,
- ist zuverlässig und verlässlich,
- unterstützt Arbeitsrückstände durch enormen Fleiß,
- arbeitet häufig termingerecht und zuverlässig.

Zu viel des Guten:

- verliert den Blick dafür, dass unterschiedliche Sachverhalten eine unterschiedliche Präzision erfordern, und neigt zur Pedanterie.

Wo stehe ich? – Quick Check

	Stimme nicht zu	Stimme teilweise zu	Stimme voll und ganz zu
Wenn die Details einer Sache nicht geklärt sind, dann ist die Sache an sich nicht geklärt.			
Wenn ich Arbeitsergebnisse abliefere, dann sind diese fehlerfrei.			
Wenn ich bis ins letzte Detail an einer Sache arbeiten kann, blühe ich richtig auf.			
Bevor ich eine Unterlage (Präsentation, Word Dokument, E-Mail etc.) versende, kontrolliere ich mehrmals, ob alles korrekt ist.			

	Stimme nicht zu	Stimme teilweise zu	Stimme voll und ganz zu
Wenn man ungenau arbeitet, macht das am Ende nur Probleme.			
Wenn ich Fehler in Unterlagen finde, ärgere ich mich darüber, selbst wenn sie nicht von mir kommen.			
Für meine Präzision bin ich bekannt, auch wenn sie manchmal andere nervt.			
Summe pro Spalte	Multiplizieren Sie die Anzahl der Kreuze mit eins:	Multiplizieren Sie die Anzahl der Kreuze mit zwei:	Multiplizieren Sie die Anzahl der Kreuze mit drei:
Addieren Sie die Summen pro Spalte zu Ihrem Gesamtergebnis für diese Kompetenz:			

Wo stehen Sie? – Deep Dive

- Anhand welches Beispiels können Sie Ihr Bedürfnis nach Präzision anschaulich beschreiben?
- Welche Erfolge konnten Sie schon dank Ihrer Präzision feiern?
- Was geht in Ihnen vor, wenn Sie wissen, dass nicht genügend Zeit für Doppel- oder Dreifachchecks von Unterlagen ist?
- Bei welchen Facetten Ihrer Arbeit wäre vielleicht noch mehr Präzision notwendig? Wie könnten Sie diese umsetzen?
- Wie motivieren Sie andere, möglichst präzise zu arbeiten?

Wie kann ich mich verbessern?

On the job

- Planen Sie grundsätzlich vor der Abgabe von Unterlagen noch eine Prüfung der Präzision ein.
- Nehmen Sie sich heute vor, jede E-Mail mit etwas zeitlichem Abstand noch einmal zu lesen. Prüfen Sie die inhaltliche Präzision (welche Missverständnisse könnte es geben?) und achten Sie auf gute Formulierungen und Rechtschreibung.
- Nehmen Sie sich heute vor, für zwei anstehende Aufgaben noch einmal 15 Minuten extra zu investieren. Nutzen Sie diese Zeit als ganz persönlichen Präzisionscheck.
- Erarbeiten Sie sich eine persönliche Checkliste, nach welchen Kriterien Sie Ihre eigene Arbeit immer wieder überprüfen. Wenn Sie Ihre häufigsten Fehlerquellen kennen, können Sie diese mittels Checkliste ausmerzen.
- Wenn Sie diese Woche eine Präsentation erstellen, arbeiten Sie von Anfang an mit ganz präzisen Abständen, Formen etc.

Off the job

- Trainieren Sie diese Woche Ihre Präzision zu Hause, z. B. indem Sie bei Hemden besonders darauf achten, dass Sie diese faltenfrei bügeln, dass in der Wohnung alles an seinem Platz steht, dass Sie bei der Kommunikation über Chatnachrichten präzise schreiben, was Sie ausdrücken möchten.

On the job

- Wenn Sie nicht genau wissen, warum bei einer Aufgabe Präzision gefordert ist, fragen Sie Ihren Vorgesetzten oder Kollegen. Vielleicht unterschätzen Sie die Wichtigkeit der Aufgabe.
- Priorisieren Sie Ihre Aufgaben, wenn Sie zu viel auf der To-do-Liste haben. Welche Aufgaben brauchen 100 % Präzision? Schreiben Sie sich jeden Tag die Aufgabe auf, die heute absolut perfekt abgeliefert werden muss. Und welche nicht.
- Wenn Sie eine für Sie neue Aufgabe bearbeiten, entwickeln Sie eine fundierte Perspektive auf das Thema. Erarbeiten Sie sich inhaltliche Präzision, indem Sie sich informieren und über das Thema austauschen.
- Vereinbaren Sie im Team ein Vier-Augen-Prinzip für wichtige Unterlagen. Lesen Sie gegenseitig die Unterlagen des anderen und vereinbaren Sie im Vorfeld »Prüfkriterien«, z. B. Rechtschreibung, Eindeutigkeit der Formulierungen etc.

Off the job

- Sprechen Sie mit Freunden und Bekannten, die Berufe mit einem hohen Anspruch an Präzision nachgehen. Welche Rückmeldung erhalten Sie von Schreinern, Zahntechnikern, Buchhaltern, wie ihre Einstellung zur Präzision ist? Was davon können Sie in Ihren Alltag übernehmen?

On the job

- Sprechen Sie mit Ihren Kolleginnen und Kollegen durch, welche Routinetätigkeiten es an Ihrem Arbeitsplatz gibt. Automatisieren Sie diese so weit wie möglich, z. B. indem Sie für häufig gestellte E-Mail-Anfragen Standardtexte abspeichern, Prozesse verschlanken, den Einsatz von Bots (Robotic Process Automation) überprüfen etc.
- Versetzen Sie sich in die Situation, dass z. B. eine Präsentation von Ihnen vor einem wichtigen Personenkreis vorgestellt wird. Das kann im Unternehmen sein oder auch in der Öffentlichkeit. Schauen Sie mit diesem Blick noch einmal auf alle Seiten und machen Sie Ihren Qualitätscheck.
- Vereinbaren Sie zusammen mit Ihren Kollegen einen Qualitätsstandard wie Ihre Arbeitsplätze aussehen sollen, wie Unterlagen abzulegen sind etc.

Off the job

- Recherchieren Sie zum 5S-Standard und führen Sie diesen auch in Ihrer Wohnung (ggf. nur in einem Raum) ein.

- Erledigen Sie Ihr Hobby heute besonders sorgfältig. Das Rennrad nach der Benutzung säubern oder mal einen Kilometer eine möglichst exakte Linie fahren.

Meine persönlichen Anmerkungen:

Wo finde ich noch mehr darüber?

Newport, C. (2018): Konzentriert arbeiten. Regeln für eine Welt voller Ablenkungen. 3. Aufl., München.

Chade-Meng, T. (2015): Search inside yourself. Optimiere dein Leben durch Achtsamkeit, 7. Aufl., München.

von Münchhausen, M. (2016): Wie wir lernen, wieder ganz bei der Sache zu sein. Offenbach.

5.43 Strategisches Denken

Was ist das?

»Strategisches Denken« ist die Fähigkeit, eine ganzheitliche, zukunftsorientierte Sichtweise unter Einbezug interner und externer Einflussfaktoren einzunehmen, sowie das Verständnis der internen und externen Gesamtzusammenhänge und möglichen Geschäftsoptionen der Zukunft.

Woran erkenne ich diese Kompetenz?

Ein Mensch, der über die Kompetenz »Strategisches Denken« verfügt,

- beschäftigt sich mit aktuellen Trends,
- kann zukünftige Entwicklungen und deren Auswirkungen gut antizipieren,
- denkt an mögliche Geschäftsoptionen,
- kann über den Tellerrand hinausschauen und zukünftige Wechselwirkungen erkennen,
- kann den Sinn hinter der Strategie gut erklären,
- beschäftigt sich viel mit der Zukunft.

Zu viel des Guten:

- berücksichtigt in seiner Sichtweise zu wenig das praktisch Machbare, wirkt manchmal theoretisch und akademisch.

Wo stehe ich? – Quick Check

	Stimme nicht zu	**Stimme teilweise zu**	**Stimme voll und ganz zu**
Ich beschäftige mich häufig damit, was die Zukunft bringen wird.			
Wenn ich mich mit unserem Geschäftsmodell beschäftige, sehe ich immer die Auswirkungen auf das gesamte Unternehmen.			
Komplexe Themen schrecken mich nicht ab. Ich denke erst mal im Extrem und reduziere dann auf das Wesentliche.			
Den Strategieentwicklungsprozess habe ich schon mehrmals selbst mitgestaltet.			
Eine übergeordnete Strategie in kleine Arbeitspakete herunterzubrechen fällt mir leicht.			
Die aktuellen Trends unserer Branche kenne ich sehr gut und könnte sie jederzeit einem Dritten erklären.			
Ich beschäftige mich mehrmals im Jahr mit unserer Strategie.			
Summe pro Spalte	Multiplizieren Sie die Anzahl der Kreuze mit eins:	Multiplizieren Sie die Anzahl der Kreuze mit zwei:	Multiplizieren Sie die Anzahl der Kreuze mit drei:
Addieren Sie die Summen pro Spalte zu Ihrem Gesamtergebnis für diese Kompetenz:			

Wo stehen Sie? – Deep Dive

- Erklären Sie in fünf Sätzen die aktuelle Unternehmensstrategie und die momentane Bereichsstrategie.
- Beschreiben Sie, wie Sie bei der Entwicklung einer Strategie vorgehen.
- Was sind die bestimmenden Trends Ihrer Branche? Welche Auswirkung haben diese auf das Geschäft in den nächsten fünf Jahren?
- Welche Rolle spielt Ihre tägliche Arbeit bei der Erfüllung der Unternehmensstrategie?
- Was würden Sie an Ihrer Unternehmensstrategie verändern, wenn Sie die Macht dazu hätten?

Wie kann ich mich verbessern?

On the job

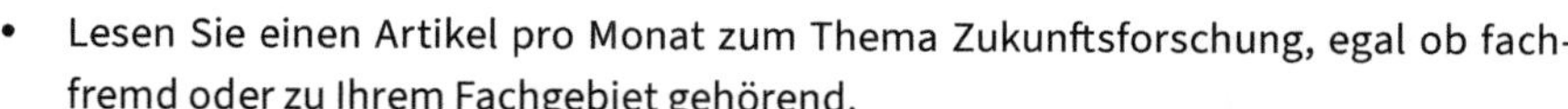

- Lesen Sie einen Artikel pro Monat zum Thema Zukunftsforschung, egal ob fachfremd oder zu Ihrem Fachgebiet gehörend.

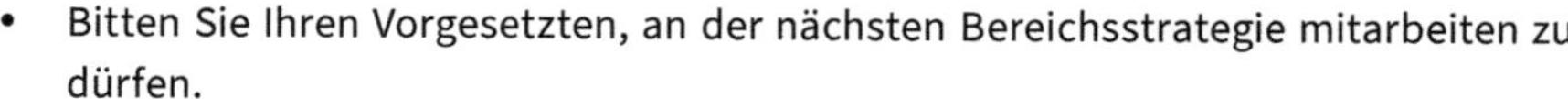

- Bitten Sie Ihren Vorgesetzten, an der nächsten Bereichsstrategie mitarbeiten zu dürfen.
- Recherchieren Sie für drei Bereiche interne und externe Einflussfaktoren und Wechselwirkungen zu anderen Themen. Stellen Sie Ihr Ergebnis einem Kollegen oder Ihrem Vorgesetzten vor und besprechen Sie Ihre Perspektiven.
- Besuchen Sie zweimal pro Jahr einen Vortrag an einem Zukunftsinstitut.

Off the job

- Betrachten Sie bei den nächsten Entscheidungen, die Sie fällen, welche Auswirkungen diese Entscheidung auf die nächsten sieben Tage, sieben Monate und sieben Jahre haben wird.

On the job

- Hospitieren Sie im Strategiebereich oder bitten Sie die Kollegen, Sie für ein Strategieprojekt zu berücksichtigen. Alternativ: Wechseln Sie für eine Zeit in diese Abteilung.
- Besuchen Sie ein- bis zweimal pro Jahr eine Messe, einen Kongress oder eine Fachtagung, um sich über aktuelle Trends zu informieren.
- Planen Sie einmal pro Quartal eine Reflexion mit Kolleginnen und Kollegen zum Thema Strategie. Reihum wird jeder im Team den anderen Zukunftsthemen aus Nachbarbereichen oder aus anderen Unternehmen oder aus einer anderen Branche vorstellen. Reflektieren Sie gemeinsam, was davon Auswirkungen auf Ihre tägliche Arbeit haben könnte und wie.
- Bitten Sie Ihren Vorgesetzten, jährliche Meetings zur Strategieplanung im Bereich durchzuführen bzw. Sie zu beteiligen.
- Informieren Sie sich über einen unternehmensinternen Standard für einen Strategieentwicklungsprozess. Falls es keinen gibt, erarbeiten Sie ihn.

Off the job

- Testen Sie verschiedene Strategiespiele. Was können Sie daraus in Ihren Alltag übernehmen?

On the job

- Etablieren Sie einen »Zukunftstag«, ggf. mit Geschäftspartnern Ihres Unternehmens. Geben Sie allen Mitarbeiterinnen und Mitarbeitern die Möglichkeit, sich über zukünftige Entwicklungen durch Vorträge oder Simulationen zu informieren.
- Erarbeiten Sie eine Liste mit den Top-10-Strategiefragen und bauen Sie sie in einen internen Vortrag, z. B. für Ihren Führungsnachwuchs, ein.

- Holen Sie regelmäßig Sparringspartner zum Thema Strategie ins Haus, z. B. aus einer Strategieberatung oder von einem Verband o. Ä.
- Etablieren Sie eine »Reinvent our products«-Initiative, in der Sie unternehmensintern bestehende Produkte noch einmal neu erfinden. Testen Sie dabei doch gleich einen Design-Thinking-Ansatz.
- Strategien zu erarbeiten ist das eine, sie gut zu kommunizieren ist manchmal viel schwieriger. Beteiligen Sie sich an einem Storytelling-Konzept, um über die aktuelle Bereichs-/Unternehmensstrategie gut zu kommunizieren.

Off the job

- Recherchieren Sie fünf Megatrends für Ihre Branche – welche Auswirkungen könnten diese Trends auf Sie privat haben?

Meine persönlichen Anmerkungen:

____

____

____

Wo finde ich noch mehr darüber?

Chan Kim, W./Mauborgne, R. (2016): Der blaue Ozean als Strategie. Wie man neue Märkte schafft, wo es keine Konkurrenz gibt. 2. Aufl., München.

Etzold, V. (2018): Strategie. Planen. Erklären. Umsetzen. Offenbach.

El Namaki, M. S. S. (2022): Strategisches Denken im Zeitalter der künstlichen Intelligenz: Die Geburt einer neuen Ära des strategischen Managements.

von Oetinger, B./Von Ghyczy, T./Bassford, C. (2017): Clausewitz. Strategie denken. 11. Aufl., München.

5.44 Teamaufbau

Was ist das?

Teamaufbau ist die Fähigkeit, (virtuelle) Teams zusammenzustellen, ein »Wir-Gefühl« zu erzeugen bzw. zu entwickeln und jeden im Team gemäß seinen Stärken einzusetzen, um die beste Teamperformance zu erreichen.

Woran erkenne ich diese Kompetenz?

Ein Mensch, der über die Kompetenz »Teamaufbau« verfügt,

- erkennt, wer gut zum Team passt,

- spürt, was die Stimmung im Team positiv beeinflusst,
- weiß Teammitglieder stärkenorientiert einzusetzen,
- kann Differenzen im Team gut moderieren,
- schafft Rahmenbedingungen, in denen auch virtuelle Teams ein Teamgefühl entwickeln,
- erkennt, was den Zusammenhalt und die Teamidentität fördert.

Zu viel des Guten:
- ist so stark auf einen möglichst optimalen Output des Teams fixiert, dass er aus den Augen verliert, wie man mit den gegebenen Mitteln und Personen arbeiten kann.

Wo stehe ich? – Quick Check

	Stimme nicht zu	**Stimme teilweise zu**	**Stimme voll und ganz zu**
Ich habe bisher ein glückliches Händchen bei der Auswahl von Teammitgliedern bewiesen.			
Wenn die Stimmung im Team mal nicht so gut ist, habe ich schnell Ideen, was helfen könnte.			
Neue Teammitglieder zu integrieren fällt mir leicht.			
Die Stärken der Teammitglieder erkenne ich schnell und kann mich darauf bei der Aufgabenverteilung gut einstellen.			
Auseinandersetzungen im Team zu moderieren fällt mir leicht.			
Ich habe es noch immer geschafft, dass im Team ein echtes »Wir-Gefühl« entsteht.			
Ich arbeite selbst sehr gerne in einem Team und unterstütze das Gemeinschaftsgefühl.			
Summe pro Spalte	Multiplizieren Sie die Anzahl der Kreuze mit eins:	Multiplizieren Sie die Anzahl der Kreuze mit zwei:	Multiplizieren Sie die Anzahl der Kreuze mit drei:
Addieren Sie die Summen pro Spalte zu Ihrem Gesamtergebnis für diese Kompetenz:			

Wo stehen Sie? – Deep Dive
- Beschreiben Sie anhand von Beispielen, wie Sie Konflikte im Team lösen.
- Wie gehen Sie bei der Auswahl von Teammitgliedern vor? Beschreiben Sie Ihre Kriterien anhand von Beispielen.

- Was tun Sie, um Teammitglieder in einem virtuellen Team zu integrieren?
- Welche Teamerfolge konnten Sie schon feiern? Wie haben Sie das gemacht?
- Nach welchen Kriterien setzen Sie einzelne Teammitglieder für Aufgaben ein?
- Wie haben Sie schon einmal einen Team Turnaround geschafft?

Wie kann ich mich verbessern?

On the job

- Definieren Sie jedes Quartal/Halbjahr/Jahr ein gemeinsames Teamziel, zu dem thematisch alle beitragen können und für das sich das Team selbst organisiert, z. B. gemeinsame Aktualisierung der Kundendatei, Erstellen einer Abteilungspräsentation, Überarbeiten der Intranetseite etc.
- Stellen Sie sicher, dass es keine technischen Probleme gibt, um an virtuellen Teammeetings teilzunehmen. Integrieren Sie Kolleginnen und Kollegen anderer Standorte oder Länder.
- Bestimmen Sie für Teammeetings eine Uhrzeit, die für jeden machbar ist. In einem internationalen, virtuellen Team sollten nicht immer die Gleichen nachts für eine Videokonferenz aufstehen müssen. Achten Sie darauf, dass jeder einmal in den sauren Apfel beißen muss.
- Schaffen Sie Möglichkeiten, damit das Team immer wieder zusammenfindet. Je nach Praktikabilität z. B. bei einem gemeinsamen Mittagessen pro Woche oder pro Monat, einer Morgenrunde etc. Finden Sie ein Format zusammen mit dem Team, an dem wirklich alle teilnehmen können.
- Holen Sie das gesamte Team zum Zweck der Informationsweitergabe immer wieder auch mal spontan zusammen. So erhalten alle die Informationen zeitgleich und aus erster Hand. Achten Sie darauf, ob die Informationen auch an Kolleginnen und Kollegen gehen, die zu diesem Zeitpunkt nicht dabei sein können. Wie sollen diese die Informationen erhalten?

Off the job

- Recherchieren Sie zur Teamuhr nach Tuckman. In welcher Phase befinden Sie sich mit einem privaten Team, z. B. in ihrer Sportgruppe, mit Freunden etc.? Was könnten Sie tun, damit das Team sich weiterentwickelt?

On the job

- Erarbeiten Sie eine Teambilanz zu den wichtigsten Kompetenzen, die in Ihrer Abteilung notwendig sind:
  - Welches Teammitglied hat welche Stärken?
  - Wo gibt es im Team Wissens-/Kompetenzlücken?

  Überprüfen Sie die Aufgabenverteilung anhand dieser Einschätzung. Planen Sie Entwicklungsmaßnahmen für die Teammitglieder.
- Stellen Sie sicher, dass es immer wieder teamübergreifende Aufgaben gibt, in denen das Team (oder einzelne Teammitglieder) voneinander lernen kann. Eta-

blieren Sie dabei eine Feedbackkultur zwischen den Teammitgliedern, indem man sich gegenseitig »I wish« bzw. »I like« rückmelden kann. Wenn sie mutig sind, präsentieren die Teammitglieder ihre Feedbacks im Teammeeting.

- Planen Sie im Teammeeting jeweils 15 Minuten zu Beginn ein, um jedem die Möglichkeit für ein kurzes Update zu den Themen zu geben. So stellen Sie sicher, dass jeder Aufmerksamkeit erhält.
- Kennzeichnen Sie gemeinsame Teamentscheidungen und lassen Sie es nicht zu, dass ein Teammitglied diese Entscheidung in einem Gespräch mit Ihnen verändert.
- Erarbeiten Sie gemeinsam eine Teamcharta – evtl. unterstützt durch einen Moderator oder Team Coach:
  - Was ist der Zweck unseres Teams?
  - Welches gemeinsame Ziel teilen wir?
  - Welchen gemeinsamen Slogan wollen wir uns geben?
- Integrieren Sie neue Teammitglieder durch einen Buddy. Der Buddy zeigt dem neuen Teammitglied die Räumlichkeiten, erläutert die IT-Infrastruktur, klärt über »heilige Kühe« auf und stellt das neue Teammitglied auch bei den Schnittstellenbereichen vor.

Off the job

- Sprechen Sie mit Ärzten aus der Notaufnahme, Feuerwehrleuten, Flugbegleitern etc., wie dort in Stresssituationen als Team gearbeitet wird. Was sind die Erfolgskriterien? Was davon können Sie in Ihren Alltag übernehmen?

On the job

- Initiieren Sie in Ihrer Organisation Peergroup-Treffen speziell zum Thema »Teambuilding in virtuellen Teams«. Dabei treffen sich Kollegen und beschreiben, welche Erfahrungen sie mit dem Arbeiten in virtuellen Teams gemacht haben. Erarbeiten Sie gemeinsam eine Best-Practices-Übersicht und testen Sie die verschiedenen Herangehensweisen.
- Übernehmen Sie als Teamleiter eine Taskforce und schaffen Sie unter Zeitdruck ein gutes Team.
- Übernehmen Sie ein Team, das zerstritten ist und seine Leistungsfähigkeit verloren hat. Schaffen Sie den Team Turnaround. Erarbeiten Sie dafür eine Maßnahmenliste, wie Sie vorgehen wollen und welche Unterstützung Sie ggf. von außen dafür benötigen.
- Machen Sie eine Ausbildung zum Teamcoach und unterstützen Sie andere, ein Hochleistungsteam aufzubauen.

Off the job

- Wenn Sie das nächste Mal im Kino, im Theater, im Restaurant oder an einem anderen Ort mit Menschen zusammenkommen, überzeugen Sie sie spontan zu einer gemeinsamen Teamaktivität.

Meine persönlichen Anmerkungen:

Wo finde ich noch mehr darüber?

Alter, U. (2016): Teamidentität, Teamentwicklung und Führung. Wiesbaden.

Lencioni, P. (2014): Die 5 Dysfunktionen eines Teams. Weinheim.

Niermeyer, R. (2008): Teams führen. München.

5.45 Teamfähigkeit

Was ist das?

Die Kompetenz »Teamfähigkeit« umfasst, mit anderen sachorientiert, konstruktiv und vertrauensvoll zusammenarbeiten zu können und eigene Ziele zugunsten des gemeinsamen Teamziels zurückzustecken.

Woran erkenne ich diese Kompetenz?

Ein Mensch, der über die Kompetenz »Teamfähigkeit« verfügt,

- stellt sich zur gemeinsamen Zielerreichung ganz in den Dienst der Gruppe,
- kann die eigenen Interessen vertreten, ohne unfair gegenüber Kollegen zu sein,
- integriert sich schnell in bestehende Gruppen,
- berücksichtigt Besonderheiten bei der Arbeit in virtuellen Teams,
- hat einen positiven Einfluss auf die Stimmung im Team,
- geht respektvoll mit Kollegen um,
- fördert einen Arbeits- und Entscheidungsprozess, der von der Gruppe getragen werden kann,
- hilft der Gruppe durch das Übernehmen von Aufgaben.

Zu viel des Guten:

- behindert die eigene Entscheidungsfähigkeit, um niemandem auf die Füße zu treten.

Wo stehe ich? – Quick Check

	Stimme nicht zu	**Stimme teilweise zu**	**Stimme voll und ganz zu**
Wenn einer meiner Kollegen Hilfe braucht, unterstütze ich gerne und übernehme z. B. eine Zusatzaufgabe.			
Ich äußere mich über die Arbeit meiner Kollegen anerkennend und respektvoll.			
Wenn ich für das Team etwas zusage (z. B. Abgabetermine), kann man sich ganz auf mich verlassen.			
Meine Erfahrungen und mein Wissen teile ich gerne und bin an den Erfahrungen der anderen interessiert.			
Mir fällt es leicht, meine eigenen Ideen und Ziele hintanzustellen, wenn es dem Gesamtziel dient.			
Ich weiß, wie ich meine Teamfähigkeit bei überwiegend digitaler Zusammenarbeit gewinnbringend einsetzten kann.			
Ich finde, ein freundlicher Umgangston untereinander trägt zu einer guten Stimmung bei.			
Summe pro Spalte	Multiplizieren Sie die Anzahl der Kreuze mit eins:	Multiplizieren Sie die Anzahl der Kreuze mit zwei:	Multiplizieren Sie die Anzahl der Kreuze mit drei:
Addieren Sie die Summen pro Spalte zu Ihrem Gesamtergebnis für diese Kompetenz:			

Wo stehe ich? – Deep Dive

- Was genau tun Sie aktiv, um sich in eine neue Gruppe zu integrieren?
- Wie gehen Sie damit um, wenn etwas hitziger in der Gruppe diskutiert wird? Wie tragen Sie dann zur gemeinsamen Klärung bei?
- Welche Kompromisse sind Sie zuletzt für das Team eingegangen? Wie ist es Ihnen dabei gegangen?
- Nennen Sie Beispiele, wie Sie im Alltag Ihre Teamfähigkeit unter Beweis stellen.
- Was war Ihr größter Teamerfolg?

Wie kann ich mich verbessern?

On the job

- Trainieren Sie heute Ihre Fähigkeit im aktiven Zuhören und schenken Sie Ihren Kollegen und Kolleginnen Ihre ungeteilte Aufmerksamkeit – ohne Blick auf das Handy, den Terminkalender oder die Uhr.

- Bieten Sie heute einem Kollegen Unterstützung an. Wer könnte Ihre Hilfe benötigen?
- Verbringen Sie diese Woche ganz gezielt Pausen mit Ihren Kolleginnen und Kollegen. Überlegen Sie sich einen Rhythmus für ein gemeinsames Mittagessen.
- Schreiben Sie auf, welches Teammitglied Sie für welche Eigenschaft besonders schätzen. Sagen Sie es jedem Kollegen und jeder Kollegin persönlich.
- Machen Sie sich mit den Formaten digitaler Kollaboration vertraut und präsentieren Sie Ihre Erkenntnisse im Teammeeting.

Off the job

- Übernehmen Sie eine aktive Rolle im Verein und fördern Sie die Zusammenarbeit z. B. durch regelmäßige Treffen und Veranstaltungen.

On the job

- Welcher Kollege macht Ihnen das Leben manchmal schwer? Verbringen Sie heute ganz gezielt Zeit mit ihm, z. B. bei einem Mittagessen zu zweit oder einem Feierabendbier.
- Schaffen Sie als Neuling in einem Team eine Verbindung, indem Sie heute das Ziel verfolgen, von zwei Kollegen jeweils mindestens ein privates Interesse oder eine private Sache zu erfahren, von denen Sie noch nichts wussten.
- Fordern Sie von sich selbst eine abteilungsübergreifende Teamfähigkeit und gehen Sie mit Ideen ganz gezielt auf Nachbarabteilungen zu. Fragen Sie um Rat oder Meinung von anderen.
- Analysieren Sie für sich anhand eines Soziogramms, wie Sie zueinander im Team stehen. Zu wem möchten Sie den Kontakt intensivieren? Wie wollen Sie das machen?
- Machen Sie es sich zum Ziel des Monats, Ihre Zusagen gegenüber Kollegen ganz verbindlich einzuhalten, egal worum es geht. Beachten Sie vereinbarte Deadlines, Verabredungen, Arbeitsteilung etc. genau.
- Erarbeiten Sie mit Kolleginnen und Kollegen eine Netiquette für die Nutzung digitaler Medien im Unternehmen.

Off the job

- Eliud Kipchoge hat es als erster Mensch geschafft, einen Marathon unter zwei Stunden zu laufen. Recherchieren Sie, welche Teamleistung hinter diesem Ergebnis steckt. Was davon können Sie auf Ihren Alltag übertragen?
- Lernen Sie ganz bewusst eine Teamsportart, melden Sie sich im Chor an oder beginnen Sie eine andere Freizeittätigkeit mit Teamcharakter. Reflektieren Sie, was Sie davon auf Ihren Alltag übertragen können.

On the job

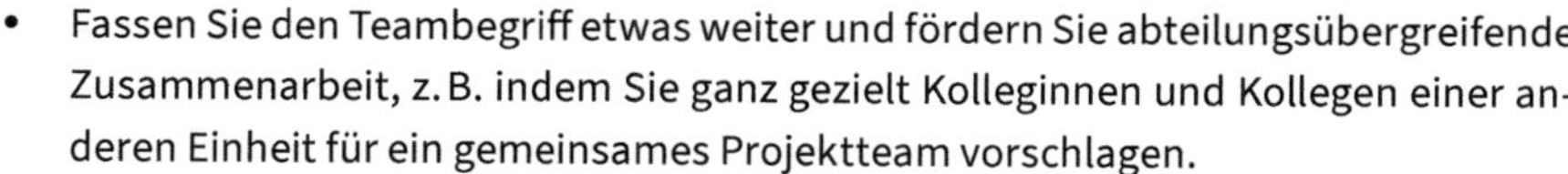

- Fassen Sie den Teambegriff etwas weiter und fördern Sie abteilungsübergreifende Zusammenarbeit, z. B. indem Sie ganz gezielt Kolleginnen und Kollegen einer anderen Einheit für ein gemeinsames Projektteam vorschlagen.
- Nutzen Sie Persönlichkeitstests oder das Modell der Teamrollen von Belbin im gesamten Team und leiten Sie daraus ab, wer welchen Beitrag im Team leistet, welche Fähigkeiten Sie im Team bereits ausreichend haben und welche eher noch verstärkt werden können.
- Wenn Sie einzelne Aspekte Ihrer Teamfähigkeit verbessern möchten, arbeiten Sie in einem Coaching daran.
- Wenn Sie insgesamt als Team an Ihrer Teamfähigkeit arbeiten wollen, arbeiten Sie mit einem Teamcoach an einer Teamaufstellung.

Off the job

- Planen Sie eine gemeinsame Familienaktivität. Entscheiden Sie sich für eine Aktivität, die den anderen ganz sicher Spaß macht und an der Sie selbst überhaupt kein Interesse haben.

Meine persönlichen Anmerkungen:

Wo finde ich noch mehr darüber?

Daut, G. (2019): 30 Minuten. Bessere Beziehungen mit dem DISG-Modell. Offenbach.

Pasztor, S./Gens, K.-D. (2005): Mach doch, was du willst! Gewaltfreie Kommunikation am Arbeitsplatz. Paderborn.

Lencioni, P. (2014): Die 5 Dysfunktionen eines Teams. Weinheim.

5.46 Umgang mit Vielfalt

Was ist das?

Umgang mit Vielfalt ist die Fähigkeit, Unterschiede zwischen Menschen bewusst und frei von Zuschreibungen, als individuelle Person wahrzunehmen, respektvoll zu behandeln und mögliche Konfliktpotenziale zu erkennen, wo sinnvoll zu integrieren und konstruktive Interaktion zu ermöglichen.

Woran erkenne ich diese Kompetenz?

Ein Mensch, der über die Kompetenz »Umgang mit Vielfalt« verfügt,

- wertschätzt Unterschiedlichkeiten und unterschiedliche Sichtweisen;
- ist interessiert und empathisch im Umgang mit anderen;
- hat ein Bewusstsein für die eigenen Vorurteile durch Vielfalt;
- ist offen für vielfältige Lebensweisen;
- bringt anderen Respekt entgegen;
- tritt aktiv für die Integration anderer in ein Team ein;
- ist in der Lage, Konflikte aufgrund von Unterschiedlichkeit zu handhaben.

Zu viel des Guten:

- hat Schwierigkeiten, Ideen anderer abzulehnen, auch wenn es eine sachliche Nachvollziehbarkeit gibt;
- will Vielfalt um der Vielfalt willen;
- verliert die Nützlichkeit von Homogenität aus dem Auge;
- zeigt übertriebene Fürsorge und will es allen recht machen;
- thematisiert Unterschiedlichkeit in zu vielen alltäglichen Handlungen.

Wo stehe ich? – Quick Check

	Stimme nicht zu	Stimme teilweise zu	Stimme voll und ganz zu
Ich habe einige Beispiele parat, in denen ich gezeigt habe, wie ich Konflikte, die aufgrund von Unterschiedlichkeit entstehen, moderieren kann.			
Ich habe Bewusstsein über die eigene Identität, meine Werte und meine Zugehörigkeit zu bestimmten Gruppen.			
Ich weiß, wie man Vielfalt effektiv zugunsten von Kreativität und Innovation einsetzt.			
Ich zeige, dass ich Unterschiedlichkeit in Meinungen und Perspektiven schätze.			
Ich habe für bestimmte Problemkonstellationen mehrere Handlungsempfehlungen parat, die die Unterschiedlichkeit unserer Belegschaft berücksichtigen.			
Ich beschäftige mich regelmäßig mit meinen Vorurteilen.			
Ich initiiere aktiv Maßnahmen, um die Unterschiedlichkeit in unserem Team, besser zu verstehen und zur Erreichung von Zielen zu nutzen.			

	Stimme nicht zu	Stimme teilweise zu	Stimme voll und ganz zu
Summe pro Spalte	Multiplizieren Sie die Anzahl der Kreuze mit eins:	Multiplizieren Sie die Anzahl der Kreuze mit zwei:	Multiplizieren Sie die Anzahl der Kreuze mit drei:
Addieren Sie die Summen pro Spalte zu Ihrem Gesamtergebnis für diese Kompetenz:			

Wo stehen Sie? – Deep Dive

- Welche Teile Ihrer Identität sind Ihnen wichtig, obwohl Sie sie jedoch kaum im Arbeitsalltag zeigen?
- Beobachten Sie sich im Alltag – haben Sie eine natürliche Präferenz, denjenigen Vorzug zu geben, die ähnlich zu Ihnen sind?
- Wie drücken Sie Ihre Wertschätzung für andere Perspektiven im Alltag aus? Wie findet diese Überzeugung Eingang in Ihre Überlegungen?
- Was tun Sie, um andere zu ermutigen, offen für Vielfalt zu sein?
- Welche Beispiele haben Sie im Kopf, bei denen es Ihnen gelungen ist, unterschiedliche Sichtweisen erfolgreich zusammenzuführen?
- Wie treffen Sie Entscheidungen, in denen mehrere Dimensionen von Vielfalt zu berücksichtigen sind?
- In welchem Kontext in Ihrer Organisation (z. B. Belegschaft, Kunden, Lieferanten, etc.) wäre mehr Vielfalt hilfreich, wo wäre sie unnötig?

Wie kann ich mich verbessern?

On the job

- Schreiben Sie auf, wie vielfältig Ihre Organisation heute schon ist und mit welchen Maßnahmen Sie auf Vielfalt reagiert, z. B. in Form von Angeboten für Familien, Andachtsräumen, Sprachtrainings, etc. Analysieren Sie dabei sachlich anhand verschiedener Diversity-Dimensionen, wo Ihre Organisation zu diesem Thema steht. Wo leben Sie heute schon Vielfalt, wo gibt es noch zu wenig Aufmerksamkeit?
- Bitten Sie einen Kollegen einer Abteilung, gegenüber der Sie Vorbehalten haben, dort am Team Meeting teilnehmen zu dürfen und vice versa. Oder Sie vertiefen Ihren Einblick durch ein Shadowing und begleiten einen Kollegen dieser Abteilung für ein, zwei Tage.
- Wählen Sie zwei Themen, die Sie in Ihrer Arbeit beschäftigen oder die in Ihrem Unternehmen aktuell intensiv diskutiert werden. Recherchieren Sie, welche Interessen bei der Diskussion vertreten werden und setzen Sie sich dafür ein, wer ggf. noch am Tisch sitzen sollte.

Off the job

- Beschäftigen Sie sich mit ihrem eigenen »unconscious bias« und besuchen Sie ein Training dazu.
- Gehen Sie in einem Restaurant mit landestypischen Speisen, welche Ihnen noch unbekannt sind. Führen Sie ein Gespräch mit dem Servicepersonal zu den verschiedenen Gerichten.
- Gewinnen Sie Klarheit über Ihre eigene Identität und beschreiben Sie die verschiedenen Ursprünge. Ausbildung, Ethnie, soziale Herkunft, Sprache, besondere Lebenserfahrungen, sexuelle Orientierung, Nationalität etc.
- Lassen Sie sich in Ihrem nächsten Urlaub bewusst auf die fremde Kultur ein. Sprechen Sie mit Einheimischen über ihr Land, die Geschichte und versuchen Sie zu verstehen.

On the job

- Initiieren Sie ein (Cross-)Mentoring-Programm, in dem Sie innerhalb der Organisation Mentoren/Mentees zusammenbringen, die hinsichtlich verschiedener Dimensionen von Vielfalt voneinander lernen können. Im Cross-Mentoring realisieren Sie dies über die Unternehmensgrenzen hinaus.
- Prüfen Sie kritisch, inwiefern Sie bei der Erarbeitung von Regeln, Prozessen und Tools alleinig aus der Perspektive der Zentrale/Ihres Standorts arbeiten, bzw. inwiefern bei der Erarbeitung andere Personen und deren Sichtweise involviert waren und deren Perspektiven verarbeitet wurden.
- Wählen Sie heute eine Verhaltensweise aus, die einen Beitrag leistet im Umgang mit Vielfalt, z. B. aktives Zuhören, Offenheit, Perspektivenwechsel, etc. Fokussieren Sie sich heute auf diese Verhaltensweise und ziehen Sie am Ende des Tages für sich Bilanz.

Off the job

- Verbringen Sie ganz bewusst immer wieder Zeit mit Menschen, die vollkommen anders sind als Sie. Gehen Sie zum Beispiel auf Kulturfestivals in Ihrer Stadt, besuchen Sie eine religiöse Zeremonie einer anderen Religion.
- Suchen Sie sich ein Kultur- oder Sprachtandem und tauschen Sie sich regelmäßig über die andere Kultur aus.

On the job

- Ergreifen Sie die Chance für eine Entsendung in ein anderes Land, das kulturell, sprachlich und ggf. religiös vollkommen unterschiedlich ist, zu allem, was Sie kennen. Suchen Sie sich für diese Zeit einen Reflexionspartner, mit dem Sie über Ihre Erlebnisse sprechen können.
- Engagieren Sie sich in Themen (ggf. Projektleitung), in denen die anderen deutlich erfahrener sind als Sie oder in denen sie inhaltlich noch nicht gearbeitet haben. Wie geht es Ihnen damit? Was möchten Sie umgekehrt in Ihrem Verhalten gegenüber weniger erfahrenen Teammitgliedern künftig anders machen?

- Konzipieren Sie eine hausinterne Veranstaltung zum Umgang mit Vielfalt. Halten Sie dort einen Vortrag und legen Sie Ihre Sicht auf das Thema Vielfalt dar. Erarbeiten Sie dabei Maßnahmen für Ihr Unternehmen, die den Umgang mit Vielfalt unterstützen.

Off the Job

- Unterstützen Sie eine Einrichtung für behinderte Menschen und lernen Sie deren Perspektive auf den Alltag.
- Besuchen Sie ein Kloster einer für Sie fremden Religion und lernen Sie durch Teilhabe an deren Leben für eine befristete Zeit etwas über Menschen und Kultur kennen.
- Engagieren Sie sich für ein Hilfsprojekt im Ausland (z. B. Ärzte ohne Grenzen). Nehmen Sie ggf. Kontakt zu Entwicklungshilfeorganisationen auf und lassen Sie sich auf dem Weg dorthin unterstützen.
- Lesen Sie die Literatur, Tageszeitungen oder nutzen Sie die einschlägigen Medien der für Sie fremden Sichtweise und werten Sie das Erfahrene aus mit Blick auf das, was die »gute Absicht« der Andersartigkeit ist.

Meine persönlichen Anmerkungen:

____

____

____

Wo finde ich noch mehr darüber?

Plummer, D. (2018): Handbook of Diversity Management. Inclusive strategies for driving organizational excellence. 2. Auflage. Boston, Massachusets.

Voß, E./Würtemberger, S. (2023): Vielfalt im Employee Lifecycle: Diversity Management in HR-Prozessen. Wiesbaden.

Gutting, D. (2015): Diversity Management als Führungsaufgabe. Potenziale multikultureller Kooperationen erkennen und nutzen. Wiesbaden.

5.47 Verhandlungsführung

Was ist das?

Die Kompetenz »Verhandlungsführung« ist die Fähigkeit, Verhandlungsziele und -korridore festzulegen, Verhandlungen strategisch, taktisch und inhaltlich vorzubereiten, Verhandlungsgegenstände klar zu benennen und gemeinsam mit dem Verhandlungspartner Optionen für ein Verhandlungsergebnis zu erarbeiten.

Woran erkenne ich diese Kompetenz?

Ein Mensch, der über die Kompetenz »Verhandlungsführung« verfügt,

- kann Verhandlungserfolge nachweisen,
- besitzt ein weites Repertoire an Verhandlungsstrategien und -taktiken,
- weiß, wie man Verhandlungen gut vorbereitet,
- kann seinem Verhandlungspartner gegenüber Wertschätzung ausdrücken,
- weiß, wie man auf Augenhöhe verhandelt,
- kann gute Verhandlungsergebnisse erzielen, ohne die Beziehungsebene zu zerstören,
- kann eine schlüssige Argumentationskette aufbauen.

Zu viel des Guten:

- unterscheidet unter Umständen zu wenig, ob überhaupt verhandelt werden muss.

Wo stehe ich? – Quick Check

	Stimme nicht zu	**Stimme teilweise zu**	**Stimme voll und ganz zu**
Ich kann es gut aushalten, das eigentliche Konfliktthema auf den Tisch zu bringen.			
Mir bereitet es keine Mühe, auch irrationale Forderungen zu stellen.			
Ich bleibe auch nach einer Verhandlung verhandlungsbereit, weil häufig in der Umsetzung noch neue Themen auftauchen.			
Mir ist es wichtig, einen Gesichtsverlust für den anderen zu vermeiden.			
Ich weiß, was ich alles in der Vorbereitung berücksichtigen muss, wenn die Verhandlungen Aussicht auf Erfolg haben sollen.			
Aktives Zuhören ist eine meiner Stärken.			
Mit meinen Emotionen kann ich auch in sehr intensiven Verhandlungen gut umgehen.			
Summe pro Spalte	Multiplizieren Sie die Anzahl der Kreuze mit eins:	Multiplizieren Sie die Anzahl der Kreuze mit zwei:	Multiplizieren Sie die Anzahl der Kreuze mit drei:
Addieren Sie die Summen pro Spalte zu Ihrem Gesamtergebnis für diese Kompetenz:			

Wo stehen Sie? – Deep Dive

- Was sind Ihre größten Verhandlungserfolge? Beschreiben Sie, was im Verhandlungsprozess besonders gut gelaufen ist.
- Wie bereiten Sie sich auf eine Verhandlung vor? Beschreiben Sie, welche Punkte Sie bearbeiten, bevor Sie in die Verhandlung gehen.
- Wie definieren Sie das Maximal- und das Minimalziel der Verhandlung?
- Auf welcher Grundlage wählen Sie Ihre Verhandlungsstrategie?
- Wie beenden Sie eine Verhandlung?
- Wie gehen Sie mit Ihren Gefühlen in Verhandlungen um, z. B. wenn der andere eine in Ihren Augen unverschämte Forderung stellt?

Wie kann ich mich verbessern?

On the job

- Führen Sie Interviews mit dem Schwerpunkt Verhandlungsvorbereitung mit Kolleginnen und Kollegen, die regelmäßig verhandeln, z. B. aus dem Einkauf, dem Vertrieb oder HR. Notieren Sie Ihre Lessons Learned.
- Üben Sie eine Verhandlung und lassen Sie sich von zwei Kollegen zu Ihrem Verhandlungsstil Feedback geben.
- Trainieren Sie, Gesprächsverläufe zu notieren. Schreiben Sie diese Woche jeden Tag für fünf Minuten in einem Meeting den Gesprächsverlauf so wörtlich wie möglich mit.
- Üben Sie jeden Tag in mindestens einem Gespräch aktives Zuhören und paraphrasieren Sie, was der andere gesagt hat.
- Begleiten Sie Kolleginnen und Kollegen aus dem Vertrieb bei Verhandlungen. Notieren Sie Ihre Lessons Learned über den Verhandlungsprozess.

Off the job

- Besuchen Sie ein Training zu den Grundlagen der Verhandlungsführung.
- Besuchen Sie öffentliche Gerichtsverhandlungen. Was können Sie davon auf Ihren Alltag transferieren?

On the job

- Investieren Sie diese Woche jeden Tag 15 Minuten, um sich mit dem Harvard-Konzept zu beschäftigen. Welche Elemente können Sie schon morgen in Ihrem Alltag verwenden? Testen Sie sie.
- Trainieren Sie es, Forderungen zu stellen. Notieren Sie zu einem Sachverhalt, welche Forderungen gestellt werden könnten. Diese können rational, aber auch irrational sein. Bringen Sie Ihre Forderungen in eine Reihenfolge. Formulieren Sie Ihre Forderung wertschätzend im Gespräch. Trainieren Sie das Formulieren von Forderungen jeden Tag mindestens einmal.
- Üben Sie zu schweigen. Stellen Sie z. B. eine Forderung und warten Sie, bis der andere reagiert. Halten Sie auch eine eventuelle Pause aus und zählen Sie innerlich bis zehn, bevor Sie reagieren.

- Suchen Sie sich einen unternehmensinternen Mentor zum Thema Verhandlungsführung. Lassen Sie sich von ihm in einer Verhandlung begleiten und führen Sie danach ein ausführliches Analysegespräch. Nutzen Sie Ihren Mentor auch, um die nächste Verhandlung vorzubereiten.
- Trainieren Sie mit einem Kollegen zwei kleine Verhandlungssituationen und nehmen Sie das Gespräch auf Video auf. Analysieren Sie im Anschluss den Verlauf.
- Wenn Sie die Kompetenz noch intensivieren wollen, schauen Sie sich nach Einsatzmöglichkeiten z. B. im Einkauf oder im Vertrieb um.

Off the job

- Nutzen Sie kleine Alltagssituationen, um zu trainieren. Verhandeln Sie beim nächsten Flohmarktbesuch, beim nächsten Möbelkauf, beim nächsten Hotelbesuch oder beim nächsten Autokauf etc. Es geht nicht darum, den besten Deal zu machen, sondern sich zu überwinden, etwas zu fordern.

On the job

- Verhandeln Sie diesen Monat im Gespräch mit Ihrem Vorgesetzten über eine Gehaltserhöhung oder eine Beförderung.
- Bieten Sie ein internes Training an und unterstützen Sie andere dabei, Verhandlungsführung zu lernen. Was sind die drei wichtigsten Elemente, die Sie einem anderen zum Thema beibringen möchten? Besprechen Sie Ihr Konzept mit einem professionellen Trainer und holen Sie sich Anregungen.
- Trainieren Sie Ihren Umgang mit den eigenen Emotionen in Verhandlungssituationen mit einem Coach. Welche Möglichkeiten gibt es, Emotionen taktisch einzusetzen?
- Analysieren Sie Ihre bisherigen Verhandlungen vor dem Hintergrund der Spieltheorie. Welche andere Verhaltensweise wäre auch noch eine Option gewesen und wie wäre dann die Verhandlung verlaufen?
- Melden Sie sich als Teammitglied für Verhandlungen mit externen Lieferanten, Gewerkschaften oder Betriebsräten.

Off the job

- Erstellen Sie eine Forderungsliste mit Dingen, die Sie von Ihren Kindern möchten, z. B. Zimmer aufräumen, Müll rausbringen o. Ä. und handeln Sie mit ihnen einen Deal aus.

Meine persönlichen Anmerkungen:

____

____

____

Wo finde ich noch mehr darüber?

Fisher, R./Ury, W./Patton, B. (2015): Das Harvard Konzept. Die unschlagbare Methode für beste Verhandlungsergebnisse. Frankfurt am Main.

Kohlrieser, G. (2008): Gefangen am runden Tisch. Weinheim.

Schranner, M. (2015): Verhandeln im Grenzbereich. Strategien und Taktiken für schwierige Fälle. München.

5.48 Verkaufsfähigkeit

Was ist das?

Die Kompetenz »Verkaufsfähigkeit« umfasst, in der jeweiligen Situation angemessene zwischenmenschliche Verhaltensweisen und Kommunikationsmethoden einzusetzen und so Menschen (Mitarbeiter im Unternehmen oder/und Kunden) für eine Idee, einen Vorgehensplan, eine Maßnahme oder ein Produkt zu gewinnen.

Woran erkenne ich diese Kompetenz?

Ein Mensch, der über die Kompetenz »Verkaufsfähigkeit« verfügt,

- bereitet sich auf Kundengespräche systematisch vor,
- ist über die Wettbewerber und deren Aktivitäten informiert,
- versteht schnell das »Kundenproblem« und geht darauf ein,
- findet den richtigen Ton,
- verfügt über die richtigen Argumente zum Umgang mit Einwänden,
- findet akzeptable Lösungen für beide Seiten,
- spricht auch heikle Themen offen an.

Zu viel des Guten:

- verliert das Gespür für die soziale Interaktion, bei der es nicht ums Geschäft geht.

Wo stehe ich? – Quick Check

	Stimme nicht z	Stimme teilweise zu	Stimme voll und ganz zu
Ich bereite mich auf »Verkaufstermine« intensiv vor.			
Es fällt mir leicht, verschiedene Zielgruppen adäquat anzusprechen.			
Ich verfolge die Aktivitäten von Wettbewerbern.			
Andere haben mir schon öfter zurückgemeldet, dass ich Menschen begeistern kann.			
Ich habe einen guten Weg gefunden, auch schwierige Themen in einem Gespräch anzusprechen.			

	Stimme nicht z	Stimme teilweise zu	Stimme voll und ganz zu
Um das Kundenproblem zu erfassen, habe ich eine systematische Vorgehensweise.			
Argumente und Gegenargumente in einem Verkaufsgespräch kann ich gut handhaben.			
Summe pro Spalte	Multiplizieren Sie die Anzahl der Kreuze mit eins:	Multiplizieren Sie die Anzahl der Kreuze mit zwei:	Multiplizieren Sie die Anzahl der Kreuze mit drei:
Addieren Sie die Summen pro Spalte zu Ihrem Gesamtergebnis für diese Kompetenz:			

Wo stehen Sie? – Deep Dive

- Wie bereiten Sie ein Verkaufsgespräch vor? Was genau machen Sie dafür?
- Wie passen Sie Ihre Wortwahl an verschiedene Zielgruppen an? Nennen Sie Beispiele, bei denen Ihnen das gut gelungen ist.
- Was war das schwierigste Verkaufsgespräch, das Sie bisher hatten? Wie haben Sie es gemeistert? Was haben Sie daraus gelernt?
- Wie gehen Sie im Verkaufsgespräch mit Argumenten und der Behandlung von Einwänden um? Schildern Sie es an einem Beispiel.
- Was tun Sie, um das Kundenproblem ganzheitlich zu erfassen?

Wie kann ich mich verbessern?

On the job

- Besprechen Sie gemeinsam mit einem Kollegen aus dem Vertrieb, was Ihnen am Verkaufen noch nicht so leichtfällt und was Ansatzpunkte für Verbesserungen sein könnten. Fangen Sie mit einem konkreten ersten Punkt an und üben Sie diesen möglichst jeden Tag.
- Bereiten Sie für die kommende Woche jedes Gespräch so vor, als wäre der Gesprächspartner ein Kunde von Ihnen. Wie kommen Sie mit ihm in Kontakt und wie erfragen Sie, was der Kunde möchte?
- Sprechen Sie mit Kolleginnen und Kollegen, wer in Ihrem Unternehmen ein echtes Verkaufstalent ist. Nehmen Sie Kontakt auf und fragen Sie denjenigen, ob er Sie im Sinne einer Lernpartnerschaft unterstützen könnte. Was könnten Sie zur Lernpartnerschaft beisteuern?
- Trainieren Sie heute Ihre Fähigkeit, gut zuzuhören. Fokussieren Sie sich bewusst darauf, den anderen ausreden zu lassen. Unterdrücken Sie den Impuls, dem anderen ins Wort zu fallen, von sich selbst zu erzählen o.Ä. Fassen Sie am Ende des

Gesprächs zusammen, worum es ging, und bitten Sie Ihren Gesprächspartner, Feedback zu geben.

Off the job

- Schauen Sie sich einmal pro Woche eine Verkaufssendung im Fernsehen an. Notieren Sie sich Redewendungen und Verhaltensweisen, die Sie besonders überzeugen.
- Besuchen Sie ein Verkaufstraining zu den Grundlagen des Verkaufens.
- Besuchen Sie eine Fachmesse. Nehmen Sie sich mindestens drei Verkaufsstände vor und machen Sie sich Notizen dazu, was Sie von den Verkäufern dort lernen können und was Sie eher abgeschreckt hat.

On the job

- Halten Sie Ihre Verkaufspräsentation vor Kolleginnen und Kollegen. Vereinbaren Sie, dass jeder von ihnen während der Präsentation die »Pausetaste« drücken darf, wenn etwas besonders auffällt und verbesserungswürdig ist. Besprechen Sie, was genau anders sein soll, und wiederholen Sie die Sequenz auf der Basis des Feedbacks. Auch Sie können die Pausetaste nutzen, wenn sich Ihre Präsentation für Sie selbst nicht stimmig anfühlt.
- Recherchieren Sie, welche Formen des Verkaufs es gibt (z. B. Telemarketing, Internetverkauf etc.). Welche Formen möchten Sie für Ihre Zwecke nutzen? Bewerten Sie für jede ausgewählte Verkaufsform auf einer Skala von 0 bis 10, wie Sie sich selbst einschätzen. 0 bedeutet, Sie wissen noch gar nichts über die Verkaufsform, 10 bedeutet, Sie beherrschen diese Verkaufsform perfekt. Suchen Sie sich für jede Ihrer Schwächen einen Ansprechpartner und bitten Sie um Unterstützung.
- Trainieren Sie heute, Sympathien im anderen zu wecken, indem Sie im Laufe des Gesprächs auf Parallelen und Ähnlichkeiten kommen. Prüfen Sie sich im Gespräch immer wieder, wie freundlich und zuvorkommend Sie sind. Passen Sie ggf. Ihr Verhalten an.

Off the job

- Stöbern Sie im Internet nach Verkaufsblogs und suchen Sie sich heraus, was Ihnen dabei besonders gut gefällt. Welche drei Dinge können Sie für sich adaptieren und nutzen? Wenden Sie morgen das erste an.
- Nutzen Sie auch außerhalb Ihres Arbeitsplatzes jede Möglichkeit, andere beim Verkaufen zu beobachten. Was tun gute Kellner, um Ihnen ein bestimmtes Essen oder einen Wein anzupreisen? Wie setzen Kinder ihr Verkaufsgeschick ein, wenn sie etwas haben möchten?

On the job

- Sprechen Sie mit dem kritischsten Menschen, den Sie kennen. Lassen Sie sich herausfordern und Ihre Produktkenntnis hinterfragen.

- Trainieren Sie sich eine gute Körpersprache an, z. B. indem Sie mit einem Coach daran arbeiten. Unter Umständen können Sie mit dem Coach auch herausfinden, ob es bestimmte innere Einstellungen gibt, die Sie vom besseren Verkaufen abhalten.
- Hinterfragen Sie Ihre Verkaufsleistung dahin gehend, was Sie dem Kunden als gemeinsames Erlebnis anbieten können. Wie können Sie das Produkt gemeinsam erleben?
- Stellen Sie sich als Mentor zur Verfügung und helfen Sie anderen, ein besserer Verkäufer zu werden.

Off the Job

- Fragen Sie bei einem Verkaufsfernsehsender an, ob Sie dort hospitieren dürfen. Alternativ: Führen Sie Interviews mit Moderatorinnen und Moderatoren des Verkaufsfernsehens. Welche Fragen wollen Sie stellen?

Meine persönlichen Anmerkungen:

Wo finde ich noch mehr darüber?

Kreuter, D. (2018): Verkaufen im Grenzbereich. 10 Radikale Prinzipien. Wien.

Limbeck, M. (2018): Verkaufen. Das Standardwerk für den Vertrieb. Offenbach.

Taxis, T. (2019): Heiß auf Kaltaquise in 45 Minuten. Wie Sie das Vorzimmer erobern und den Entscheider gewinnen. 4. Aufl., Norderstedt.

5.49 Wirtschaftliches Denken und Handeln

Was ist das?

»Wirtschaftliches Denken und Handeln« ist die Fähigkeit, wirtschaftliche Zusammenhänge zu erkennen, zu verstehen, zu erklären und das eigene Handeln unter Berücksichtigung der Auswirkungen dementsprechend auszurichten.

Woran erkenne ich diese Kompetenz?

Ein Mensch, der über die Kompetenz »wirtschaftliches Denken und Handeln« verfügt,

- setzt die zur Verfügung stehenden Ressourcen (Mitarbeiter, Arbeitsmittel, Technik, Zeit) wirtschaftlich ein,

- ist in der Lage, die entsprechenden Steuerungstools (z. B. Reportings) einzusetzen,
- trifft Entscheidungen auf der Basis wirtschaftlicher Rahmenbedingungen,
- arbeitet mit Kennzahlen,
- kennt sich in den Grundlagen der Betriebswirtschaft aus,
- erkennt unternehmerische Chancen und Risiken,
- blickt über den Tellerrand der eigenen Organisationseinheit hinaus.

Zu viel des Guten:

- unterwirft jede Fragestellung einer betriebswirtschaftlichen Sichtweise und berücksichtigt unter Umständen zu wenig emotionale Anteile an Entscheidungen (»kennt von allem den Preis und von nichts den Wert«).

Wo stehe ich? – Quick Check

	Stimme nicht zu	Stimme teilweise zu	Stimme voll und ganz zu
Ich kann guten Gewissens behaupten, dass ich die Wirtschaftlichkeit unseres Unternehmens im Auge behalte.			
Unsere wichtigsten Finanzkennzahlen im Unternehmen kenne ich sehr gut und ich kann jederzeit sagen, wo wir stehen.			
Ich initiiere regelmäßig Projekte, um die Wirtschaftlichkeit unserer Abteilung zu steigern.			
In meiner Organisationseinheit werden wirtschaftliche Aspekte bei Entscheidungsfindungen berücksichtigt.			
Ich kenne die wichtigsten Kennzahlen zur Steuerung der Organisationseinheit, in der ich arbeite.			
Ich verfüge über ein gutes Kostenbewusstsein.			
Mir fallen sofort Beispiele ein, wie ich den unternehmerischen Erfolg positiv beeinflusst habe.			
Summe pro Spalte	Multiplizieren Sie die Anzahl der Kreuze mit eins:	Multiplizieren Sie die Anzahl der Kreuze mit zwei:	Multiplizieren Sie die Anzahl der Kreuze mit drei:
Addieren Sie die Summen pro Spalte zu Ihrem Gesamtergebnis für diese Kompetenz:			

Wo stehen Sie? – Deep Dive

- Nennen Sie drei Beispiele, anhand derer Sie Ihr wirtschaftliches Denken und Handeln beschreiben können.
- Welche konkreten Ideen haben Sie eingebracht, um den Ertrag zu steigern?
- Nennen Sie zwei Beispiele für unternehmerische Erfolge, die Sie mit beeinflusst haben.
- Welche externen Einflussfaktoren gibt es derzeit auf das Unternehmen und welche Auswirkungen haben diese in Ihren Augen auf die strategische Ausrichtung der Firma?
- Beschreiben Sie, wie Sie im Alltag Entscheidungen treffen, bei denen Sie wirtschaftliche Rahmenbedingungen berücksichtigen.
- Was tun Sie für einen effizienten Ressourceneinsatz?

Wie kann ich mich verbessern?

On the job

- Planen Sie einen kleinen unternehmensinternen Rundlauf durch verschiedene Funktionen: Hospitieren Sie einen Tag im Customer Service, begleiten Sie einen Vertriebskollegen, planen Sie Standortbesichtigungen ein, arbeiten Sie einen Tag im Logistikzentrum etc. Nehmen Sie sich alles vor, was Ihnen hilft, Ihr Unternehmen noch besser kennenzulernen.
- Nehmen Sie sich jede Woche 30 Minuten Zeit, um die zentralen Medien Ihrer Branche zu lesen. Was sind die derzeit bestimmenden Themen? Besprechen Sie diese mit Ihrem Vorgesetzten.
- Beschäftigen Sie sich quartalsweise mit den aktuellen Finanzkennzahlen Ihres Unternehmens z. B. anhand von Quartalsberichten oder indem Sie sich einen Ansprechpartner suchen, der Ihnen dabei weiterhelfen kann.
- Erstellen Sie kleine Businesspläne für neue Themen, die Sie im Unternehmen umsetzen möchten. Machen Sie diese zur Grundlage Ihrer Argumentation. Wenn Sie noch nicht so geübt darin sind, suchen Sie sich Kolleginnen und Kollegen aus dem Finance-Bereich oder eignen Sie sich das Wissen über Onlinetutorials oder Bücher an.

Off the job

- Legen Sie sich ein breites wirtschaftliches Verständnis zu, indem Sie am besten täglich mindestens zehn Minuten Nachrichten hören/lesen.
- Analysieren Sie Ihre private wirtschaftliche Situation: Einnahmen, Ausgaben, Fixkosten, Verschwendung etc. Was aus dieser Betrachtung können Sie in Ihren beruflichen Alltag übernehmen?

On the job

- Suchen Sie sich hierarchieübergreifend und unternehmensübergreifend Ansprechpartner, mit denen Sie regelmäßig über die wirtschaftlichen Rahmenbedingungen der Branche und des Unternehmens sprechen.

- Wenn Sie sich in Ihrem Fachgebiet zwar gut auskennen, aber noch nicht so gut in anderen Themen, melden Sie sich für ein unternehmensübergreifendes Projekt oder initiieren Sie eines.
- Sollte Ihr Unternehmen mit Unternehmensberatungen zusammenarbeiten, nutzen Sie die Gelegenheit zum Austausch. Beratungen haben häufig ein breites Branchenverständnis.
- Besuchen Sie einmal im Jahr eine Fachkonferenz Ihrer Branche und eine Veranstaltung einer anderen Branche oder zu allgemeinen wirtschaftlichen Themen. Veranstaltungen dieser Art werden auch als Abendveranstaltungen angeboten.
- Suchen Sie in Ihrem Tätigkeitsfeld die Top-3-Themen, die sofort einen kleinen Nutzen hinsichtlich Wirtschaftlichkeit bringen würden, z. B. Vermeidung von Verschwendung, kleine Prozessverbesserungen, Vermeidung von Doppelarbeit etc.

Off the job

- Trainieren Sie, vor privaten Anschaffungen eine genaue Kosten-Nutzen-Analyse durchzuführen. Wie lösen Sie den Konflikt zwischen Qualität und Kosten?
- Legen Sie sich ein Aktiendepot an, mit dem Sie sich einen Traum finanzieren.

On the job

- Es werden immer Redner und Präsentatoren zu aktuellen Themen für Fachtagungen gesucht. Bieten Sie Vorträge auf externen Veranstaltungen an und kommen Sie so in Kontakt mit anderen Vortragenden.
- Initiieren Sie jährlich ein Projekt zur Verbesserung der Wirtschaftlichkeit der Organisation. Denken Sie an Ihren Einflussbereich, aber auch darüber hinaus. Finden Sie Kolleginnen und Kollegen, die Ihr Vorhaben unterstützen.
- Wenn Sie die Möglichkeit haben, beteiligen Sie sich an großen Unternehmensprojekten wie z. B. an der Vorbereitung eines Joint Venture, der Entstehung eines neuen Produkts, der Erarbeitung einer neuen Aufbauorganisation etc.
- Wechseln Sie eine Zeit lang in den Bereich Finance oder Investor Relations.
- Schreiben Sie im Firmenintranet oder einem anderen internen Kommunikationskanal regelmäßig News zum Thema Wirtschaftlichkeit.

Off the job

- Nehmen Sie eine Kosten-Nutzen-Analyse vor und schlagen Sie Ihrem Vermieter die Sanierung Ihrer Mietwohnung vor.
- Werden Sie Kassenwart des Golfclubs und investieren Sie die Gelder gewinnbringend.
- Melden Sie ein kleines Nebengewerbe an und führen Sie dieses betriebswirtschaftlich erfolgreich.

Meine persönlichen Anmerkungen:

Wo finde ich noch mehr darüber?

Kotter, J. (2015): Accelerate: Strategischen Herausforderungen schnell, agil und kreativ begegnen. München.

Osterwalder, A./Pigneur, Y. (2011): Business Model Generation: Ein Handbuch für Visionäre, Spielveränderer und Herausforderer. Frankfurt.

Schultz, V. (2014): Basiswissen Betriebswirtschaft: Management, Finanzen, Produktion, Marketing. Weinheim.

5.50 Zielorientierung

Was ist das?

Zielorientierung ist die Fähigkeit, anspruchsvolle Ziele zu setzen oder anzunehmen und mit Willensstärke im vorgesehenen Zeitraum zu erreichen.

Woran erkenne ich diese Kompetenz?

Ein Mensch, der über die Kompetenz »Zielorientierung« verfügt,

- kann übergeordnete Ziele in Teilziele herunterbrechen,
- zeigt Ausdauer und Beharrlichkeit darin, Ziele auch bei Widerständen zu erreichen,
- stellt das Verständnis für Ziele und Zusammenhänge sicher,
- kann, wenn notwendig, Ziele neuen Rahmenbedingungen anpassen,
- berücksichtigt alles, was es braucht, um das Ziel zu erreichen,
- fühlt sich durch ambitionierte Ziele motiviert,
- motiviert sich und andere, um Ziele zu erreichen.

Zu viel des Guten:

- ordnet dem Erreichen des Ziels vieles unter, z. B. achtet er zu wenig auf Zusammenarbeit mit anderen, auf vorgegebene Prozesse etc.

Wo stehe ich? – Quick Check

	Stimme nicht zu	Stimme teilweise zu	Stimme voll und ganz zu
Ein großes Ziel vor Augen zu haben motiviert mich enorm.			
Auch bei vielen Zielen habe ich kein Problem damit, Prioritäten zu setzen.			
Meine To-do-Listen sind immer pünktlich abgearbeitet.			
Für mich ist es das Größte, ein Ziel fristgerecht und vollständig erreicht zu haben.			
Ich kann große Ziele gut in kleinere Teilziele herunterbrechen.			
Auch wenn der Trubel noch so groß ist, verliere ich mein Ziel nicht aus den Augen.			
Mir macht es Spaß, Ziele zusammen mit anderen zu erreichen.			
Summe pro Spalte	Multiplizieren Sie die Anzahl der Kreuze mit eins:	Multiplizieren Sie die Anzahl der Kreuze mit zwei:	Multiplizieren Sie die Anzahl der Kreuze mit drei:
Addieren Sie die Summen pro Spalte zu Ihrem Gesamtergebnis für diese Kompetenz:			

Wo stehen Sie? – Deep Dive

- Welche Ziele sind für Sie die bedeutendsten, die Sie erreicht haben?
- Was geht in Ihnen vor, wenn Sie es nicht schaffen, ein Ziel zu erreichen? Beschreiben Sie anhand eines Beispiels.
- Wie motivieren Sie andere, bei der gemeinsamen Zielerreichung mitzuwirken?
- Wie gehen Sie dabei vor, ein übergeordnetes Ziel in kleinere Teilziele zu zerlegen? Beschreiben Sie möglichst konkret, wie Sie vorgehen und wie Sie das Erreichen der Ziele sicherstellen.
- Welche Rahmenbedingungen haben Sie schon einmal veranlasst, ein Ziel zu korrigieren?
- Beschreiben Sie anhand eines Beispiels, wie Sie Zielkonflikte auflösen.

Wie kann ich mich verbessern?

On the job

- Schreiben Sie sich morgens als Erstes im Büro die Aufgabe des Tages auf. Was ist die eine Sache, die heute auf jeden Fall erledigt sein muss?

- Stellen Sie sicher, dass Ihre Monats-, Quartals- oder Jahresziele gut sichtbar für Sie und Ihre Kollegen sind. Denken Sie an das Sprichwort »Aus den Augen, aus dem Sinn«.
- Beschreiben Sie Ihre eigenen Ziele anhand von SMART-Kriterien, um eine größere Zielbindung zu erreichen.
- Identifizieren Sie die Dinge, die Sie vom Erreichen eines Ziels abhalten. Welche Ablenkungen gibt es? Was sind geeignete Gegenmaßnahmen?
- Nehmen Sie sich jeden Freitagnachmittag zum Ende Ihrer Arbeitswoche kurz Zeit. Schreiben Sie die drei wichtigsten Ziele auf, die Sie diese Woche erreicht haben. Belohnen Sie sich dafür.

Off the job

- Setzen Sie sich privat ein kleines Ziel und probieren Sie verschiedene Wege aus, das Ziel zu erreichen. Probieren Sie es allein oder mit anderen, indem Sie das Ziel in kleine Teilziele zerlegen und täglich daran arbeiten oder indem Sie sich einen Tag vornehmen und eine Hauruck-Aktion durchführen. Reflektieren Sie, welches Vorgehen Ihnen am meisten Spaß gemacht hat und was am zielführendsten war.

On the job

- Setzen Sie sich heute ein Zeitlimit für ein zu erreichendes Ziel – priorisieren Sie die einzelnen Arbeitsschritte, die notwendig sind. Arbeiten Sie in dieser Zeit voll konzentriert daran. Trainieren Sie das regelmäßig und reflektieren Sie, ob die Aspekte zielorientierten (eine bestimmte Aufgabe in einer bestimmten Zeit zu erledigen) Arbeitens erfüllt sind. Reflektieren Sie, wie hoch der Reifegrad ist, wenn Sie das Ziel erreicht haben und wenn nicht: Woran hat es gelegen, was würden Sie beim nächsten Mal anders machen?
- Nutzen Sie quartalsweise die Möglichkeit, mit Ihren Kollegen und Kolleginnen über die aktuellen Ziele der Organisationseinheit zu sprechen. Klären Sie, ob Sie die Ziele gemeinsam so erreichen können. Geben Sie als Team auch Ihrem Teamleiter Feedback.
- Suchen Sie sich einen Kollegen oder stöbern Sie im Internet, wie das klassische und das agile Projektmanagement an die Bearbeitung von großen Zielen herangeht. Welche Aspekte können Sie davon auf Ihre tägliche Arbeit übertragen?
- Wenn Sie an einer ambitionierten Aufgabe mit anderen arbeiten, überlegen Sie sich als Gruppe, wie Sie die erreichte Aufgabe feiern wollen.

Off the job

- Visualisieren Sie Ihre Lebensziele, also die Dinge, die Sie in diesem Leben noch erreichen wollen. Begeben Sie sich metaphorisch auf eine Zugfahrt durch Ihr eigenes Leben. An welcher Station soll welches Ziel erreicht sein? Visualisieren Sie alles, was Ihnen einfällt, und trauen Sie sich, weit in die Zukunft zu blicken.

On the job

- Melden Sie sich für eine Taskforce oder ein großes Projekt mit vielen Einflussfaktoren.
- Berücksichtigen Sie beim Erreichen von Zielen noch stärker angrenzende Organisationseinheiten. Gehen Sie heute in den Austausch mit anderen, um zu überprüfen, ob sich Ihre Ziele ggf. mit den Zielen anderer ergänzen oder ihnen gar widersprechen. Nutzen Sie die Gelegenheit, um so ein vollständigeres Bild zu bekommen.
- Sind Sie schon bekannt für Ihre Zielstrebigkeit? Unterstützen Sie andere z. B. in einem internen Mentorenprogramm.
- Setzen Sie für das nächste Jahr ein wirklich ambitioniertes Ziel in Ihrer Organisationseinheit. Gehen Sie bewusst in die Übertreibung und testen Sie, wie weit Sie kommen.

Off the job

- Prüfen Sie regelmäßig, was Sie derzeit tun, um Ihren Lebenszielen näherzukommen. Was wollen Sie für diese Ziele als Nächstes in Angriff nehmen?

Meine persönlichen Anmerkungen:

Wo finde ich noch mehr darüber?

Allan, D. (2015): Wie ich die Dinge geregelt kriege: Selbstmanagement für den Alltag. München.

Barth, P. (2017): Von der Kunst, einfach anzufangen. Düsseldorf.

Dörr, J./Möller, K. (2018): OKR: Objectives & Key Results: Wie Sie Ziele, auf die es wirklich ankommt, entwickeln, messen und umsetzen. München.

6 Best of: Die besten Fragen für Vorstellungsgespräche

In diesem Kapitel erhalten Sie eine Übersicht zu Fragen, die Sie in einem kompetenzbasierten Interview verwenden können. Sie sind als Fragensammlung gestaltet und zu Ihrer Orientierung alphabetisch sortiert.

Kompetenzbasierte Interviews werden geführt, um das künftige Verhalten des Bewerbers auf Basis von vergangenem Verhalten einzuschätzen. Anhand von Fragen können Sie herausfinden, wie sich jemand gegenüber anderen verhält, Mitarbeiter unterstützt und fördert oder an Problemstellungen herangeht. Dabei sind die Fragen so angelegt, dass der Bewerber Beispiele früheren Verhaltens einbringen kann und für den Interviewer die Grundlage für weitere Fragen gelegt wird. Über verschiedene Verhaltensbeispiele bekommt der Interviewer eine Vorstellung der Bandbreite des möglichen Verhaltens und kann diese mit der nötigen Bandbreite auf der Zielposition abgleichen (vgl. Illing, S. 15).

Voraussetzung für ein gutes, kompetenzbasiertes Interview ist die vorherige, sorgfältige Reflexion zum Anforderungsprofil. Dabei ist es sinnvoll, ein Set von Kompetenzen festzulegen, die erfolgsentscheidend für die Stelle sind. Mit einer guten Fragemethodik gelingt es dann, mehr Tiefgang in das Gespräch zu bringen und somit eine gute Grundlage für die Personalentscheidung zu schaffen. Wie oben schon erwähnt, ist es dafür wichtig, konkrete Verhaltensbeispiele zu erfragen.

Die sogenannte STAR-Methode wird häufig in Interviews verwendet. Die Fragen an die Kandidaten folgen dabei der Logik Situation/Task/Action/Result. Wichtig ist neben guten Eingangsfragen ein Nachfragen, das zu bewertbaren Antworten hinsichtlich des Verhaltens des Bewerbers führt.

Mit den folgenden Details können Sie elegant und mit Tiefgang die STAR-Methode anwenden.

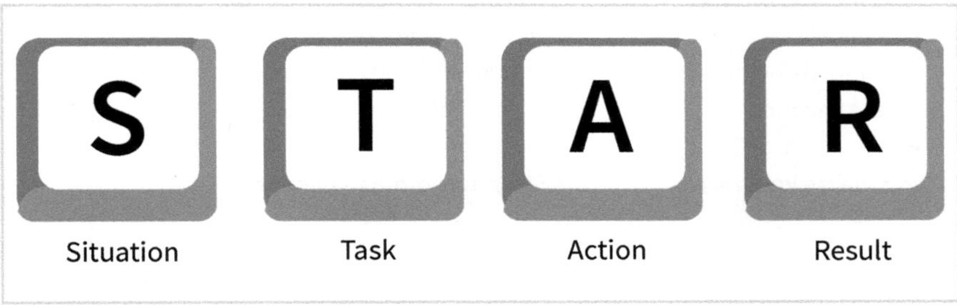

Situation: Was ist die Ausgangssituation?

Mit der Frage nach der Situation können Sie sich als Interviewer ein Bild vom gesamten Kontext machen, in dem sich der Bewerber bewegt hat. Das hilft Ihnen, das Erzählte besser einzuordnen. Dabei können Sie direkt fragen: »Was ist die Ausgangssituation?« oder mit Varianten Ihre (Nach-)Fragen gestalten, falls die Beschreibung zu allgemein ist, z. B.:

- Wie war die Situation mit dem Kunden/Mitarbeiter/Kollegen?
- Wie war zu diesem Zeitpunkt die Marktsituation/allg. Geschäftslage des Unternehmens/der Stand der Produktentwicklung?
- Was hat die Situation für Sie herausfordernd gemacht?
- Wo/Wann hat das stattgefunden?
- Wer war noch beteiligt?

Task: Was war dabei die konkrete Aufgabe bzw. die Zielsetzung?

Die sich anschließenden Fragen zur konkreten Aufgabenstellung bzw. Zielsetzung, verdeutlichen, was innerhalb der Ausgangssituation die genaue Aufgabenstellung, wer Auftraggeber und wer Mitwirkender war (vgl. Obermann/Solga, 2018, S. 57). Dadurch gewinnen Sie erste Erkenntnisse zum Leistungswillen und der Eigeninitiative des Bewerbers.

Die Frage nach der konkreten Aufgabe können Sie beispielsweise so ausgestalten:

- Woher kam die Zielsetzung und wie lautete sie konkret?
- Was genau wurde von Ihnen in der Situation erwartet?
- Welchen Auftrag haben Sie diesbezüglich zu bearbeiten gehabt?
- An welchen Ergebnissen sollten Sie gemessen werden?

Action: Was waren die konkreten Aktivitäten?

Die Frage nach den konkreten Aktivitäten gibt viel Input, um Rückschlusse auf das Verhalten zu ziehen. Dabei geht es nicht darum, dass der Bewerber eine Fülle von Aktivitäten nennen kann, sondern dass Sie ein Bild über die Verhaltensbandbreite und die Qualität des Verhaltens gewinnen. Hier helfen W-Fragen: Was? Wie? Wozu?

- Was genau haben Sie in der Situation unternommen/gesagt/beigetragen?
- Wie sind Sie beim Kunden/im Gespräch/für das Erreichen des Projektmeilensteins vorgegangen?
- Was waren Ihre Beweggründe?
- Was waren konkrete Schritte, die Sie unternommen haben?

Result: Was ist das Ergebnis gewesen?

Mit der Frage nach dem Ergebnis wird abgefragt, inwiefern das beschriebene Verhalten erfolgsversprechend für die Erreichung der Aufgabe war. Obermann und Solga (2018, S. 63) beschreiben es als Gewissheit über die Wirksamkeit des Verhaltens.

Es gibt zwei wesentliche Herausforderungen bei der Frage nach dem Ergebnis. Zum einen kann es für den Interviewer schwierig sein, die Antworten in den Unternehmenskontext des Bewerbers einordnen zu können. Zum anderen gibt es viele Einflüsse auf Ergebnisse, die nicht nur mit dem Verhalten des Bewerbers in Zusammenhang stehen (z.B. Unternehmensentscheidungen, Unterstützung anderer etc.). Sie können diese Herausforderungen beispielsweise mit den folgenden Fragen überwinden:

- Bitte geben Sie ein konkretes/detailliertes Beispiel: Welche der von Ihnen ausgeführten Maßnahmen hatte konkret Auswirkungen auf dieses Ergebnis?
- Was ist passiert, nachdem Sie das gemacht haben?
- Welche Reaktion haben Sie bekommen?
- Wie hat Ihr Umfeld dieses Ergebnis bewertet?
- Wie ist dieses Ergebnis in Ihrem Unternehmen/Branche/Marktumfeld einzuordnen?

Sobald Sie sich mit der STAR-Methode vertraut gemacht haben, können Sie nun ganz gezielte, kompetenzbasierte Fragen stellen. Die folgenden nach Kompetenz alphabetisch sortierten Fragen können Ihnen dabei helfen.

A

Analytisches Denken	**Anpassungsfähigkeit**
• Welche intellektuelle Aufgabe hat Sie bisher am meisten gefordert? • Wie gelingt es Ihnen, Zahlen, Daten, Fakten schnell zu erfassen, treffgenau zu interpretieren und daraus die richtigen Schritte abzuleiten? • Welche war die letzte Aufgabe, in die Sie sich schnell hinsichtlich der wesentlichen Fakten einarbeiten mussten? Wie sind Sie vorgegangen? • Wie gehen Sie in komplexen Situationen analytisch vor? • Was ist für Sie analytisches Handeln? Geben Sie ein Beispiel.	• Wie stellen Sie sich auf neue Rahmenbedingungen ein? • Welche Aufgaben haben Sie schon übernommen, bei denen Sie den Bereich des Bekannten verlassen haben? Wie sind Sie damit umgegangen? • Welche Veränderungen haben Sie miterlebt/mitgetragen, die entgegen Ihrer Einstellung war? Wie sind sie damit umgegangen? • Wenn Sie merken, dass die Menschen ein ganz anderes Mindset als Sie haben, wie gelingt es Ihnen, sich in die Gruppe zu integrieren?

<table>
<tr>
<td>Ambiguitätstoleranz
• Reflektieren Sie größere Veränderungen in Ihrem beruflichen Umfeld (z. B. Umorganisationen, Firmenzusammenschlüsse, Restrukturierungen). Wie haben Sie in diesen Situationen agiert?
• Wie gehen Sie bei der Bearbeitung einer Aufgabe damit um, wenn Kollegen, Mitarbeiter oder Stakeholder divergierende Ziele verfolgen, Ihre Aufgabe es jedoch erfordert, dass alle am gleichen Strang ziehen?
• In welcher neuartigen/fremden Situation mussten sie bisheriges Wissen über Bord werfen und für sich neu sortieren?
• Waren Sie schon einmal in einer Situation, in der Ihre Vorstellungen und das, was zu tun war, diametral entgegengesetzt waren? Beschreiben Sie, wie Sie das erlebt haben und wie Sie die Spannung gelöst haben.</td>
<td>Argumentationsfähigkeit
• Erklären Sie anhand eines Beispiels, welche Argumentation Ihnen richtig gut und welche Ihnen misslungen ist?
• Manchmal sind Argumente zwar ausreichend abgewogen, jedoch fehlt der politische Wille zur Umsetzung. Wie passen Sie für solche Situationen Ihre Argumentation zielgruppengerecht an?
• Was sind Ihrer Meinung nach Kriterien für eine gute Argumentation?</td>
</tr>
<tr>
<td>Auftreten
• Welche Situationen gab es, in denen Sie sich auch rückblickend sehr Ihrer Rolle entsprechend verhalten haben? In welchen Situationen ist dies nicht gelungen?
• Beschreiben Sie eine Beispielsituation, in der Sie sich vor einem Gespräch Gedanken darüber gemacht haben, wie Sie wirken möchten. Wie haben Sie das gemacht?
• Wie gehen Sie in Situationen vor, in denen Sie neu in einem Kreis sind?</td>
<td>Ausdauer
• Beschreiben Sie anhand zweier Beispiele, wie Sie über einen wirklich langen Zeitraum an einer Sache drangeblieben sind. Was genau haben Sie gemacht, um durchzuhalten?
• Beschreiben Sie anhand eines Beispiels, wie Sie nach Alternativen gesucht haben, um ein Ziel zu erreichen.
• Wie gehen Sie an Vorhaben heran, von denen Sie schon im Vorfeld wissen, dass sie lange dauern werden?</td>
</tr>
<tr>
<td>Authentizität
• Wie schaffen Sie es, sich von Einflüssen und Erwartungen anderer freizumachen? Nennen Sie Beispiele, bei denen das (nicht) gelungen ist. Was hat jeweils dazu beigetragen?
• Welchen Eindruck gewinnen Sie von sich selbst, wenn Sie sich auf Video sehen – z. B. bei einer Präsentation, die Sie gehalten haben?
• Gab es Situationen, in denen Sie nicht »Sie Selbst« sein konnten? Warum ist es Ihnen in diesen Situationen nicht gelungen?</td>
<td></td>
</tr>
</table>

B

Begeisterungsfähigkeit • Welche Ihrer Eigenschaften fördern Begeisterungsfähigkeit? • Welche Beispiele können Sie beschreiben, in denen es Ihnen gelungen ist, andere für eine Sache zu gewinnen? • Wie gehen Sie vor, wenn Sie eigentlich selbst von einer Sache nicht begeistert sind, aber andere gewinnen sollen?

D

Delegieren • Beschreiben Sie anhand eines Beispiels möglichst konkret, wie Sie bei der Delegation einer Aufgabe vorgegangen sind. • Welche Dinge tun Sie, die eigentlich Ihre Mitarbeiter/jemand anderes guttun könnte? Wie könnten Sie diese Aufgabe delegieren? • Wie stellen Sie bei delegierten Aufgaben sicher, dass derjenige alles hat, was er braucht, um die Aufgabe zu erledigen?	**Digitale Kompetenz** • Welche Auswirkungen wird Digitalisierung auf Ihre Branche, Ihr Unternehmen und Ihre Tätigkeit haben? • Welche Digitalisierungsidee haben Sie in Ihrem Unternehmen/Fachbereich bereits umgesetzt? • Was könnten Sie initiieren, damit Digitalisierung besser verstanden wird? • Welche alternativen Quellen nutzen Sie/ Welche Quellen nutzen Sie? • Wie unterscheiden Sie die Güte von Informationen? Auf was achten Sie dabei? Geben Sie ein Beispiel.
Durchsetzungsfähigkeit • Beschreiben Sie anhand von Beispielen, wie Sie Ihre Position schon durchgesetzt haben. Wie sind Sie genau vorgegangen? Was hat letztlich dazu geführt, dass Sie sich durchsetzen konnten? • Was tun Sie, um Akzeptanz für Ihre Position zu erzielen? • In welcher Situation haben Sie hierarchisch Höhergestellten berechtigterweise widersprochen und sich durchgesetzt?	

E

Eigeninitative	**Einsatzfreude**
• Welche drei Initiativen gehen auf Sie zurück? Wo haben Sie »Fußstapfen« hinterlassen? • Welche Verbesserungsmöglichkeiten sehen Sie in Ihrem unmittelbaren beruflichen Umfeld? Was davon werden Sie sofort aufgreifen und vorantreiben? • Was genau sind Ihre beruflichen Ziele? Was tun Sie täglich dafür, um diesen näher zu kommen?	• In welchen Situationen konnten Sie Ihre Selbstmotivation schon unter Beweis stellen? • Nennen Sie ein Beispiel dafür, wie Sie sich nach einem Rückschlag wieder neu motiviert haben? • Wann haben Sie sich zuletzt freiwillig für eine »Zusatzarbeit« gemeldet (z. B. Auslandseinsatz, Überstunden, Sonderaufgaben)? Was war das Motiv dafür?
Empathie • Was ist für Sie Empathie? • Können Sie uns eine Situation schildern, bei der Empathie der Schlüssel zum Erfolg war? • In welchen Situationen haben Sie gespürt, dass etwas »in der Luft liegt«? • Beschreiben Sie eine soziale Situation, in der Sie von anderen gebeten wurden, eine Einschätzung abzugeben. • Wie gut können Sie Ihre eigenen Gefühle benennen? Geben Sie dafür ein Beispiel.	**Entscheidungsfähigkeit** • Welche Ihrer Entscheidungen haben sich im Nachhinein als falsch erwiesen? Würden Sie ggf. im Entscheidungsprozess heute anders vorgehen? • Wie gehen Sie in Ihrer Entscheidungsfindung vor, wenn es sich nicht um ein sachliches, sondern um ein emotionales Thema handelt? • Welche Entscheidung mussten Sie schon treffen, obwohl Sie nicht alle Fakten hatten? • Was braucht es, damit Sie entscheiden können? • Sind Sie ein schneller oder ein bedächtiger Entscheider? Beispiel? Wie lang ist schnell/bedächtig?

F

Feedbackfähigkeit	
• Welches war das Feedback, das Sie am weitesten gebracht hat? Was hat das bei Ihnen ausgelöst? Wie sind Sie damit umgegangen? • Nennen Sie Situationen, in denen Sie sich bewusst Feedback eingeholt haben. • Wann geben Sie Feedback? Wie formulieren Sie Ihr Feedback?	

G

Ganzheitliches Denken und Handeln	**Gelassenheit**
• Wo sehen Sie Möglichkeiten, unternehmensweite Verbesserungen durchzuführen? Welche Auswirkungen haben Ihre Ideen auf verschiedene Bereiche der Organisation? • Beschreiben Sie anhand von zwei Beispielen, wie Sie komplexe Fragestellungen bearbeiten. • Wie gehen Sie vor, um sich von einem Sachverhalt ein ganzheitliches Bild zu machen?	• Welche Situationen bringen Sie an Ihre persönliche Gelassenheits-Grenze? • Beschreiben Sie anhand von Beispielen, wie es Ihnen gelungen ist, in einer belastenden Situation, die Ruhe zu bewahren. Wie ist Ihnen das gelungen? • Wie gehen Sie grundsätzlich in Stresssituationen mit Ihren Emotionen um?
Gesprächsführung • An welches schwierige Gespräch können Sie sich erinnern? Beschreiben Sie, wie Sie vorgegangen sind. • Zu welchem Gespräch haben Sie schon einmal ein kritisches/besonders positives Feedback bekommen? • Beschreiben Sie, wie Sie Ihre Sichtweisen formulieren. Welche Beispiele gibt es dafür? • Wie strukturieren Sie ein Gespräch? • Geben Sie ein Beispiel eines schwierigen Gesprächs und beschreiben Sie die Gesprächsanteile von Ihnen und Ihrem Gesprächspartner.	

I

Informations- und Wissensweitergabe	**Innovationsfähigkeit**
• Im beruflichen Alltag gibt es immer wieder Situationen, in denen nicht alle Informationen bekannt gegeben werden können. Wie stellen Sie sicher, dass (vorübergehende) Informationslücken nicht mit Gerüchten gefüllt werden? • Nennen Sie Beispiele, wie Sie sicherstellen, dass Informationen weitergegeben werden? Wann haben Sie Informationen nicht ausreichend gut weitergegeben? • Welche Formate nutzen Sie, um Ihr Wissen zu teilen oder um sicherzustellen, dass andere ihr Wissen teilen? • Wie informieren Sie? Ist das immer eine gute Vorgehensweise?	• Auf welche Ihrer Innovationen sind Sie besonders stolz? Wie sind Sie bei der Entwicklung vorgegangen? • Beschreiben Sie, wie Sie regelmäßige Neuerungen in Ihrer Arbeit sicherstellen. • Welche Ideen haben Sie schon zur Marktreife gebracht? Wie haben Sie das gemacht? Welche Hindernisse haben Sie dabei überwunden? • Würden Sie sich als innovativ bezeichnen?

K

Konfliktfähigkeit	**Konzeptionelle Fähigkeit**
• Welche persönlichen Konflikte hatten Sie bereits? Wie haben Sie sich in Ihrem letzten größeren Konflikt verhalten? War das gut so? • Nennen Sie Beispiele, in denen Sie atmosphärische Störungen wahrgenommen haben. Wie gut können Sie diese benennen und aktiv ansprechen? • Welches Konfliktpotenzial birgt Ihr persönliches Verhalten? Wie gehen Sie damit um?	• Beschreiben Sie, wie Sie bei der Erarbeitung eines Konzepts vorgehen? • Welches war Ihr bisher bestes Konzept? Was genau war daran gut? • Beschreiben Sie ein Beispiel, in dem es Ihnen gelungen ist, ein umfangreiches Thema konzeptionell klar strukturiert, darzustellen.
Krisen managen	**Kundenorientierung**
• Wie schaffen Sie es, auch in einer Notfallsituation ruhig zu bleiben und besonnen zu handeln? • In welcher Situation hatten Sie schon einmal die innere Überzeugung, dass ihr Handeln richtig ist und sind – trotz Kritik von außen – dieser Überzeugung gefolgt? • Beschreiben Sie anhand eines Beispiels, wie Sie in einer akuten und unvorhergesehenen Situation ihr Vorgehen angepasst haben, weil Sie neue Informationen bekommen haben.	• Wer sind Ihre Kunden und wie ist deren Präferenzstruktur? • Wann haben Sie zuletzt eine Prozessverbesserung im Sinne Ihre Kunden erarbeitet? War der Kunde in die Prozessverbesserung eingebunden? • Was ist Ihr persönliches Erfolgsrezept, um tragfähige und vertrauensvolle Kundenbeziehungen aufzubauen?

L

Lernfähigkeit	**Leistungsfähigkeit**
• Was war die schwierigste Lernaufgabe für Sie? Was hat diese Aufgabe schwierig gemacht? Wie sind Sie an die Aufgabe herangegangen? • Welches Themengebiet haben Sie sich zuletzt angeeignet und wie? • Wie stellen Sie sicher, dass Sie fortlaufend lernen? Woher bekommen Sie relevante Lernimpulse?	• Welche Einflüsse gab es in der Vergangenheit, die Ihre Leistungsfähigkeit beeinflusst haben? Wie sind Sie damit umgegangen? • In welcher Phase Ihres Berufslebens haben Sie besonders viel geleistet? Wie haben Sie dafür gesorgt, dass Sie dafür ausreichend Energie haben? • Was bedeutet für Sie Leistung? Woran messen Sie Ihre eigene Leistung?

M

Mitarbeiterentwicklung	Moderationsfähigkeit
• Wie sprechen Sie mit ihren Mitarbeitern über ihre Entwicklung? Auf welche Entwicklungsinstrumente greifen Sie dabei zurück? Erklären Sie dies an konkreten Beispielen. • Haben Sie schon einmal ein Team übernommen, in dem es fachliche und ggf. auch personelle Schwierigkeiten gab? Welche individuellen Entwicklungsmaßnahmen haben Sie ergriffen, um die Situation zu verbessern? • Wie viele Talente haben Sie bisher identifiziert, entwickelt und der Organisation zur Verfügung gestellt?	• Wie gehen Sie bei der Auftragsklärung für eine Moderation vor? • Wie gehen Sie vor vom Auftrag eine Moderation zu übernehmen bis zur Durchführung? Welche Schritte sind dabei von besonderer Bedeutung? Und warum? • Welche schwierigen Workshop-Teilnehmer hatten Sie selbst schon einem Workshop? Wie sind Sie damit umgegangen?

N

Networking
• Wie gehen Sie beim Aufbau Ihres Netzwerks vor? Wie etablieren Sie dabei tragfähige Beziehungen? • Welche Beispiele können Sie nennen, in denen Sie organisationsübergreifend Vernetzung initiiert haben? Bei welchem Thema/Projekt war dies der Fall? • Was ist der erste Eindruck, den Sie anderen vermitteln? Welches Feedback haben Sie dazu bekommen?

P

Präsentationsfähigkeit	Problemlösungsfähigkeit
• Wie gehen Sie bei der Vorbereitung für eine Präsentation hinsichtlich Struktur, Darstellung und Inhalt vor? • Nennen Sie Beispiele, in denen es Ihnen gelungen ist, komplizierte Sachverhalte in einer Präsentation gut aufzubereiten und adressatengerecht vorzutragen. • Was könnte sich ein Dritter von Ihrem Präsentationsstil abschauen?	• Was war das letzte größere Problem, das Sie lösen mussten? Wie sind Sie dabei vorgegangen? • Wie gehen Sie damit um, wenn eine Lösung gut ist, aber z. B. aus politischen Gründen nicht umgesetzt werden kann? • Welche Rückschläge haben Sie schon bei Lösungsfindungen erlebt? Wie sind Sie damit umgegangen?

R

Resilienz
• Welche persönlichen oder beruflichen Krisen mussten Sie schon bewältigen? Was war daran die Herausforderung? Gab es etwas, was Sie im Nachhinein stärker gemacht hat? • Welche persönlichen Ressourcen stehen Ihnen zur Bewältigung schwieriger Situationen zur Verfügung? • Was sind Ihre bevorzugten Bewältigungsstrategien, um mit belastenden Faktoren umzugehen?

S

Selbstorganisation	Selbstreflexion
• Wie schaffen Sie es, einen Überblick über alle laufenden Themen und deren Fortschritt zu behalten? • Was sind Ihrer Meinung nach die aktuellen Schwerpunkte Ihrer Tätigkeit? Was sind die der nächsten 12 Monate? • Wenn ein Dritter Sie einen Tag begleiten würde, was würde derjenige über Ihre Vorbereitung für den Tag/die Woche oder Ihre digitale Ablage sagen?	• Wann reflektieren Sie Ihr Verhalten? Nennen Sie Beispiele. Wie gut stimmt Ihr Selbstbild mit den Rückmeldungen anderer überein? • Woran messen Sie, ob Ihr Verhalten in Ordnung war oder nicht? Wie korrigieren Sie es ggf.? • Was waren in den letzten Jahren die Themen, an denen Sie am meisten gearbeitet haben? Warum gerade diese? Welches Feedback erhalten Sie zu diesen Themen? • Zweifeln Sie manchmal an der Richtigkeit Ihres Vorhabens und wägen dann noch etwas länger ab?
Sorgfalt	**Strategisches Denken**
• Anhand welches Beispiels können Sie Ihr Bedürfnis nach Präzision anschaulich beschreiben? • Welche Erfolge konnten Sie schon dank Ihrer Präzision feiern? • Was geht in Ihnen vor, wenn Sie wissen, dass nicht genügend Zeit für Doppelchecks von Unterlagen ist? • Stehen Sie für Menge oder Qualität? Lieber 10 von 10 Aufgaben zu 75% fertig oder lieber 2 von 10 zu 100%?	• Was sind bestimmende Trends Ihrer Branche? Welche Auswirkungen haben diese auf das Geschäft in den nächsten fünf Jahren? Wie leiten Sie daraus Tätigkeiten für Ihren Alltag ab? • Was würden Sie an Ihrer Unternehmensstrategie verändern, wenn Sie die Macht dazu hätten? • Welche Entscheidung haben Sie schon einmal getroffen, die langfristige Auswirkungen hatte? • Strategie ist der Weg, auf dem Ziele erreicht werden. Welche Strategiepräferenz haben Sie: Innovation, Preisführerschaft?

T

Teamaufbau	**Teamfähigkeit**
• Nach welchen Kriterien stellen Sie (mittelfristig) Ihr Team zusammen? Nach welchen Kriterien setzen Sie einzelne Teammitglieder für Aufgaben ein? • Haben Sie schon einmal virtuell führen müssen? Was tun Sie, um Teammitglieder in einem virtuellen Team zu integrieren?	• Beschreiben Sie, wie Sie bisher unternommen haben, um sich aktiv in eine neue Gruppe zu integrieren. • Wie würden Sie Ihre Rolle in einem Team beschreiben? • Wie gehen Sie damit um, wenn etwas hitziger in der Gruppe diskutiert wird? Wie tragen Sie dann zur gemeinsamen Klärung bei? • Was war Ihr größter Teamerfolg? Was hat wesentlich dazu beigetragen?

U

Umgang mit Vielfalt
• Wie stellen Sie im Alltag sicher, dass Sie nicht nur denjenigen Vorzug zu geben, die ähnlich zu Ihnen sind? • Was tun Sie, um andere zu ermutigen, offen für Vielfalt zu sein? • Wie treffen Sie Entscheidungen, in denen mehrere Dimensionen von Vielfalt zu berücksichtigen sind?

V

Verhandlungsführung	**Verkaufsfähigkeit**
• Was Sind Ihre größten Verhandlungserfolge? Beschreiben Sie, wie Sie sich vorbereitet haben, was im Verhandlungsprozess besonders gut gelaufen ist und wie Sie die Verhandlungen beendet haben? • Auf welcher Grundlage wählen Sie Ihre Verhandlungstaktik? • Wie gehen Sie mit Ihren Gefühlen in Verhandlungen um, z. B. wenn der andere in Ihren Augen eine unverschämte Forderung stellt?	• Was war das schwierigste Verkaufsgespräch, das Sie bisher hatten? Wie haben Sie es gemeistert? Was haben Sie daraus gelernt? • Wie gehen Sie in einem Verkaufsgespräch mit Argumenten und der Behandlung von Einwänden um? Schildern Sie es an einem Beispiel. • Nennen Sie Beispiele, wie Sie sich auf ein Verkaufsgespräch vorbereitet haben. Was tun Sie, um das Kundenproblem ganzheitlich zu erfassen?

W

Wirtschaftliches Denken und Handeln

- Nennen Sie Beispiele für unternehmerische Erfolge, die Sie mit beeinflusst haben.
- Beschreiben Sie, wie Sie im Alltag Entscheidungen treffen, bei denen Sie wirtschaftliche Rahmenbedingungen berücksichtigen und die auf die Unternehmensstrategie einzahlen.
- Welche Beispiele können Sie beschreiben, in denen Sie Chancen für Weiterentwicklung des Unternehmens erkannt und zur Umsetzung gebracht haben?
- Welche Rolle spielt bei Ihnen wirtschaftliches Denken im Privatleben – Was ist der Vorteil, was der Nachteil Ihrer Haltung?

Z

Zielorientierung

- Was geht in Ihnen vor, wenn Sie es nicht schaffen, ein Ziel zu erreichen? Nennen Sie Beispiele.
- Was war das anspruchsvollste Ziel, dass Sie je verfolgt haben? Wie sind Sie zur Erreichung vorgegangen?
- Wie gehen Sie dabei vor, ein übergeordnetes Ziel in kleinere Teilziele zu zerlegen? Beschreiben Sie möglichst konkret, wie Sie vorgehen und wie Sie das Erreichen der Ziele sicherstellen.
- Haben Sie konkrete Ziele? Beruflich, Privat?

7 Für immer kompetent?

Wir haben mit Ihnen nach bestem Wissen und Gewissen unsere praktische Erfahrung geteilt und hoffen sehr, Ihnen viele nützliche Hinweise für die Kompetenzentwicklung an die Hand gegeben zu haben.

Wir wissen natürlich auch, dass Menschen und die Kontexte ihres Handels sehr verschieden sind. Mit Blick auf die Kompetenzentwicklung hat uns dieser Umstand an einen Beitrag erinnert, der das Ganze recht gut illustriert. Christian Friedrich, Bereichsleiter Digital bei der Haufe Akademie hat in einem Interview Folgendes gesagt: »Vor Kurzem habe ich in einer Runde von 15 Menschen, die sich mit Weiterbildung beschäftigen, gesagt, jeder solle in drei Sätzen erklären, was er unter ›Kompetenz‹ versteht. Am Ende hatten wir 20 unterschiedliche Definitionen« (vgl. Haufe, Whitepaper Neues Lernen, S. 10). Weiter führt er aus: »Am Ende des Tages kann es nämlich mit der Kompetenzentwicklung wie folgt passieren (...). Wir haben den Wunsch, Autofahren zu lernen (...) Deshalb gehen wir in eine Fahrschule, dort bringt uns der Fahrlehrer die Theorie bei und begleitet uns in der Praxis. (...) wir treten zur Prüfung an. Wenn wir sie bestehen, können wir beginnen, Kompetenz in Sachen Autofahren zu entwickeln. Niemand würde behaupten ein Führerscheinneuling sei ein umfassend kompetenter Verkehrsteilnehmer. Obwohl er die Theorie kennt, die Fähigkeit entwickelt hat, ein Auto zu bedienen und ein Zertifikat hat. Und jetzt kommt das Spannende: Nehmen wir jemand, der 20 Jahre unfallfrei in Deutschland Auto gefahren ist, und setzen den in Delhi ins Auto. Da wird seine Kompetenz ›Autofahren‹ sehr schnell relativiert. (...) Denn die ist immer nur in einem bestimmten Kontext vorhanden. Wir tun aber gerne so, als ob Kompetenzen eine Allgemeingültigkeit hätten (...)« (vgl. Haufe, Whitepaper Neues Lernen, S. 10).

In diesem Sinne: Kompetenzentwicklung ist ein kontinuierlicher Prozess – Bleiben Sie dran!

Und wenn Sie Lust haben, kontaktieren Sie uns gerne und teilen Sie Ihre Erfahrungen mit uns.

Literatur

Allen, D. (2011): Wie ich die Dinge geregelt kriege: Selbstmanagement für den Alltag. München.

Allgäuer, W. (2020): Begeisterung finden: Wie Begeisterung entsteht und woher sie kommt. Zürich.

Alter, U. (2016): Teamidentität, Teamentwicklung und Führung. Wiesbaden.

Altfeld, S./Karic, D. (2022): Das Einmaleins der Erholung: effektiver Stressabbau für innere Ruhe und Gelassenheit. Berlin.

Appelo, J. (2010): Management 3.0. Leading Agile Developers, Developing Agile Leaders. Upper Saddle River (NJ).

Augspurger, T. (2009): Das Lotusblütenprinzip: Gelassenheit im Job durch den Abperl-Effekt. München/Freiburg.

Bartens, W. (2017): Empathie. Die Macht des Mitgefühls. Weshalb einfühlsame Menschen gesund und glücklich sind. München.

Barth, P. (2016): Das Buch für Ideensucher. Denkanstöße, Inspirationen und Impulse für Kreative. Bonn.

Barth, P. (2017): Von der Kunst, einfach anzufangen. Düsseldorf.

Bauer, T. (2018): Die Vereindeutigung der Welt: Über den Verlust an Mehrdeutigkeit und Vielfalt. Ditzingen.

Baumgartner, P. (2014): Das Geheimnis der Begeisterung: Mehr Leidenschaft. Mehr Umsatz. Mehr Erfolg. Offenbach.

Berckhan, B. (2016): Sanfte Selbstbehauptung. Die 5 besten Strategien, sich souverän durchzusetzen. 10. Aufl., München.

Birkenbihl, V. (2018): Trotzdem lernen: Lernen lernen. 9. Aufl., München.

Birkenbihl, Vera F. (2019): Kommunikationstraining. Zwischenmenschliche Beziehungen erfolgreich gestalten. 40. Aufl., München.

Birkenbihl, V. (2019): Finde deinen Fixstern. Die eigenen Lebensziele erkennen und erreichen. München.

Bittelmeyer, Andrea (2019): Fortbildung im Mini-Format. ManagerSeminare, Heft 255, Juni 2019, S. 69–74.

Blanchard, K./Oncken, W./Burrows, H. (2012): Der Minuten Manager und der Klammeraffe: Wie man lernt, sich nicht so viel aufzuhalsen. 11. Aufl., Reinbek bei Hamburg.

Bleiber, R. (2021): Erfolgreiches Krisenmanagement: Prävention, Unternehmensstrategien, Wege aus der Krise. Freiburg.

Bronckart, V. (2019): Cleveres Delegieren: Methoden zum zeitsparenden Delegieren. 50Minuten.de.

Buckingham, M./Clifton, D. (2014): Entdecken Sie Ihre Stärken jetzt! Das Gallup-Prinzip für individuelle Entwicklung und erfolgreiche Führung. Frankfurt am Main.

Bush, A. D. (2017): Das kleine Buch der Ruhe und Gelassenheit: Ganz entspannt die Stürme des Alltags meistern. München.

Bußmann, N. (2018): Interview mit Charles Jennings. Vom Kurs zur Ressource. ManagerSeminare, Heft 240, März 2018, S. 82–84.

Bußmann, N. (2017): E-Learning-Vordenker Elliot Masie im Interview »Wir müssen lernen, schneller zu lernen«. ManagerSeminare, Heft 229, April 2017, S. 86–87.

Carey, B. (2015): Neues Lernen: Warum Faulheit und Ablenkung dabei helfen. 2. Aufl., Reinbek bei Hamburg.

Carnegie, D. (2012): Besser sprechen. Überzeugend auftreten. Frankfurt am Main.

Carnegie, D. (2018): Sorge dich nicht, lebe! Die Kunst, zu einem von Ängsten und Aufregungen befreiten Leben zu finden. 8. Aufl., Frankfurt am Main.

Carnegie, D. (2019): Wie man Freunde gewinnt. Die Kunst, beliebt und einflussreich zu werden. 11. Aufl., Frankfurt am Main.

Chade-Meng, T. (2015): Search inside yourself. Optimiere dein Leben durch Achtsamkeit, 7. Aufl., München.

Chan Kim, W./Mauborgne, R. (2016): Der blaue Ozean als Strategie. Wie man neue Märkte schafft, wo es keine Konkurrenz gibt. 2. Aufl., München.

Christensen, C./Matzler, K./von der Eichen, S. (2011): The innovator's dilemma: Warum etablierte Unternehmen den Wettbewerb um bahnbrechende Innovationen verlieren. München.

Cialdini, R. (2017): Die Psychologie des Überzeugens. Wie Sie sich selbst und Ihren Mitmenschen auf die Schliche kommen. 8. Aufl., Bern.

Covey, S. (2013): The 7 habits of highly effective people. New York.

Crisand, B. (2022): Die Power der persönlichen Präsenz: 10 Basics aus Schauspiel und Psychologie für selbstbewusstes Auftreten. Wiesbaden.

Däfler, M-N. (2022): Fit für die digitale Arbeitswelt: Erfolgreich in die berufliche Zukunft mit dem Kompetenz-MUSKEL. Wiesbaden

Dark Horse Innovation (2016): Digital Innovation Playbook. Das unverzichtbare Arbeitsbuch für Gründer, Macher und Manager. Hamburg.

Daut, G. (2019): 30 Minuten. Bessere Beziehungen mit dem DISG-Modell. Offenbach.

Dehr, G./Biermann, Th. (1996): Kurswechsel Richtung Kunde. Die Praxis der Kundenorientierung. Frankfurt.

Dobelli, R. (2020): Die Kunst des klaren Denkens: Neuausgabe: komplett überarbeitet, mit großem Workbook-Teil. München.

Dobelli, R. (2021): Die Kunst des klugen Handelns: Neuausgabe: komplett überarbeitet, mit großem Workbook-Teil. München.

Dölz, S./Seegert, B. (2021): Stark und präsent auf leise Art. Freiburg.

Dörner, D. (2012): Die Logik des Misslingens. Strategisches Denken in komplexen Situationen. 11. Aufl., Hamburg.

Dörr, J./Möller, K. (2018): OKR: Objectives & Key Results: Wie Sie Ziele, auf die es wirklich ankommt, entwickeln, messen und umsetzen. München.

Eberle, B. (2019): Resilienz ist erlernbar. Wie Sie durch den Aufbau der inneren Stärke Stress bewältigen, widerstandsfähiger werden und Depressionen vorbeugen. München.

Eckardt, T. (2020): Abgeben statt ausbrennen: Delegieren, Korrigieren, Motivieren – der Praxis-Guide. Lahnau.

Eichner, K. (2021): 30 Minuten. Krisenkommunikation. Offenbach.

El Namaki, M. S. S. (2022): Strategisches Denken im Zeitalter der künstlichen Intelligenz: Die Geburt einer neuen Ära des strategischen Managements. München.

Erpenbeck, J./Sauter, W. (Hrsg.) (2017): Handbuch Kompetenzentwicklung im Netz – Bausteine einer neuen Lernwelt. Stuttgart.

Etzold, V. (2018): Strategie. Planen. Erklären. Umsetzen. Offenbach.

Fengler, J. (2017): Feedback geben: Strategien und Übungen. Weinheim/Basel.

Ferrazzi, Keith (2020): Geh nie alleine essen! – Und andere Geheimnisse rund um Networking und Erfolg. Neuauflage. Kulmbach

Fey, G. (2017): Überzeugen? So geht's! Alles, was Sie über kluges Argumentieren wissen müssen. Regensburg.

Fischer, J./Pfeffel, F. (2014): Systematische Problemlösung in Unternehmen. Ein Ansatz zur strukturierten Analyse und Lösungsentwicklung. 2. Aufl., Wiesbaden.

Fisher, R./Ury, W./Patton, B. (2015): Das Harvard Konzept. Die unschlagbare Methode für beste Verhandlungsergebnisse. Frankfurt am Main.

Flockenhaus, U. (2016): 30 Minuten Gute Briefings. Offenbach.

Förster, A./Kreuz, P. (2015): Macht, was ihr liebt! 66 ½ Anstiftungen, das zu tun, was im Leben wirklich zählt. München.

Fogg, J. (2014): Der beste Networker der Welt. Innsbruck.

Frädrich, S. (2014): Günter, der innere Schweinehund: Ein tierisches Motivationsbuch. Offenbach.

Fuchs, W. (2018): Crashkurs Storytelling. Grundlagen und Umsetzung. Freiburg.

Gerigk, D. (2022): Die Kunst zu Delegieren – loslassen lernen: 5 Schritte für mehr Eigenverantwortung (Leadership Nuggets 1).

Gigerenzer, G. (2014): Risiko. Wie man die richtigen Entscheidungen trifft. München.

Götz, D./Reinhard, E. (2017): Führung: Feedback auf Augenhöhe. Wie Sie Ihre Mitarbeiter erreichen und klare Ansagen mit Wertschätzung verbinden. Wiesbaden.

Goleman, D. (2007): EQ. Emotionale Intelligenz. 19. Aufl., München.

Gomez, P./Probst, G. (1999): Die Praxis des ganzheitlichen Problemlösens. Vernetzt denken. Unternehmerisch handeln. Persönlich überzeugen. Bern.

Gündling, C. (2018): Letzter Aufruf Kundenorientierung. Vom Sinn zum Gewinn – warum in einer digitalisierten Welt nur echte Kundenorientierung zu Gewinn führen wird. Wiesbaden.

Graf, N./Gramß, D./Edelkraut, F. (2017): Agiles Lernen. Neue Rollen, Kompetenzen und Methoden im Unternehmenskontext. Freiburg.

Guth, K./Mery, M./Mohr, A. (2022): Testtrainer Logisches Denken: Fit für den Logiktest im Eignungstest und Einstellungstest | Wortanalogien, Zahlenreihen, Matrizentests, Brainteaser und mehr | Über 600 Aufgaben mit allen Lösungswegen. Ausbildungpark. Offenbach am Main

Gutting, D. (2015): Diversity Management als Führungsaufgabe. Potenziale multikultureller Kooperationen erkennen und nutzen. Wiesbaden.

Haas, M. (2016): Crashkurs Networking: In 7 Schritten zu starken Netzwerken. München.

Haberleiter, E./Deistler, E./Ungvari, R. (2015): Führen, fördern, coachen. So entwickeln Sie die Potentiale Ihrer Mitarbeiter. 2. Aufl., München.

Hadfield, S./Hasson, G. (2013): Freundlich aber bestimmt. Wie Sie sich beruflich und privat durchsetzen. München.

Haidar, Leila (2019): Lernen mit Wow-Effekt. ManagerSeminare, Heft 253, April 2019, S. 70–77.

Hart, Jane: The workplace learning revolution. Online verfügbar unter: https://de.slideshare.net/janehart/the-workplace-learning-revolution-27638193 (letzter Zugriff am 09.02.2020)

Häusling, A./Fischer, F.: Mythos Agilität oder Realität?, in: Personalmagazin 04/16, S. 30–33.

Häusling, A./Römer, E./Zeppenfeld, N. (2018): Praxisbuch Agilität – Tools für Personal- und Organisationsentwicklung. Freiburg.

Haufe Akademie (Hrsg.) (o. J.): Whitepaper: Neues Lernen für zukunftsfähige Unternehmen. Freiburg.

Haufe Akademie (Hrsg.) (o. J.): Whitepaper: Megatrend Neues Lernen. Freiburg.

Heitger, B./Doujak, A. (2014): Harte Schnitte – Neues Wachstum in volatilen Zeiten. Die Macht der Zahlen und die Logik der Gefühle im Change Management. 2. Aufl., München.

Hein, M. (2018): Empathie. Ich weiß, was du fühlst. Offenbach.

Heller, J. (2013): Resilienz. 7 Schlüssel für mehr innere Stärke. München.

Herrmann-Ruess, A. (2012): Ad hoc präsentieren. Kurz, knackig und prägnant argumentieren und überzeugen. Göttingen.

Hewlett, S. A. (2014): Executive Presence. The missing link between merit and success. New York.

Hofert, S. (2018): Das agile Mindset – Mitarbeiter entwickeln, Zukunft der Arbeit gestalten. Wiesbaden.

Hugo-Becker, A.; Becker, H. (1992): Psychologisches Konfliktmanagement. 4. Aufl., München.

Katja Ischebeck (2013): Erfolgreiche Konzepte: Eine Praxisanleitung in 6 Schritten. Offenbach

Joseph, S. (2017): Authentizität. Die neue Wissenschaft vom geglückten Leben. München.

Jotzo, M. (2016): Loslassen für Führungskräfte. Meine Mitarbeiter schaffen das. 2. Aufl., Weinheim.

Kahnemann, D. (2011): Schnelles Denken, langsames Denken. 13. Aufl., München.

Kapellen, R. (2022): Keine Zeit – bin im Stress: Stress verstehen, beherrschen & vermeiden – Stressmanagement Ratgeber Buch – Stress reduzieren & abbauen, Resilienz & Gelassenheit lernen, Burnout vermeiden. München.

Kauffeld, S./Paulsen, H. (2018): Kompetenzmanagement in Unternehmen. Kompetenzen beschreiben, messen, entwickeln und nutzen. Stuttgart.

Kauffmann,C./ Dölz, S. (2022): Sich durchsetzen. Freiburg.

Kaye, B./Winkle Guilioni, J. (2012): Help them grow or watch them go. Kalifornien.

Kettl-Römer, B./Natusch, C. (2015): Überzeugende Konzepte. Strukturiert und effektiv von der Idee bis zur Präsentation. Göttingen.

Kling, M.-U. (2019): QualityLand. Berlin.

Klug, S. (2013): Konzepte ausarbeiten: Tools und Techniken für Pläne, Berichte, Bücher und Projekte. Göttingen.

Knapp, J. (2016): Sprint. Wie man in nur fünf Tagen neue Ideen testet und Probleme löst. München.

Kohlrieser, G. (2008): Gefangen am runden Tisch. Weinheim.

König, E./Volmer, G. (2016): Einführung in das systemische Denken und Handeln. Weinheim.

Kotter, J. (2015): Accelerate: Strategischen Herausforderungen schnell, agil und kreativ begegnen. München.

Küster, J./Tack, A. (2020): Der Taschen-Coach – Authentizität: 60 Reflexionskarten und 24-seitiges Booklet. Weinheim

Kühn, G./Marx, M. (2018): Einführung einer Lernkultur 4.0 – Learning Out Loud. ManagerSeminare, Heft 249, Dezember 2018, S. 72–78.

Länger, A. (2018): Gesund und leistungsfähig im Job: Die besten Strategien und Übungen für den Arbeitsalltag. Freiburg.

Lanzinger, C. (2023): 100 Resilienz Tools für den Alltag | Einfach und effektiv innere Stärke, psychische Widerstandskraft und Stressresistenz trainieren.

Lager, H. (2020): Anpassungsfähigkeit in Zeiten der Digitalisierung: Zur Bedeutung von Empowerment und innovativer Arbeitsorganisation. Springer.

Langdon, D. G./Whitside, K. S./McKenna, M. M. (1999): Intervention Resource Guide. San Francisco.

Lauff, W. (2019): Perfekt schreiben, reden, moderieren, präsentieren: Die Toolbox mit 100 Anleitungen für alle beruflichen Herausforderungen. Stuttgart.

Lencioni, P. (2014): Die 5 Dysfunktionen eines Teams. Weinheim.

Lender, P. (2019): Digitalisierung klargemacht. Basiswissen für Arbeitnehmer und Unternehmen. München.

Lexa, C. (2021): Fit für die digitale Zukunft: Trends der digitalen Revolution und welche Kompetenzen Sie dafür brauchen. Springer Gabler.

Lippe-Heinrich, A. (2019): Personalentwicklung in der digitalisierten Arbeitswelt. Konzepte, Instrumente und betriebliche Ansätze. Wiesbaden.

Loewenstein, J. (2019): Schlagfertigkeit – Nie mehr sprachlos!: Wie Sie mit Hilfe effektiver Gesprächstechniken sicher argumentieren, schwierige Situationen souverän meistern und jederzeit schlagfertig kontern. Berlin.

Lombardo, M. M./Eichinger, R. W. (2009): FYI – For Your Improvement (Programm zur Selbstentwicklung). Frankfurt.

Lombardo, M. M./Eichinger, R. W. (2000): Eighty-Eight Assignments for Development in Place. Greensboro.

Lunau, S. (2014): Six Sigma + Lean Toolset: Mindset zur erfolgreichen Umsetzung von Verbesserungsprozessen. Berlin/Heidelberg.

Lundin, S./Blanchard, K./Paul, H./Christensen, J. (2015): Fish!™: Ein ungewöhnliches Motivationsbuch. München.

Maxeiner, T. (2022): Danke für nix!: Souverän mit Kritik, Lob und Frechheiten umgehen: Souverän mit Kritik, Lob und Frechheiten umgehen. Das ultimative Feedback-Buch. München.

McCall, Morgan W. (1995): Erfolg aus Erfahrung. Effiziente Lernstrategien für Manager. Stuttgart.

McChrystal,S./ Collins,T./ Silverman,D./ Fussell,C. (2020): Team of Teams: Wie Organisationen ihre Anpassungsfähigkeit in einer komplexen Welt verbessern können. Vahlen.

McKeown, G. (2018): Essentialismus: Die konsequente Suche nach Weniger. Ein Minimalismus erobert die Welt. Kandern.

Mittens, S./Gent, I. (2018): Kompetenz, Diplomatie und Humor – Beachten Sie nicht die graue Katze hinter dem Vorhang. Stuttgart.

Moestl, B. (2015): Das Shaolin-Prinzip: Die Kraft in dir verändert alles. Mit der Klarheit des Denkens richtige Entscheidungen treffen und umsetzen. München

Moser, J.M. (2019): Empathie lernen – Die Kunst, sich in andere Menschen einzufühlen. Wien

Myhsok, A. D./Jäger, A. (2008): Moderieren in Gruppen & Teams. Handbuch für Moderation. Paderborn.

Naughton, C. (2022): AQ: Warum Anpassungsfähigkeit die wichtigste Zukunftskompetenz ist. Offenbach.

Newport, C. (2018): Konzentriert arbeiten. Regeln für eine Welt voller Ablenkungen. 3. Aufl., München.

Niermeyer, R. (2008): Teams führen. München.

North, K./Reinhardt, K./Sieber-Suter, B. (2018): Kompetenzmanagement in der Praxis. Mitarbeiterkompetenzen systematisch identifizieren, nutzen und entwickeln. Mit vielen Praxisbeispielen. Wiesbaden.

N. N. (2016): ProfilPass. 3. überarbeite Aufl., Bielefeld.

Nürnberger, E./Hölzl, F./Raslan, N. (2019): Selbstbewusst auftreten im Job: Wie Sie mit Optimismus und Mut mehr erreichen. Freiburg.

Osterwalder, A./Pigneur, Y. (2011): Business Model Generation: Ein Handbuch für Visionäre, Spielveränderer und Herausforderer. Frankfurt.

Pätzold, R. (2022): Ohne festen Boden: Wie wir mit Ungewissheit besser umgehen und warum wir sie brauchen. München.

Pasztor, S./Gens, K-D. (2005): Mach doch, was du willst! Gewaltfreie Kommunikation am Arbeitsplatz. Paderborn.

Plummer, D. (2018): Handbook of Diversity Management. Inclusive strategies for driving organizational excellence. 2. Auflage. Boston, Massachusets.

Rachow, A./Sauer, J. (2015): Der Flipchart-Coach. Profi-Tipps zum Visualisieren und Präsentieren am Flipchart. Bonn.

Rosenberg, M. (2016): Gewaltfreie Kommunikation. Eine Sprache des Lebens. 12. Aufl., Paderborn.

Rother,M./May, C. (2019): Das KATA Praxishandbuch – anpassungsfähiger und innovativer mit 20 Minuten täglicher Übung. Herrieden.

Sammet, J./Wolf, J. (2019): Vom Trainer zum agilen Lernbegleiter. So funktioniert Lehren und Lernen in digitalen Zeiten. Heidelberg.

Sauter, R./Sauter, W./Wolfig, R. (2018): Agile Werte- und Kompetenzentwicklung. Wege in eine neue Arbeitswelt. Springer Gabler. Wiesbaden.

Sauter, W./Scholz, Ch. (2015): Von der Personalentwicklung zur Lernbegleitung. Veränderungsprozess zur selbstorganisierten Kompetenzentwicklung. Wiesbaden.

Schäfer, J. (2011): Genie oder Spinner. Sind wir offen für Neues? Köln.

Scheddin, M. (2013): Erfolgsstrategie Networking. Business-Kontakte knüpfen, pflegen, ein eigenes Netzwerk aufbauen. Nürnberg.

Schmidt, G. (2014): Organisation und Business Analysis. Methoden und Techniken (Schriftenreihe ibo), 15. Aufl., Gießen.

Schranner, M. (2015): Verhandeln im Grenzbereich. Strategien und Taktiken für schwierige Fälle. München.

Schulz von Thun, F. (2019): Miteinander reden. 1–4. Hamburg.

Schultz, V. (2014): Basiswissen Betriebswirtschaft: Management, Finanzen, Produktion, Marketing. Weinheim.

Schwarz, A. A. (2004): 77 philosophische Spiele für Herz und Verstand. Stuttgart.

Schweigkofler, M. (2022): Inspire! Die Kraft der Begeisterung: Leidenschaft verändert uns und die Welt Athesia. Bozen.

Scott, M. (2001): Zeitgewinn durch Selbstmanagement. So kriegen Sie Ihre Aufgaben in den Griff. Frankfurt/New York.

Serre, H. (2023): Entwickeln Sie Ihren Einfallsreichtum durch analytisches und laterales Denken. Kindle.

Seifert, J. (2011): Visualisieren. Präsentieren. Moderieren. Offenbach.

Sher, B./Smith, B. (2011): Ich könnte alles tun, wenn ich nur wüsste, was ich will. München.

Sierck, J. (2016): Selbstbewusstsein & Authentizität. Über die Kunst du selbst zu sein. München.

Sinek, S. (2009). Start with why: how great leaders inspire everyone to take action. New York.

Sinek, S. (2017): Find your Why. New York.

Specht, P. (2019): Die 50 wichtigsten Themen der Digitalisierung. Künstliche Intelligenz, Blockchain, Robotik, Virtual Reality und vieles mehr verständlich erklärt. München.

Storch, M. (2012): Das Geheimnis kluger Entscheidungen. Von Bauchgefühlen und Körpersignalen. 3. Aufl., München.

Tietze, K.-O. (2012): Kollegiale Beratung. Problemlösungen gemeinsam entwickeln. 5. Aufl., Reinbek bei Hamburg.

Thiele, A. (2019): Argumentieren unter Stress. Wie man unfaire Angriffe erfolgreich abwehrt. München.

Torrance, J. R. (2021): Ab sofort produktiver arbeiten: 50+ einfache Hacks, mit denen Sie Ihre Aufgaben besser organisieren, Prokrastination überwinden und Ihr Zeitmanagement perfektionieren.

von Aerssen, B./Bucholz, C. (Hrsg.) (2018): Das große Handbuch Innovation: 555 Methoden und Instrumente für mehr Kreativität und Innovation im Unternehmen. München.

von Kanitz, A. (2018): Crashkurs Professionell Moderieren. 2. Aufl., Freiburg.

von Kanitz, A. (2020): Feedbackgespräche. Freiburg.

von Knigge, A. (2017): Über den Umgang mit Menschen. Hamburg.

von Münchhausen, M. (2006): So zähmen Sie Ihren inneren Schweinehund: Vom ärgsten Feind zum besten Freund. Frankfurt/New York.

von Münchhausen, M. (2016): Wie wir lernen, wieder ganz bei der Sache zu sein. Offenbach.

von Oetinger, B./von Ghyczy, T./Bassford, C. (2017): Clausewitz. Strategie denken. 11. Aufl., München.

Voß,E./Würtemberger, S. (2023): Vielfalt im Employee Lifecycle: Diversity Management in HR-Prozessen. Wiesbaden.

Walsmann, B. (2020): Gelassenheit lernen: Wie du entspannt deinen Alltag bewältigst ohne Stress und wie du mehr Zufriedenheit erlangst, glücklicher bist, positiver denken kannst und deine innere Ruhe findest. Wädenswil.

Walz, H. (2013): Einfach genial entscheiden. Die 50 wichtigsten Erkenntnisse für Ihren Erfolg. Freiburg.

Weisbach, Ch./Sonne-Neubacher, P. (2015): Professionelle Gesprächsführung. Ein praxisnahes Lese- und Übungsbuch. 9. Aufl., München.

Weiss, A. (2016): Sketchnotes & Graphic Recording: Eine Anleitung. Heidelberg.

Wellensiek, S. (2017): Handbuch Resilienztraining. Widerstandskraft und Flexibilität für Unternehmen und Mitarbeiter. 2. Aufl., Weinheim/Basel.

Werther, S. (2020): Feedback in Zeiten der Agilität: Digitale Instrumente und analoge Methoden. Freiburg.

Wiegel, J./Frese, M. (2018): Das Konzept Eigeninitiative. Proaktivität fördern, Unternehmenskultur prägen, Innovationskraft steigern. Frankfurt/New York.

Willi, R. et al. (2014): Allgemeine Wirtschaftslehre für Auszubildende in Banken und Sparkassen. München.

Willmann, H.-G. (2012): 30 Minuten. Willenskraft. Offenbach.

Windscheid, L. (2021): Besser fühlen: Eine Reise zur Gelassenheit. Hamburg

Zanetti, D. (2006): Vom Know-how zum Do-how. Ein Buch für Macher. Berlin.

Stichwortverzeichnis

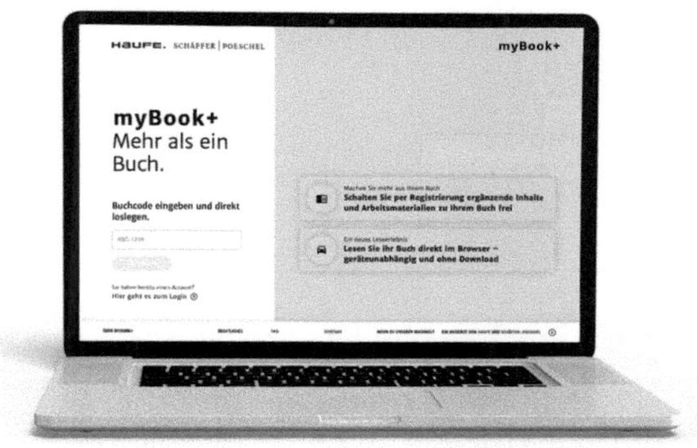

Ihre Online-Inhalte zum Buch: Exklusiv für Buchkäuferinnen und Buchkäufer!

- **https://mybookplus.de**
- Buchcode: **TNX-47553**